水害常襲地域の近世〜近代

天竜川下流域の地域構造

山下琢巳 著

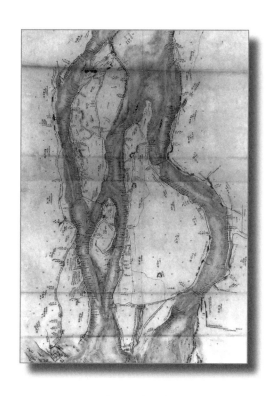

古今書院

目　次

第1章　序　章 …………………………………………………… 1

第1節　研究の目的と視点　1
第2節　既往の水害地域研究とその課題　3
　（1）河川工学的視点　3
　（2）災害史的視点　3
　（3）地理学的視点　5
　（4）地域構造論および地域変容との関連　8
第3節　本書の方法と研究対象地域　12
第4節　本書の構成　14

第2章　天竜川下流域の水害史 ………………………………… 23

第1節　開発初段階の天竜川下流域　23
　（1）「水害年表」の分類方法　23
　（2）下流域開発期の水害　49
第2節　被害頻発地点の変転　53
　（1）連続堤防化と水害　53
　（2）南部輪中地帯の特徴　56
　（3）河川改修とその影響　59
　　a．堤防復旧までの期間　59
　　b．河川改修後の天竜川下流域　63

第3章　水害頻発期における天竜川下流域の存立基盤 ……………… 67

第1節　流路の統合と下流域の開発　67
　（1）　彦助堤の存在　67
　（2）　「浜松御領分絵図」に見られる下流域の景観　68
　（3）　乱流路の締切と農地開発　72
第2節　水害状況の復原と復旧の特徴　77
　（1）　下流域全体の水害状況－文政11年（1828）水害の場合－　77
　（2）　集落レベルにおける水害状況　80
　　　a．慶応4年（1868）西堀村の場合　80
　　　b．明治期における岡村の場合　82
　（3）　水害からの復旧とその特徴　86
　　　a．土砂の堆積　86
　　　b．起返の規模　87
　　　c．起返の景観的特徴　90
　（4）　起返の進展とその実態－匂坂中之郷村を事例として－　92
　　　a．土砂堆積被害の実態　92
　　　b．起返の順序とその特徴　94
　　　c．荒地の経年変化　97
第3節　農業生産とその特徴　102
　（1）　畑作物の特徴　102
　（2）　綿製品流通における天竜川下流域の位置づけ　109
　　　a．在地問屋と下流域農村　109
　　　b．綿の全国流通と天竜川下流域　113
第4節　天竜川下流域における水防組合の意味　115
　（1）　堤防普請に関する制度と水防組合の意味　115
　（2）　天保水防組の活動　119
　（3）　天保水防組の実態と加入村の対応－内郷村の活動を事例に－　121
第5節　水害頻発期における地域構造　129

第4章　河川改修工事と天竜川下流域への影響 …………………… 135

第1節　内務省直轄河川改修工事　135
  (1) 明治初期における政府の河川政策　135
  (2) 天竜川における直轄工事の概要　137
    a. 工事の基本方針　137
    b. 工事の終了と追加工事　142
    c. 下流域南部での工事とその限界　143
  (3) 工事の内容から見た直轄工事の特徴－掛塚輪中を事例として－　146
第2節　土木工事専門業者の進出　151
  (1) 工事請負人の存在とその特徴　151
  (2) 工事契約とその特徴　154
第3節　水防組合の活動とその役割　158
  (1) 明治期における水防組合の組織変遷　158
  (2) 天竜川増水時における水防活動　162
  (3) 堤塘の維持・補修活動とその特徴　163
  (4) 治水請願と天竜川東縁水防組合長の行動　169
    a. 大橋頼模の年譜と活動　170
    b. 日記に見られる水防組合長の行動　172
    c. 中央政府との利害調整　176

第5章　水害減少期における天竜川下流域の地域構造 …………… 187

第1節　農業生産と村落構造　187
  (1) 農業生産の特徴　187
    a. 遠州4品の栽培　187
    b. 一般蔬菜の生産拡大　192
  (2) 集約的土地利用と輪作体系　196
  (3) 温室による蔬菜促成栽培の発展　199
    a. 温室の導入　199

　　　　　b．組合事業に見られる集落構造の変容　200
　第2節　材木流通と天竜川の機能　206
　　（1）天竜川における材木流通の推移　206
　　（2）天竜川における材木流通の特徴　209
　　（3）天竜川における流出材の処理とその帰属　217
　　　　　a．流出材の実態と回収の行程　217
　　　　　b．沿岸村が有する権利と流出材との関係　223
　第3節　水防組合の活動と村落組織　225
　　（1）明治44年の水害とその実態　225
　　　　　a．左岸岩田村における家屋の浸水状況　226
　　　　　b．右岸中瀬村・竜池村における被害の実態　227
　　　　　c．右岸南部における農地の浸水状況　229
　　（2）水防組合の活動と復旧工事の特徴　232
　　　　　a．右岸中ノ町村での水防活動　232
　　　　　b．左岸の被害状況と復旧工事　235
　第4節　水害減少期における地域構造　242

第6章　天竜川下流域における地域構造　249

　第1節　地域像の提示　249
　第2節　水害常襲地域の再定義とその意味　253
　　（1）水害時と平時　253
　　（2）変化の外的要因とその特徴　254
　　（3）水害常襲地域の近代化　256
　第3節　今後の課題　258

あとがき　261
参考文献　266
索　　引　271

図表目次

第1章
　図 1-1　研究対象地域　　15
　図 1-2　天竜川下流域の地形分類　　16
　図 1-3　天竜川下流域の地形地域区分　　19

　表 1-1　東海地方における河川下流域平野の田畑割合　　14

第2章
　図 2-1a　彦助堤周辺の土地利用－明治中期－　　51
　図 2-1b　天竜川下流域北部の堤防配置－明治中期－　　52
　図 2-2　天竜川下流域中央部－明治中期－　　55
　図 2-3　天竜川下流域南部－明治中期－　　57

　表 2-1　天竜川下流域における水害　　24
　表 2-2　明治初・中期における天竜川下流域右岸の破堤状況　　60

第3章
　図 3-1　天竜川下流域における乱流路の状況と治水設備　　69
　図 3-2　天竜川下流域における旧低水路の開発－延宝元年（1673）－　　73
　図 3-3　天竜川下流域における大規模水害の様子－文政11年（1828）－　　78
　図 3-4　西堀村における洪水被害－慶応4年（1868）－　　81
　図 3-5　岡村における土地利用－明治22年（1889）－　　83
　図 3-6　岡村における水害時の地目変更－明治22年（1889）－　　84
　図 3-7　松本村における起返の進展－明治4年（1871）－　　89

図 3-8　匂坂中之郷村における土砂の流入－天保 5 年（1838）－　93
図 3-9　匂坂中之郷村の土地利用－明治 7 年（1874）－　95
図 3-10　在地綿問屋和泉屋の取引範囲－江戸時代後期－　112
図 3-11　天保水防組所属村の分布　120

表 3-1　本沢村旧流路開発地とその所有者－延宝元年（1673）－　75
表 3-2　岡村における農地と被害の面積－明治 20 年（1887）頃－　85
表 3-3　天竜川下流域における水害時の土砂堆積量
　　　　－元禄 11 年（1698）－　87
表 3-4　宮本村における農地被害と起返の面積－天保 5 年（1845）－　88
表 3-5　松本村における田畑の被害反別－明治 4 年（1871）－　92
表 3-6　匂坂中之郷村における年貢割付の石高と減免の経年変化　96
表 3-7　匂坂中之郷村における荒地の残存状況
　　　　－弘化 2 年（1845）と嘉永 5 年（1852）－　98
表 3-8　天竜川下流域沿岸村の畑作物－享保 2 年（1717）－　104
表 3-9　天竜川下流域沿岸村の畑作物－慶応 2 年（1866）－　107
表 3-10　高薗村における農産物－明治 7 年（1874）－　108
表 3-11　和泉屋の木綿関係取引件数
　　　　－寛政 11 年～天保 6 年（1799～1835）－　111
表 3-12　中安家における「くり綿」、「白木綿」等の取引先
　　　　－天保 2 年（1831）－　114
表 3-13　川附村から内郷村への岡村堤防防御に関する指示と浜部村からの出役状況－安政 4, 5 年（1857, 58）－　123
表 3-14　浜部村より岡村堤防工事に出役した人夫－安政 4 年（1857）－　128
表 3-15　水害頻発期における天竜川下流域の地域構造　130

第 4 章
図 4-1　内務省直轄工事の着工状況　139
図 4-2　天竜川における第一次改修の施工状況　140

図 4-3　天竜川下流域沿岸の町村と所属水防組合－明治 22 年（1889）－　160

表 4-1　明治初期における政府の河川管轄官庁の変遷　136
表 4-2　天竜川第一次改修における掛塚付近の施工状況
　　　　－明治 23 年～ 27 年（1890 ～ 1894）－　　147
表 4-3　天竜川第一次改修における工事個所と請負人
　　　　－明治 26 年（1893）－　　152
表 4-4　天竜川下流域における水防組合組織の変遷
　　　　－江戸時代末期～明治時代－　　158
表 4-5　天竜川増水時における水防活動と人員の動き
　　　　－明治 26 年（1893）－　　164
表 4-6　天竜川増水後に行われた応急工事の進展
　　　　－明治 26 年（1893）－　　166
表 4-7　大橋頼模年譜　171
表 4-8　日記より見た大橋頼模の行動
　　　　－明治 44 年（1911）－　　174
表 4-9　天竜川第 2 次改修決定期における関係者の動き
　　　　－明治 44，45 年（1911，12）－　　178

第 5 章

図 5-1　浜名郡におけるヘチマ生産の推移－明治中期～大正期－　189
図 5-2　飯田村における専業農家の畑作物農事暦－大正 10 年（1921）－　197
図 5-3　丸浜温室園芸組合加入者の市町村別所有温室坪数
　　　　－昭和 10 年（1935）代－　　205
図 5-4　天竜川流域における製材所の分布とその変化－明治期－　209
図 5-5　天竜川における流出材の割合と流筏費との関係
　　　　－明治 22 年～大正 11 年（1899 ～ 1922）－　　215
図 5-6　天竜川下流域に漂着した流出材数－大正 3 年（1914）－　219
図 5-7　天竜川下流域における流出材の担当区域と収集請負人の居所

　　　　　－大正 3 年（1914）－　　　219
図 5-8　明治 44 年（1911）水害における飯田・芳川・河輪各村の浸水被害　230
図 5-9　岩田村における堤防決壊地点と周辺の土地利用
　　　　　－明治 40 年（1907）頃－　　　237
図 5-10　水害減少期における天竜川下流域の地域構造概念図　　　244

写真 5-1　水窪川・天竜川合流地点の土場－昭和初期－　　　207
写真 5-2　和田村半場付近の製材所と貯木の様子－大正期－　　　210

表 5-1　遠州 4 品のうちヘチマ・トウガラシ・ショウガの収支および反当収量
　　　　　－大正 9 年（1920）－　　　191
表 5-2　天竜川下流域における農産物とその作付面積－明治末期－　　　194
表 5-3　掛塚港より移出された物品－明治 12 年（1879）－　　　208
表 5-4　天竜川における材木流通資金の流れ－明治期－　　　211
表 5-5　川合渡場平賀回漕店が扱った筏の状況
　　　　　－大正 7 年（1918）7 月～12 月－　　　213
表 5-6　漂着した有印材とその所有者－明治 44 年（1911）4 月 11 日－　　　218
表 5-7　天竜川における流出材の収集請負人－大正 3 年（1914）－　　　220
表 5-8　天竜川における流出材の請負区間と収集請負人
　　　　　－明治 37 年（1904）－　　　222
表 5-9　竜池村新野・高薗に漂着した材木と報酬額－大正元年（1912）－　　　224
表 5-10　明治 44 年（1911）水害における岩田村の被害状況　　　226
表 5-11　中瀬村・竜池村における洪水被害－明治 44 年（1911）－　　　228
表 5-12　寺谷村自普請における水防組合加入村の人夫内訳
　　　　　－明治 44 年（1911）－　　　239
表 5-13　寺谷新田堤復旧工事における周辺各村の人夫出役状況
　　　　　－明治 44 年（1911）－　　　241

第1章

序　論

第1節　研究の目的と視点

　本書は，かつて水害が頻発し，そのことにより条件不利地域として捉えられる河川下流域において，そこに居住する人々がいかにして社会経済活動を持続しえたのか，そして，それが明治時代以降導入された土木技術による水害の減少を通じて，いかに変容していったのかを明らかにすることを目的としている。
　増水した河川の氾濫によってもたらされる洪水は，その範囲内の社会経済活動が阻害された場合に水害として認識される。それゆえ土木技術が未発達な時代には，水害を克服することは極めて困難であり，氾濫原への永続的な居住と耕地化を含む社会経済活動の継続は，水害を「前提」あるいは「考慮」した上で成り立つものであった。そして，その「前提」は，いくつかの特徴的な要素から成り立ち，それらが相互に関連することによって，地域特有の強固な「地域構造」を形成していたと考えられる。ところで水害の発生は，降雨の状況と密接に関わるため，水害常襲地域といえども気象条件によっては一定期間大きな洪水が見られない場合も存在する。季節性に注目した場合，日本の河川が大きな増水をみるのは初夏から秋にかけてであり，冬から春にかけてはその被害に遭うことはほとんどない[1]。また，数年間の長期的なスパンで見た際にも，長雨や台風の通過が少なかった場合は，年間を通しても水害に遭わない年が存在することになる。この「水害時」に対して「平時」と表現しうる被災しない期間は，どれほど持続するかはわからないとはいえ，次の水害に遭遇するまでの間，この地域に安定した社会経済活動の基盤を提供することとなる。水害常襲地域とは，このいつまで続くかわからない「平時」と，いつかは発生する「水害時」との両面を併せ持つ地域なのである。

ところで，現在のように河川や洪水そのものを技術力で制御するという手法は，明治時代末期から開始される「高水工法[2]」による堤防構築と，昭和20年代後半から開始される水資源開発と関連した上流域での大規模ダムの建設によってようやく可能となったものある。それゆえ，今日のような比較的安定した「平時」をもたらした要因の端緒は，政府の治水事業として明治10年（1877）代から本格的に開始された欧米の水理学や土木工学を導入した治水技術による河川改修工事ということになろう。

一方で，初期の治水事業が進展していく明治20年（1887）前後は，我が国の産業が発達の緒についた時代にも相当し，いわゆる「近代日本の形成期」としても位置づけられる。このことを概観すると，明治時代に始まった日本の産業革命をその端緒とし，東京，大阪という二つの大都市を中心に，軽工業生産の増加が見られたと説明できよう（歴史学研究会・日本史研究会編1985）。そしてこれには，地方からの労働力の流入とそれに伴う消費力の増加などが関連しており，工業化と大都市の発展が結びついていったとされる（山中1991）。

同時期に地方においては，農作物をはじめとし，加工原料や材木など，大都市の需要の増大に合わせて市場の拡大がみられた。そして，このことは，鉄道の開通などによる輸送手段の整備により，早く，安価に，そして大量に輸送が可能となったことが大きく影響していた。また，農村においては一部で新たな農法や化学肥料が導入された（永原ほか1983）。農業組織自体も，中央から末端にまで至る全国的に編成された「農会」によって，農業政策の中央集権化が一応の成果を見せていた[3]。また，産業組合の設立も盛んであり，農業を基礎とする加工業や，ある特定の農作物栽培に際して，組合を組織し，利用することも多くなった（産業組合史編さん会編1965）。このように大都市の発展は，物資の供給を地方や農村が担うことで可能となった。しかし一方では，大都市に市場ができたからこそ地方の発展があったという考えも存在しよう。これらはどちらが先かを問うよりも，両者が相互補完的な関係を持って展開されてきたと考える方が妥当であろう。

それゆえ，本書が解明を目指す水害常襲地域における地域構造の変化は，大都市と地方との関係の変容期にも相当しており，これらを多面的に考察するこ

とによって，これまでに明らかにされなかった地域構造を描き出すことも意図している。

第2節　既往の水害地域研究とその課題

本書において論考を進める内容を確認しながら，既往の研究と対応させつつ論点を整理し，本研究の立場を明確にしていこう。

(1) 河川工学的視点

河川工学的視点からの水害研究は，国土保全を実行していく主体を取り上げつつ，時代ごとにそれをどう克服していったかが明らかにされる（石井2007）。このことについて大熊(1994)は技術の近代化が治水に果たした意味を，以下のように順序だてて論じた。すなわち，治水の進展には，土木技術の発展，河川環境の認識，技術の担い手，という3つが関連していることを指摘し，水害を克服し河川を制御するに至る現在までの歴史的展開を紐解くことが，治水史であるとした。具体的には，土木技術の発展は，「自然に対して受け身」の技術から，やがて「自然と調和する」技術へと移り，最後には「自然を征服する」という3つの段階を経て，今日に至ることが論じられた。一方で，同一河川であっても，例えば谷口の扇状地と最下流部の三角州地帯とでは自然条件が異なっているが，大熊はそれらに対して，多様性を発揮しながら推移してきた技術力と，それを受容してきた過程の解明こそが河川工学的観点の意義であるとし，江戸時代から現代までの利根川治水に関する論考を発表している（大熊1981）。利根川ほど，人為的な改変が断続的に行われた河川は他に例がないため，大熊はいわば河川工学における，「技術の標本」のような河川として位置づけた。また，個別河川の治水史に関する論考も膨大に存在するが，その多くは大熊の視座の上に成り立っているといってよい。

(2) 災害史的視点

一方で，ある一定の規模を有する治水工事の動機は，必ずそれに先立つ水害の発生が存在するが，それらの把握は自然災害史の手法から復原が試みられる

（菊池 1986；大八木 1991）。これらは，地震，火山噴火，そのほか気象などに起因する歴史災害について，その人的・物的被害の把握を目的とするものであり，水害も気象災害の一つとして位置づけられている。

　災害研究では，ある特定の災害で発生した被害状況の詳細な復原や，災害によってもたらされた経済活動の停滞が社会に与えた影響などが分析される。これら被災範囲や社会的影響を空間的に解明する手法は，本研究にも共通するものである。しかし，災害史研究では発生した被害という，いわば「負」の側面を明らかにすることを主眼としている。それゆえ今後も起こり得る被害範囲など，ハザードマップ作成等に有効に活用することが可能であるが，「なぜ，災害に繰り返し遭遇することを認識しつつも，その場所で社会経済活動が引き続き展開されるのか」という疑問に答えるには，これとは異なった研究手法や概念に照らし合わせる必要が生じる。

　これに関して民俗学の観点からは，過去に発生した様々な災害を人々がいかに認識し，それを日常生活の「場」の一部にしているかという研究が存在している。笹本（2003）はそれらを「災害文化史」ととらえ，歴史的災害の痕跡が，地域の文化的事象の中に様々な形で存在していることを示した。そして三陸地方における津波の伝承や，木曽地方における地すべり跡を示す「蛇」や「抜」地名の存在，あるいは，様々な災害を記録した慰霊碑の存在と，それが所在する「場所」そのものなどが，災害の痕跡を文化として捉える指標であるとしている。先の東日本大震災では，「津波てんでんこ」という言葉をはじめ過去の津波災害との関連が大きく報じられたことは記憶に新しい。

　ところで，災害の中でも特に水害は，巨大地震や火山活動などと比べて発生する頻度が極めて高い。それゆえ1年間に，同一箇所が複数回の水害に襲われる可能性もあり，復旧に要する期間が長引けばその途中に次の洪水に被災する危険性も増すこととなる。それゆえ集落レベルの対応に注目した場合には被災前の状態に戻すことを前提とする，今日的な意味での災害復旧と異なった対応がなされていることも大いに考えられる。水害常襲地域における過去の水害は，それを後年まで記憶に留めるための「記念碑」的な痕跡としてだけではなく，地域の社会経済活動そのものから痕跡を見出すことが必要となる。

(3) 地理学的視点

　この，いわば常習化した災害をどう捉えるかという課題は，長年にわたり自然地理学，人文地理学の両面から研究の対象となってきた。ここでは，地質や地形など，自然地理学の専門知識を必要とする分野については検討を省略するが，これまでの研究史を踏まえつつ残された課題を抽出してみよう。

　小出（1970）は，河川が形成する自然条件には，河川流域の地質をはじめとする自然条件や，河川の傾斜を元に算出される河況係数の相違によって「河床」にいくつかの特徴が現れ，特に日本の大河川を，内帯，外帯といった地形分類に即した際には「比較的広い幅をゆったりと流れる河川」と，「土砂供給が多く，網目状に乱流しながら沖積平野を形成する河川」の二つに分類されるとした。小出の論考の優れている点は，この河床の違いによって，沖積平野上に展開される人々の暮らし，すなわち，人文地理的事象に相違が生じることを予察的に明らかにしている点である。このうち後者の河川として，本書で取り上げる天竜川が位置づけられる。また，網目状に乱流しながら沖積平野を形成する特徴は，東海型河川[4]としても知られる（松本2004）。同様に河川の自然条件の上に社会，経済条件が成り立つという河川地理学の視座からは，災害科学，河川工学，農業工学などの隣接科学を含めつつ河川を類型化した上で，治水，利水の重点を流域住民の状況に応じて考察する重要性が示された（大矢1993:9-13）。

　一方で地形学において沖積平野上の微地形を示す用語である自然堤防を，初めて各地の事例を交えて体系的に考察したものとしては，籠瀬（1990）の研究が挙げられる。この中では空中写真の判読，25cm～1m間隔の等高線を用いて作成された超大縮尺の実測図の活用，そして現地調査の組み合わせから，高さ数メートルほどの平野上の高まりである自然堤防の判読を進め，仙台平野，越後平野，埼玉低地帯といった面積の広い沖積平野と，河川の狭窄部を取り上げ，堆積物，集落立地，交通線，土地利用の関連から，それぞれの場所に形成される自然堤防の特徴を明らかにした。この研究ではさらに自然堤防の類型化がなされたが，籠瀬の主眼は，大縮尺地図の判読や現地調査を通して「どこに自然堤防が存在しているか」という対象の検出にあり，「人間の生活舞台として」

の自然堤防は，その種別・類型差，地域差，個別差が大きいという指摘がなされているものの，水害との関連では，氾濫原上に存在する危険性を言及するにとどまっている。しかしながら河川ごとの個別性の指摘は，小出や大矢の観点にもつながるものであり，自然条件に左右されながら進展していく河川下流域の開発傾向が，どのように特徴付けられていくのかを明確に示すものであるといえる。

次に，人文地理学的な視点に立った研究からは，地主・小作関係を手がかりに「水害抵抗性」という概念が導き出された（藤井・渡辺 1956:64-66）。この中では，水害をある特定の年次に発生した被害としてのみ捉えるのではなく，幾度も繰り返される水害に対して，そこに居住する人々が生業活動を持続しうる社会構造を総合的に捉える必要性が論じられている。それゆえこの研究は，治水史，災害史といった「記録」からの被害復元や，地形，自然条件などとの関連性とは別の視角から，水害常襲地域研究が可能となった点で大きな意義を持つ。これらをふまえて，一つの水害常襲地域を多面的に研究した事例も数多く存在するが，最も著名なものとしては，木曽川・長良川・揖斐川の通称「木曽三川」合流地帯にひろがる輪中地域の研究が挙げられよう。

輪中研究は，人文地理的な視座に立ち，その分析の主眼を「景観」においているものの，輪中という特異な景観形成を，地域の自然条件やその時代ごとの治水政策，そして各輪中において展開された水利慣行や堤防の維持など，中に居住する人々の運命共同体とされてきた社会環境にまで視点を広げた複合的な論究である点が大いに評価される。また輪中は，第二次世界大戦前からの研究蓄積を持つが[5]，このうち，自然条件から社会組織までを網羅的に分析した研究が多くの示唆を与えている（安藤編 1975；1988）。このほかに，一つの輪中を事例とし，その開発過程や農業生産を経年的に分析し，生産高の増減を周辺で行われた大規模普請との関係から明らかにした研究や（松原 1977），当該地域における水田の高畝利用[6]など，輪中内部における特徴の一つについて分析した研究も存在している（有薗 1997:36-52；元木 1997:18-35）。

他方で，地理学において景観的特徴以外からも水害常襲地域の特質は検討されてきた。その一つが，水害から地域を守る社会組織への注目であり，河川流

域にはその目的に特化した機能集団である「水防組合[7]」の存在が明らかとなる。

　内田（1994）は，全国の水防組合を指標に，河川の自然環境によって住民の利害関係が決定付けられ，そのことが水防活動設立の動機や活動形態の違いとなって現れることを示した。そして，水防組合の活動基盤となる負担金の分析から，水防組合活動によって最も恩恵を受ける場所，すなわち，堤防に至近の集落や，遊水地の周辺地区などに賦課の割合を高く設定した「受益者負担」の構造によって組織が成り立っていることを明らかにした。そしてこの中で，これまで研究が偏りがちであった大河川流域だけではなく，国や県による治水事業が見込めず，それゆえ大きな予算規模の河川改修工事が行われなかった中小河川に注目し，その中心に水防組合が存在していたことも明らかにした（内田1989:853-870）。

　この一連の研究は，水防組合が第一義的には堤防の保護を目的とし，河川の増水時に機能するものであるが，活動の実態には地域の利害を守るという側面を含み，それら平時の活動に重要な意味を見出した点で評価される。また，これまで水害が及ぶ範囲は地形分類上，氾濫原，後背湿地と説明されてきたが，明治時代に法律が整備されて以降の水防組合は受益者である集落を含む行政村を単位として活動するため，市町村域の関係から本来地形的には水害が及ばない地域にも一定の機能が賦課されることとなり，社会組織から見た水害常襲地域の空間的広がりという新たな地域間関係にまで目を配る必要性が生じてきた。

　ところで，地域間関係を立脚点に河川流域に注目した場合には，沖積平野を有する下流域だけでなく上・中流域との関連も想起されよう。このうち，一般的に河川の上流域に相当する山村研究においては，高度や日照，平地の少なさに依拠する農業生産性の低さといった，平野部に比較して条件不利な要素を持つことを前提に，集落地理学や社会地理学の分野から研究が行われてきた（上野編1986）。また，山村の有する地域経済的側面に関しては，その存立基盤として重要であった林業に注目し，先進地域であった奈良県吉野地方や長野県木曽地方などを事例に，主として林業経営を中心とした分析がなされてきた（萩野1975；藤田1998）。地理学の視点から林業地域を捉えなおした藤田は，天然林の採取林業から育成林業への転換期や，その地域性に注目しつつ，全国の林

業地域の形成過程を論じた（藤田 1995）。材木の再生産を目的とし，副次的に治山につながる育成林業の展開は，河川の上流域，下流域を一つの機能地域として捉える重要な視点となる。また，材木が河川を介して上流から下流に輸送されることに付随する，人や資金の動きも検討されており，上流域に立脚点を置きつつ下流域との関係を論じた研究として興味深い。

　ところで天竜川は，諏訪湖から伊那谷にかけての上流域が，河岸段丘の発達があるものの河床の位置は比較的平坦な地帯を流下するため，一般的な河川上流部，すなわち「山村」に相当するのは，天竜峡以南の中流域からとなる。材木流通の展開は，浜松市街の工業化と産業機械生産の技術集積の過程で重要な役割を果たしたという指摘のように（大塚 1986），上・中流域と下流域を結びつける重要な存在として位置づけられる。しかし，これまでの天竜川中流域に関する研究は，材木経営やその前段階の土地利用のあり方を検討したものであり，下流域との関係は，榑木や材木輸送を通じた河口港，掛塚との関係から言及されるにとどまっている（島田 1978:29-81；佐久間町編 1982；村瀬 1986:34-50；1992:54-59）。

（4）地域構造論および地域変容との関連

　地域の特徴は，そこに内在する様々な事象を取り上げ，地域構造を把握することから考察される。これは地域内部に，「直接目に見えない何らかの秩序」を見出すことや（今里 2006:3-7），地域を構成する因子を取り上げ，その結合のあり方に注目することにから導き出される。また，内部に存在する因子にとどまらず，地域性の把握から複数の地域間に存在する相互関係によっても地域構造の比較が可能となる（田林 1991:26-28；北村 1995）。

　ところで，地域に内在する因子に注目した場合，それらは類型の指標となると同時に，地域構造を見出した時代と異なる時代，すなわち，時間軸を取り入れることで，地域変化の構造を知る手掛かりともなる（中村ほか 1991:121-184）。このことは,地域とは空間と特性から成り立ち,空間の変化は地域の拡大・縮小を，特性の変化は，地域の変質を意味するという解釈（西村 1973:3）にも通じるものである。このようにまず地域構造の把握という場合には，ある特定

の時間的断面を切り取り，因子ごとの特徴と結合の関係を読み解く作業が必要となるが，さらにその変化にまで言及する際には，時間軸をいかに設定するかという課題に直面する。

　このことについて従来は，地域構造の変化をもたらすものとして外的要因を設定してきた。特にこれまでの研究では，1）戦国時代，2）近世から近代への移行期であるいわゆる「近代化」の実態把握，3）第二次世界大戦後の高度経済成長の前後という，主として3つの外的要因について，歴史の転換点としての意義づけがなされてきた（石井 1992:3）。本書が対象とする江戸時代から明治時代における天竜川下流域の地域構造とその変化は，換言するなら，近代化に伴う地域内の諸因子の変化を論究することとして理解される。

　近代化をどう捉えるかという課題に対しては，従来様々な分野において夥しい研究が行われてきた。それらを主に歴史学研究の動向から概括すれば，近代化は中央集権を目ざす明治政府を頂点とし，幕末開港以来の主力輸出品である製糸業をはじめとする殖産興業と，それら官営で開始された諸産業の民営化ならびに会社組織化といった経済史的視点，汽船，鉄道，道路網の整備といった物流，交通体系の変化，そして各種産業と金融業との関連が，産業革命という技術と制度，そして人的資源の関係性から明らかにされてきた（高村 1994）。

　これらを歴史地理学的視角に引き付けた際には，地租改正の土地制度改革による農地の地主集積化と，それら地主資金の国家資本化，民間資本化の過程が示され（菊地ほか 1995:76-78），中でも，地主層と地域社会との関連について，社会資本整備の具体例とともに研究が蓄積した。このうち近代交通史では，鉄道建設を地域との関連から考察した一連の研究が存在している（青木 1986:169-181；三木 1999）。一方で，本研究に関連する治水史研究においても，明治29年（1896）の河川法成立を画期とし，その前後における明治政府の河川政策の意味が考察されている（山本・松浦 1996a:1-21；山本・松浦 1996b:51-78；松浦 1997）。

　ところで，これら外的要因と地域変容との関係は，近年地域構造の内部，すなわち因子側を主体とした再検討が課題として認識されている。山根・中西（2007:29）は近代日本の地域形成における課題に「近代日本に内在・外在する

種々の構造は種々の主体の行為を生じさせ，他方で行為によって構造が再生産されるという歴史地理的な構造化過程が存在する」ことを挙げている。このことについて，例えば古代景観の分析といった過去の時間的断片から地域構造を考察する際にも，条里制という集落形態の維持が後の開発進展に際して散村あるいは集村へ変遷していく基礎になるものという位置づけの元に考察を進めることによって，その構造，機能の解明と共に時代的な変化，動態を含む歴史的生態の究明が可能になるという指摘もある（金田1985）。一方で米家（2002）は，近世から近代に山村の「変容」を見出す視線として，自給的で商品経済の未発達な状態と発達後の状況を安易に強調しすぎることを指摘し，これまでの山村研究に用いられてきた地域変化を示す「尺度」を，今一度時代性の中で問い直す作業の必要性を述べている。この時代軸の設定あるいは再構築について，溝口（2002）は，畑作地域の検討の中で，時代を経るごとに焼畑の重要性が低下するという従来の指摘を反証している。同時に溝口は，畑作地域論を「地域史」として展開する前提に，「地理学の研究は空間的解析に力点を置きすぎ，歴史的過程の追究を補助的作業として軽視することが多い。」ことを挙げている。

　他方で，従来から用いられる明治期から第二次大戦に至るまでの産業発達に関する画期[8]を利用し，その中に家族，農業経営，衣食住の実態を日記の分析を通して，生活の全体像を位置づけた研究も存在している（中西2003）。また，岐阜県を事例とし，江戸時代以来の陸路，舟運路の交通結節点が，鉄道の開通によりいかに機能変化していくかを，新たに駅ができた町とその後背地の比較という，地域の側からの視点により，鉄道開通という外的要因の受容を再検討する研究も存在する（清水2013）。

　一方，河川湖沼等の環境史研究からも，地域構造とその変容に関する研究が蓄積している。この中では，地形，土壌，植生といった土地環境を因子とし，それらの関係を生態学的に把握した上で，その環境を農民がいかに認識し，いかなる農業技術をもって対応したかが明らかにされた（野間2009）。また，佐野は環境史，生物多様性，生態系との関連を考慮に入れることで，「断面」としてではない，景観を動態として捉える重要性を指摘している（佐野2008:7-44）。そして自然環境の認識と住民の対応に関する歴史地理学的な立脚点からの

考察として，近世において河身の改変が繰り返され，人為的に環境変化がもたらされた利根川中流域を事例に，耕地の開発史と新たに作り出される河川環境との相互関連性から明らかにした研究が存在している（橋本 2010）。水辺の環境史に注目することは，人と河川との関係を考察する場合，水害という災害の側面を強調しない，地域の「普段の」在り様を捉える視点に優れている。自然環境への対応という繰り返しの中から生まれる動態を把握していく手法は，災害史研究にも取り入れるべき視点であると考える。他方で環境生態学においてもその動態の考察には時間軸の設定が課題とされている。

　また，治水と水防の歴史的展開について，実際に居住する流域住民を主体としつつも，明治初期のお雇い外国人ヨハネス・デレーケの治水・治山計画にまで言及しながら，それを「治水誌」という視角から読み解こうとする輪中地域研究も存在する（伊藤 2010）。

　このように，地域構造の変化を主たる考察対象とする際には，時間軸を設定しながら地域を動態として捉えること，そしてその時間軸は，歴史の画期となる，いわゆる外的要因から検討する場合においても，地域の側からの主体的な動きに注目しつつ，外的要因の作用自体の影響も再検討する必要があること，あるいは，地域の側からの新たな時間軸の設定も場合によっては必要となること，これらが残された課題となろう。

　ここで，今一度本書が検討する時間軸に立ちかえってみたい。歴史地理学的視点から水害地域を検討する際には，水害が頻発していた時代の地域構造を復元することが第一義的に行われる。本書ではその水害頻発期と定義される時代を検討する際に，これまで看過されてきた「水害が発生しなかった年」も一つの因子として取り上げ，地域構造の特徴を描き出す。さらに，水害減少期に至る地域構造の変化まで論究することで，水害の減少をもたらした外的要因である明治期の治水事業を，近代化の具体例として地域の実態に即して位置づける。一方で，天竜川下流域は東京・大阪のほぼ中間地点に位置するため，特に明治 22 年（1889）の東海道本線の開業によって輸送手段の変革が起きて以降，遠郊農業の発展とともにその位置的優位性を最大限に発揮することとなった。それゆえ本書では鉄道の開通も外的要因の一つとして捉えるものとする。そして，

これら外的要因に影響を受けた水害減少期における諸因子の特徴と結合との関係を明らかにしていく。そしてこれまでの水害常襲地域研究では看過されてきた水害減少期の地域構成諸因子を明確にすることで，過去の復原に終始しがちであった水害史研究の傾向に新たな道筋を立てることも意図している。

第3節　本書の方法と研究対象地域

　東京・大阪の発展と相互に影響し地域間関係を有するのは，江戸時代から明治時代への移行期という時代背景を考慮すると，おそらく日本中のすべての地域が相当するであろう。その中で天竜川下流域の特徴はいかなるものであるのか。本書では近代化の指標の一つとして，前述したように東京・大阪[9]の両都市を結ぶ東海道本線の存在に注目する。この沿線は，ほぼそれと並行して江戸時代の東海道が通っており，歴史的に交通路としての重要性を有していたことが知られる。

　ところで，この東海道に沿った地域には天竜川の他にも複数の河川が存在し，そのほとんどは東海道と直交する形で流れ下る。換言するなら，旧東海道以来の交通路は，これら河川の下流域に相当する沖積平野を横断しているのである。そして沖積平野上には，城下町や宿場町，あるいは在郷町などが数多く存在し，それぞれが後背地を持つ中心地機能を有していた。このように，各河川下流域において，流路に沿った南北方向を「縦軸」とするなら，東海道は「横軸」として機能しており，これら縦横の基軸は地域の性格を決定付ける際，大きな影響力を有していたことが予想される。

　これらの条件を有する代表的な河川を東から順に列挙すると，多摩川，相模川，酒匂川，富士川，安倍川，大井川，天竜川，豊川，矢作川，木曽川，長良川，揖斐川などとなる。このうち，木曽川とそれ以西の2河川は，木曽三川と称されるように下流域において離合を繰り返す同一の自然環境を形成していると考えてよい[10]。また，関ヶ原以西（旧東海道は鈴鹿山脈以西）には，琵琶湖周辺の中小河川と淀川が存在しているが，小出（1970:13-16）の分類では地質的に西南日本の特徴を有するこれら河川は，淀川を除くと河川自体の「縦軸」と

しての機能が小さい。また，淀川は下流域において大阪市街と直結するため，その発展との結びつきが特に大きいという，特異な性質を有する。

　一方，列挙した河川の自然条件に注目すると，その多くは中部山岳地帯に水源を持ち，流量が多く，かつ土砂の堆積量の多いことが特徴といえる。また，土砂堆積量の程度は，下流域の自然条件や，そこに暮らす人々の土地利用を決定付ける。そこで，東海道に沿ったいくつかの河川について，統計等を利用して自然条件の予察的な検討を行った。沖積平野では，後背湿地の農業的土地利用は水田となることが多く，土砂の堆積によって形成された自然堤防などの微高地は畑となることが一般的である（斉藤1988；籠瀬1990）。それゆえ，各河川について土砂堆積の特徴を明らかにすべく，水田と畑の比率が比較可能な一覧表を作成した（表1-1）。以下，その内容から明らかになる点を論述してみよう。

　本表の作成に当たり使用した統計は，大規模な農地の改変が見られず，伝統的な土地利用形態が残存していたと考えられる昭和25年（1950）の農林業センサスに記載された農地面積である。ここで注目されるのは，天竜川下流域での田畑の面積比率であり，水田51に対して，畑49とほぼ1対1の割合となっている。他の河川では，日本有数の急流といわれる富士川が66対34で，ほぼ2対1となる。また，多くの輪中を有し，自然堤防が卓越することで有名な木曽川，長良川，揖斐川の流れる濃尾平野中西部でさえも，その比率は84対16である。このように，一般的な河川下流域での農業的土地利用は，水田の比率が高く，畑の比率は低い傾向にあることが明らかである。しかし，天竜川ではその比率がほぼ1対1となり，他の河川に比べて畑の面積が特に大きい。このことは，天竜川下流域を取り巻く地形的特徴が大きく影響していると考えられる。

　天竜川は，二俣市街から半島状に西に突き出す鳥羽山にさえぎられて蛇行し，さらにその南で赤佐の椎ヶ脇神社の所在する標高70m程の山に行く手をさえぎられて，東向きに谷口を形成している。それ以南の平野は，東側を磐田原台地に，西南方向を三方原台地に挟まれており，南北25km，東西の幅は最大で7〜8kmの規模を有している（図1-1）。この東西の台地の存在が天竜川の氾濫原を限定させるため，後背湿地の発達が見られず，流れてきた土砂はすべて

表 1-1 東海地方における河川下流域平野の田畑割合

河川名および当該区間	当該区間河川延長 (km)	田畑面積 水田（町）	田畑面積 畑（町）	田畑比率 水田：畑
甲府盆地（笛吹・釜無・荒川）	36.4	4,731	2,823	63：37
富士川	6.6	1,677	863	66：34
大井川	18.6	6,201	675	90：10
天竜川	24.2	3,578	3,371	51：49
矢作川	30.2	13,604	4,764	74：26
木曽川左岸	38.6	6,970	1,883	79：21
木曽・揖斐・長良川輪中（東海道本線以南）	36.0	13,560	2,584	84：16
琵琶湖東岸（日野・野洲川）	17.1	3,446	271	93：7
淀川（旧巨椋池～門真）	34.6	5,359	558	91：9

(「1950年世界農林業センサス市町村別統計書」より作成)
注）範囲の設定，河川延長の算出は，当該地域の20万分の1地勢図，5万分の1地形図を用いた。その方法は，5万分の1地形図より沖積平野を50%以上領域として含む市町村を抜き出し，センサスに記載された当該市町村の田畑面積を合計したものを，当該河川の沖積平野田畑面積とした。

平野上に堆積を繰り返すこととなる。このことは門村（1965:65-78）作成による地形分類図からも明らかであり，平野は網目状の乱流路と自然堤防からなる自然的特徴が形づくられた（図1-2）。天竜川は，このような自然条件の沖積平野を20km以上にわたって流れ下るという，東海道に沿った河川群の中でも治水対策の特に困難な河川の一つという特徴が指摘できる。ここに，本研究の事例とする天竜川下流域の重要性が認識されることとなる。

第4節 本書の構成

本書の構成は，以下のようになっている。

第2章において，天竜川は過去にどれほどの頻度で水害を繰り返してきたのかを，年表の作成と概観を通して明らかにする。その中から，被害が確認できる地点に注目し，その頻度と被害程度の大小に注目する。また，それらを経年的に追うことで，時代によって被害に頻繁に遭う地点が変化していくことを指

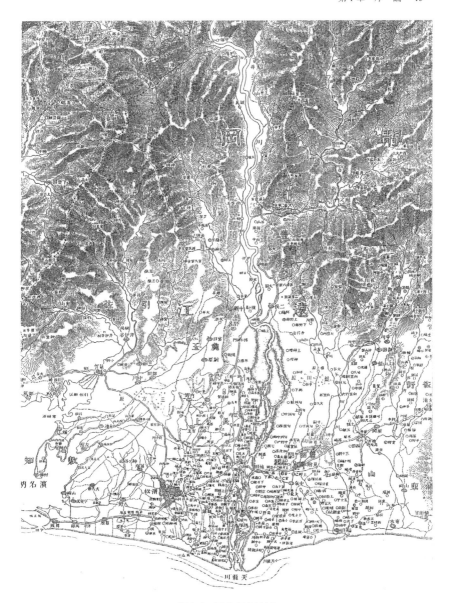

図 1-1 研究対象地域
(明治 20 年 (1887) 測量 20 万分の 1 地勢図「豊橋」, 明治 25 年 (1892) 測量「伊良湖崎」を使用)

凡例 ▨ 旧低水路 ═ 東海道
① 見付宿 ② 池田 ③ 中野町 ④ 浜松宿

図1-2 天竜川下流域の地形分類
（基図は門村浩「航空写真による軟弱地盤の判読－第1報－」写真測量 4-4, 1965, 182-191頁による）

摘し，当時の社会経済状況といかに関連しているのかを跡付ける。そのことから天竜川下流域での水害の発生傾向を3期に分類し，それぞれの時代的特徴について言及していく。

第3章では，水害頻発期として，江戸時代を中心とする天竜川下流域の地域構造を明らかにしていく。天竜川下流域においては，江戸時代初期が自然条件に対応しつつ人々が氾濫原を開発していく発展期であった。そのことを示す当時の絵図類から，自然条件に対応した景観形成の過程と土地利用，水害の状況と復旧の過程を明らかにする。そして，それら景観的特徴を有する天竜川下流域において展開されていた農業生産のうち，とくに畑での綿作とその流通の特徴を明らかにする。一方で，この地域では流域住民が主体となって活動する水防組合が機能していた。その中から脆弱であるがゆえに頻繁に行われた堤防修復作業に注目する。そして，景観，被害と復旧，農業，水防活動を通した住民の生業活動と水害とのせめぎ合いを，水害頻発期における天竜川下流域の地域構造として捉える。

第4章では，前章において明らかにした地域構造を変容させる最大の要因と捉えられる，明治中期の内務省直轄による河川改修工事を取り上げる。明治時代初期より欧米から移入された河川を制御する土木技術，すなわち，近代的治水技術とはいかなるものであったのか，工事資材や現場の工事を統括する組織，人物に注目し，地域の実態に即して明らかにする。ところで，工事の進捗中にあっても，天竜川の増水時や，それにより損傷した堤防補修は，江戸時代以来の水防組合によって防御活動が行われていた。それゆえ，水害頻発期，水害減少期を分割する画期に相当するこの第4章においても，水防組合活動の分析は地域構造の変容に至るまでの，いわば「過渡期」の天竜川下流域を知る手がかりとしての意味を持つ。本章では，この水防組合が作成した，工事や水防活動に関する帳簿などを分析し，その実態を解明していく。

他方で，明治期中期の内務省直轄工事によっても水害の完全な除去には至らず，政府に第二次改修工事を要望する動きが下流域の中で大きくなっていくことになる。それらを取りまとめた人物に，天竜川東縁水防組合長を務めた大橋頼模がおり，彼の残した日記を元に，当該地域と中央政府とがいかに結びつけ

られていくのかについて言及していく。

　第5章では，内務省直轄河川工事の終了後，水害が減少した天竜川下流域の地域構造について検討する。そのために，ここでは，まず蔬菜栽培から高度な施設園芸導入へと変貌した農業生産の実態として，この地域の農業的発展を牽引した「丸浜温室園芸組合」の関係資料に注目し農業組織の展開から天竜川下流域を捉える。

　続いて，天竜川を「輸送路」として使用する材木流通について言及する。材木流通は天竜川中流域の山間部で切り出された材木を筏に組み，下流部まで流すことによって成り立っていた。天竜川では，江戸時代にはすでにこのような材木流通体系が存在し，材木は河口に位置する掛塚湊で船に積み替えられ，主として江戸の木場に出荷された。明治22年（1889）に東海道本線が全通し，輸送手段の「近代化」がなされて以降，筏の水揚げ地点は鉄道橋梁周辺に集積し，取り扱う材木量も急増していく。この材木流通の発展は，明治中期以降，天竜川を「輸送路」とする重要性が高まったことを示すものであり，治水だけではない河川利用の側面からも，地域の特徴を明らかにする手掛かりとなる。その手段として，本稿では従来までの林業研究とは異なり，筏に組む前に増水とともに発生する「流出材」の存在とその取り扱いに注目する。天竜川下流域では，この増加する流出材を収拾し，再び正規の流通経路に戻すために，流域沿岸町村が協力していた。材木流通を取り仕切っていた天竜川材木商同業組合はその差配のために様々な帳簿類を残している。本書ではこれらの分析から流出材木の実態を把握し，流域町村との関係を明らかにしていく。

　そして，本章の最後において，明治44年（1911）に発生した水害の状況と，その際の水防組合の活動について言及する。天竜川下流域では，明治31年（1898）に終了した河川改修工事の後，しばらくは河床の安定状態が続き，明治44年に大規模水害に襲われることとなる。その際，決壊箇所から堤内地への洪水流の侵入を食い止めるために行われた堤防の応急工事の状況を，水防組合の活動記録を元に復元していく。そして，農業生産，材木流通，水害の状況と水防組合組織のあり方を，水害減少期の地域構造と位置づける。

　本書では水害減少期の時代区分を明治20年代から明治末期にかけてとして

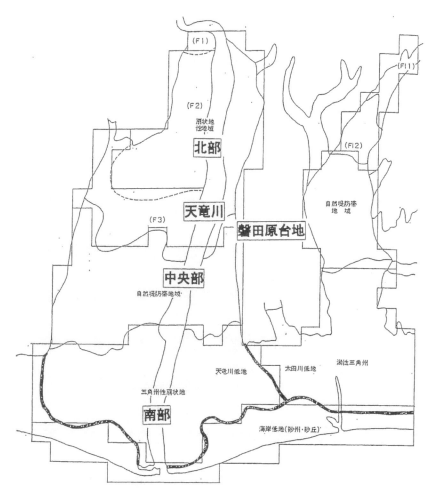

図1-3　天竜川下流域の地形地域区分
（門村（1965）を加筆して作成）

おり，それ以降の地域の状況については言及していない。明治44年水害を契機に開始された内務省直轄による第2次天竜川改修工事は，完全な高水工法によって施工され，それ以降天竜川下流域において堤防の損傷が発生したのは，大正9年（1920）に1回と，昭和20年（1945）に1回の，計2回のみである。

このように，明治44年水害が，この地域での社会構造の変容を如実に示した事例として最も適当であると考えるが，資料の制約や，社会構造の変容をより鮮明に描き出すために，農業の実態に関しては昭和初期までを考察の対象としていく。

また，第2章において水害の増減傾向を検討する上では，門村（1965:65-78）によって示された地形の地域区分を参考にしている（図1-3）。この図においては，平野の地形的な特徴を4つに区分し，それらの境界となる等高線とともに明示している。本研究では，北から順に「扇状地性地域」を「北部」，「自然堤防帯地帯」を「中央部」，「三角州性扇状地」と「海岸低地（砂州・砂丘）」の区分を一括し「南部」としている。

注

1) 降雪の多い地域では春に融雪による水害が発生することがあるが，本書ではそれは考慮しないものとする。
2) 土木用語辞典編集委員会（1971），によると「洪水防御を目的とする工事。築堤，流水断面増大，障害物除去（広い意味でしょう水路，分水路築造を含めて）などを行う。」としている。
3) たとえば大日本農会編（1980）:『大日本農会百年史』大日本農会，による。
4) 松本（2004:131-138）によると，東海型河川は南アルプスに源を発しそこから太平洋岸か駿河湾に向けて急勾配で流化する富士川・安倍川・大井川・天竜川を指し，さらに共通点として下流に扇状地性の平野を主体とする急勾配の平野が広がること，放射状に分流し，周囲の平野とほぼ同高度の河床から溢流，氾濫をして流路が変わりやすく，そのため平野の開発が極めて困難であることを挙げている。
5) 安藤萬壽男編（1988）によると，論考として「輪中」の用語が初めて登場するのは中沢弁次郎監修（1936）:『輪中聚落地誌』日本農村問題研究所，においてであるとしている。
6) 地下水位の高い輪中地帯では，湿田の利用方法の一つとして，地面の一方を土取りし，もう一方をかさ上げし，冬季の裏作を行った。土を取った後は「掘り潰れ」と呼ばれる池となって残った。
7) 本来の一般名称は水害予防組合であるが，度重なる法律の改正による一時期の名称変更や，通称に地域差もあることから，本書では水防組合の名称を用いる。
8) 中西遼太郎（2003）2-3頁，では「わが国における明治中期以降第二次大戦までの時期は，産業発達のあり方からおおよそ三期に分類することができる。」とし，第一期は1880年代

(明治20年代初頭)から第一次大戦前,第二期は第一次大戦以降昭和恐慌前まで,第三期は昭和恐慌以降終戦までとしている.
9) 東海道本線の正式な終点は神戸駅である.なお,明治22年(1889)4月16日の静岡・浜松間の開通によって,東海道本線は全通する.
10) 江戸時代の東海道は,宮から桑名の間は「海上八里」の船渡しとなるため,木曽三川の乱流地帯を通過しない.ただし東海道本線は三川を渡河して岐阜・関ヶ原に至る美濃路を踏襲したルートであるため,考察に加えるものとする.

第 2 章

天竜川下流域の水害史

第 1 節　開発初段階の天竜川下流域

（1）「水害年表」の分類方法

　天竜川では，過去にどれだけの洪水被害が発生していたのであろうか。本章では，その回数や頻度を把握した上で，被害地点の判明する個所について微地形を中心とした自然条件との関連を考察する。そして，洪水の発生地点を，右岸，左岸，あるいは平野北部，南部といった「区域」の中に位置づけ，それらが時代ごとにどのような特徴をもっていたのかについて言及し，天竜川の水害史としての全体像を明らかにしていく。

　天竜川の洪水やその被害を把握するために，年表を作成した（表2-1）。本表は，天竜川での増水が何らかの形で記録が残存していることを前提としている。表中では，洪水の発生した年月日の他，堤防の決壊や浸水範囲といった被害の具体例や場所が特定される場合は，その地名や被害程度を示した。また月日は，史料に記載されたものをそのまま使用しており，明治5年（1872）までは旧暦によっている。また被害程度のうち，堤防の損傷・決壊が明らかな場合には「破堤」とし，他と区別した。そして，破堤地点とその規模が判明する場合には，村名と破堤した長さをメートル換算で示した。村名は，明治22年（1889）の市町村制施行以前の場合であっても，下流域のどのあたりなのかを明確にするため，括弧の中に行政村名を入れた。被害程度では，このほかに「増水」，「地震」を分類した。「増水」は，史料により流域に被害が確認できても破堤被害の有無が不明のものを差す。「地震」は，いわゆる「海溝型」の巨大地震が一定の周期ごとに発生する東海地方であるため，時として大きな揺れに見舞われている。その際に堤防が崩れることがあり，これは水害の頻度と比べて発生回数は

表 2-1 天竜川下流域における水害

年	西暦	月 日	場所	被害地点	区間	被害程度	被害内容	治水工事
大宝元年	701					増水	天竜川水系最古の水害記録	
和銅 2 年	709	5 月 20 日				増水		
霊亀元年	715	5 月 25 日				増水	大地震の後洪水になった	
養老 3 年	719					増水		
神亀 3 年	726	12 月				増水		
天平宝字 5 年	761	7 月 19 日	亀玉川堤防	1000m		増水	天平堤が残る（現，浜北区）	
天慶 3 年	940					増水		
天慶 9 年	946					増水		
建徳元年	1370	8 月 20 日				増水		
応永 3 年	1396					地震		
応永 13 年	1406					増水		
文明 18 年	1486	8 月 4 日				増水		
明応元年	1492	5 月 29 日				増水		
明応 5 年	1496	8 月 17 日				増水		
明応 8 年	1499	6 月				増水		
天文 13 年	1544	7 月 9 日				増水		
元亀元年	1570	8 月 21 日				増水	三・遠二州の被害甚大	
天正元年	1573							家康この地を領地とし，御普請制度を設けて築堤を行う。小天竜締切と右岸築堤，寺谷用水取入口と左岸築堤。
天正 16 年	1588							寺谷用水完成と伝わる
慶長 9 年	1604					洪水	熊野御前遺物，この時流失すると伝わる。	
慶長 10 年	1605	4 月 7 月 20 日				増水 増水		

表 2-1　天竜川下流域における水害（続き）

年	西暦	月 日	場所	被害地点	区間	被害程度	被害内容	治水工事
慶長 11 年	1606	3 月 28 日				増水		
慶長 12 年	1607	8 月 14 日				増水		角倉了以に信州から掛塚までの航路を見立てさせる
慶長 13 年	1608	4 月 21 日				増水		
慶長 14 年	1609	8 月 9 日				増水		
慶長 15 年	1610	5 月 7 日				増水		
		6 月 12 日				増水		
慶長 17 年	1612	6 月 22 日				増水		
		9 月 2 日				増水		
慶長 19 年	1614	4 月 27 日				増水		
		5 月 12 日				増水		
		6 月 4 日				増水		
元和 7 年	1621							幕府は中ノ町村に代官所を設置
寛永 2 年	1625		気子島			増水	水損引 91 石	
寛永 8 年	1631		北鹿島			増水	住行寺が流失	
寛永 13 年	1636	9 月	油一色	堤防		破堤		
寛永 14 年	1637	8 月 7 日				増水		
承応 2 年	1653	6 月 6 日				増水		
		8 月 6 日				増水		
明暦元年	1655							
明暦 2 年	1656						彦助堤築堤	
万治 3 年	1660	8 月 4 日				増水		
寛文 6 年	1665		油一色				川成引分が耕地の 8 割以上を占める	
延宝 2 年	1674	8 月 11 日		彦助堤		破堤	彼岸の中日まで彦助堤以南に水が流れる。浜松城下田町，7 日間家の軒まで浸水。	

表 2-1　天竜川下流域における水害（続き）

年	西暦	月　日	場所	被害地点	区間	被害程度	被害内容	治水工事
延宝 3 年	1675							彦助堤復旧, 高さ 3m, 馬踏 10.8m, 敷 27m, 蛇篭多数で補強。
延宝 8 年	1680	8月6日	北鹿島			増水	家屋流失 5 戸, 全壊 1, 破損 15	
天和元年	1681					増水		
貞享 3 年	1686		高薗				集落流失し, 石高 218 石は 127 石に減じる。	
元禄 4 年	1691		油一色			増水	冠水被害あり	
元禄 6 年	1693					増水		
元禄 7 年	1694		油一色				新田の水害による高引, 5割	
元禄 11 年	1698	7月26日	中野町 川越島	堤防		破堤	中ノ町, 萱場, 安間, 橋羽, 永田, 植松まで濁流が押し寄せる。東海道不通, 川下住民屋根裏に 10 日間寝起き	
元禄 13 年	1700					増水	浸水被害多し	
宝永 2 年	1705	6月28日	北鹿島				家屋流失 17 戸, 全半壊 11 戸	
宝永 4 年	1707		長森	堤防 堤防損傷		破堤	大地震あり	

表 2-1　天竜川下流域における水害（続き）

年	西暦	月　日	場所	被害地点	区間	被害程度	被害内容	治水工事
								池田村渡方と宿方が，川除堤の状況と出しの数を代官に報告した中に石垣工法あり。
宝永5年	1708	7月2日				増水		
正徳元年	1711	7月28日				増水		
正徳2年	1712	8月18日				増水		
		4月22日				増水		
		7月8日				増水		
		8月9日				増水		
正徳5年	1715	6月18〜24日				増水	未の満水, 180年来の水害	
享保2年	1717					増水		
享保3年	1718					増水		
享保6年	1721	7月16日	寺島 八幡				浸水被害 浸水被害	
享保7年	1722							池田村他13ヶ村組合（い組）は萩原源左衛門の命により水防の義務を負う
		8月14日				増水		
享保12年	1727					増水		
享保13年	1728	7月8日	北鹿島 飯田 寺島 八幡	堤防		破堤	家屋流失4戸 被害大きい 被害大きい 被害大きい	
享保19年	1734		安間川			増水	氾濫	
元文3年	1738	8月18日	西鹿島 掛塚				全壊1戸, 半壊5戸 家屋流失多数	
元文5年	1740	7月17日				満水	水量3m	

表 2-1　天竜川下流域における水害（続き）

年	西暦	月　日	場所	被害地点	区間	被害程度	被害内容	治水工事
寛保 3 年	1743					増水	船明の梺木留綱が切れる	
延享 2 年	1745							彦助堤が破堤した際の水害区域を幕府，浜松藩に提出
宝暦 2 年	1752		岩田村				増参寺史料に堤防大破，死者多数	
宝暦 3 年	1753	8 月 16〜19 日	豊岡村 平松				村ごと流失，磐田原台地に移転	
宝暦 6 年	1756	9 月 16 日				増水		
宝暦 7 年	1757	5 月 2〜6 日	池田		堤防	破堤		
			小立野				8 月 21 日まで水田を洪水流が流れる。役人衆検分し，御蔵米を出す	
			中瀬蝋燭島				河道が変わり流失	
			中瀬細島				河道が変わり流失	
								彦助堤，蛇篭を用いて復旧
宝暦 8 年	1758					増水		
明和 2 年	1765		匂坂西村		堤防	破堤		水下 27 ヶ村は国役普請を陳情，取り上げられる。
明和 8 年	1771							寺谷用水 1 番圦に寄洲ができ，新堤築堤と取水口固定の普請。
明和 9 年 安永元年	1772	8 月 2 日 8 月 20 日				増水 増水		

表 2-1 天竜川下流域における水害（続き）

年	西暦	月 日	場所	被害地点	区間	被害程度	被害内容	治水工事
安永 2 年	1773	6 月 18 日				増水	被害あり。酉の満水	
安永 7 年	1778							慶安年間からこの頃の間に，天竜川右岸は彦助堤を基準に，連続堤ができあがる。
安永 8 年	1779	7 月 23 日 8 月 3 日 8 月 25 日	森本村 福王寺 西彦太夫下	堤防		増水 増水 破堤		
天明 4 年	1784	6 月					1 年で同じ堤防が二ヶ所切れる	池田村地方名主が江戸表に陳情
天明 5 年	1785	8 月 12 日				増水		
天明 6 年	1786		井通村内			増水	出水被害多し	
寛政元年	1789	6 月 18 日	中瀬村	堤防	1450m	破堤	上島村の人家，24 戸 67 人流失，うち 22 人死亡。屋根を切り抜き三ツ家村に漂着，船に救助される。	
			匂坂西 中ノ町	堤防 堤防		破堤 破堤	付近一帯荒廃人家流失，住人，家畜に溺死あり	
寛政 2 年	1790	8 月 19～20 日				増水		
寛政 4 年	1792					増水		

表 2-1　天竜川下流域における水害（続き）

年	西暦	月　日	場所	被害地点	区間	被害程度	被害内容	治水工事
寛政 5 年	1793							彦助堤国役普請，菱牛，沈枠，蛇篭を使用する。
寛政 7 年	1795		小立野村	堤防		破堤	東海道通行止まる	
寛政 10 年	1798	4 月 8 日	七蔵新田	堤防		破堤	池田村水没	豊田郡 34 ヶ村総代，匂坂西村での国役普請を願い出
寛政 12 年	1800	7 月 5 日				増水	上流の御榑木が大量に流出	
享和元年	1801	6 月 29 日				増水		
		8 月 6 日				増水		
文化元年	1804					増水		
文化 3 年	1806		富田・一色	堤防		破堤		
文化 4 年	1807	10 月	富岡村七蔵新田	堤防		破堤	西之島，森下，宮之一色村浸水	
文化 5 年	1808					増水		
文化 6 年	1809					増水		
文化 11 年	1814		一色	堤防		破堤		
文化 12 年	1815	6 月 27 日				増水		
		7 月	常光	堤防		破堤		
文化 13 年	1816	8 月 4 日	竜池八幡	堤防		破堤	田畑の半分は荒廃	
			高薗	堤防		破堤		
			中ノ町	堤防		破堤		
			一色	堤防		破堤		
			富田	堤防		破堤		
			国吉	堤防		破堤		
文化 14 年	1817							彦助堤籠工完成
文政 5 年	1822		匂坂西	堤防		破堤		

表 2-1 天竜川下流域における水害（続き）

年	西暦	月 日	場所	被害地点	区間	被害程度	被害内容	治水工事
文政 8 年	1825	8 月 14 日				増水		
文政 9 年	1826	10 月	立野村長森	堤防		破堤	稲作皆無	
文政 10 年	1827	6 月 21～23 日	富岡村七蔵新田	堤防		破堤		
			井通村森本	堤防	545m	破堤		
			十束村高木・宮本	堤防		破堤		
文政 11 年	1828	7 月 16 日 6 月 30 日～7 月 1 日	匂坂中	堤防		増水 破堤	浸水被害あり 人家流失，寺谷大圦大破	
			井通村森本	堤防		破堤		
			十束村赤池・中嶋	堤防		破堤	大池ができる	
			宮本・堀之内				土砂流入，大きな丘のようになり「二つ森」と呼ばれる。	
			鮫島	汐除堤防		破堤	4km 北まで，浸水する。去年，今年の水害で乞食となる住民多し	
文政 12 年	1829		豊西村常光	堤防		破堤		
天保元年	1830	7 月		堤防		破堤		
天保 2 年	1831	3 月						天保水防組結成
天保 3 年	1832							仿僧川岡村から南へ付け替え

表 2-1 天竜川下流域における水害（続き）

年	西暦	月 日	場所	被害地点	区間	被害程度	被害内容	治水工事
天保 4 年	1833							上小島字枝ヶ瀬〜三ツ家村上へ堤防新築，1847 年の出水で破壊。
天保 6 年	1835		井通村以南	堤防		破堤	家屋流失，田畑荒廃	
			池田村	堤防		破堤	家屋流失，田畑荒廃	
天保 7 年	1836		竜池村八幡	堤防	110m	破堤		
			富田	堤防		破堤		
天保 8 年	1837		中ノ町村白鳥	堤防	36m	破損	12番出から15番出	
天保 9 年	1838							流域村々，河川工作物保護の誓約。中瀬村村役普請，川袋村自普請など定式普請の代行あり。
天保 10 年	1839							西鹿島村天竜川通り川除御普請
天保 14 年		9月10日	立野村長森	堤防		破損	寺谷用水，土砂が大量に入る。	
弘化元年	1844							この頃の天竜川本堤，高さ4.5m，馬踏3.6〜5.4m 国領が浜松藩領となる。定式普請から浜松藩自普請に。

表 2-1 天竜川下流域における水害（続き）

年	西暦	月 日	場所	被害地点	区間	被害程度	被害内容	治水工事
弘化 3 年	1846	7 月 7 日				増水		圦樋方役所が，浜松領内の治水事務を臨時に取り扱う。
嘉永元年	1848	5 月				増水		
嘉永 3 年	1850	7 月 19〜23 日	中瀬村下小島	堤防		破堤	一村流失，中瀬村へ借地	この出水で大平川ができる
			池田村北部	堤防	76m	破堤	40 数日間浸水。船方の多くは船を流失	
			十束村内	堤防		破堤		
			常光	堤防	76m	破堤	家屋流失，農地浸水。面積は 49 町 7 反 5 畝。	
		7 月 23 日	末島	堤防		破堤		
			富田村	堤防		破堤		
			子安の森					
嘉永 5 年	1852			堤防		破堤	所々で堤防が大破	
嘉永 7 年	1854	7 月 7 日	池田村	堤防		破堤	家屋流失	
安政元年		11 月 4 日		堤防		破損	安政地震 (M8.4) 堤防破損多数	
安政 2 年	1855	7 月 27 日	掛塚敷地	堤防		破堤	田畑荒廃	
			七蔵新田・池田	堤防	180m	破堤	小立野，西之島まで 30 日間浸水	
安政 4 年	1857		一貫地				一貫地集落流失し，村内の川洲に引っ越し	
安政 5 年	1858	6 月 12 日				増水		

表 2-1　天竜川下流域における水害（続き）

年	西暦	月　日	場所	被害地点	区間	被害程度	被害内容	治水工事
万延元年	1860	5月10〜11日	右岸は白鳥など10ヶ所	堤防	延長530m	破堤	浜名郡内59町6反2畝荒れ地に。氾濫流は浜名湖まで達する。	
			富岡村七蔵新田				中野戸・加茂西方面一帯水没，明治末期まで中野戸に1町の池が残る。	
			掛塚江口・西堀	堤防	180m	破堤	田の荒廃数十町，江口は2ヶ所破堤し，南の破堤地点は池になった。東縁では池田・立野・長森・堀之内・岡で被害大きい。	
文久2年	1862		白鳥	堤防	100m	破堤		
元治元年	1864					増水		この頃から浜松藩主が丈夫築人夫に弁当を支給
慶応元年	1865	5月18日	掛塚藤木・岡間	堤防		破堤	農地浸水，万延元年水害の荒地復旧中再び荒地に	
			松ノ木島	堤防		破堤		
慶応3年	1867		掛塚藤木・岡間	堤防		破堤		
明治元年	1868	5月19日	中瀬村太平	堤防	1000m	破堤	100日間水に浸かった地点あり	

表 2-1　天竜川下流域における水害（続き）

年	西暦	月　日	場所	被害地点	区間	被害程度	被害内容	治水工事
			中瀬村小島	堤防	818m	破堤	中瀬村上小島は20数戸，農地のほとんどを流失。	
			三原蔵前	堤防	909m	破堤	長上郡の8割，豊田郡の全て，敷地郡の東南部，山名郡東部に被害	
			竜池村高薗	堤防	272m	破堤		
			竜池村新堀	堤防	763m	破堤		
			竜池村中善地	堤防	180m	破堤	中善地は10数戸流失。	
			竜池村倉中瀬	堤防	454m	破堤		
			飯田村新貝	堤防	545m	破堤		
			芳川村老間	堤防	63m	破堤		
			弥助新田	堤防	104m	破堤		
			三ツ家		363m			
			松ノ木島		363m		家屋流出，各所に池，川，荒れ地が生じる。	
			袖浦藤木・岡		727m			
			掛塚敷地		43m			
			掛塚東大塚	堤防	108m	破堤	東大塚の大半，西堀西新田流失。	
			掛塚豊岡内堤	堤防	270m	破堤		

表 2-1 天竜川下流域における水害（続き）

年	西暦	月 日	場所	被害地点	区間	被害程度	被害内容	治水工事
明治2年	1869	8月14日	掛塚本町	堤防	254m	破堤	掛塚で50戸流失	
			掛塚川袋	堤防	272m	破堤		金原明善，天竜川治水案を民政局へ建白，翌年総督府へ建白書を差し出す。
		7月12日				増水		
		9月11日	中瀬村荻原	堤防	171m	破堤	天竜川15m増水，文政年間以来の洪水	池田・七蔵新田間，村役参加の定式普請，静岡藩水利保程掛，堤防御用掛が管理。
								金原明善，水下各村の総代，水防御用掛に任命。
明治3年	1870	7月29日				増水	浸水被害あり	
		9月7日				増水		
明治4年	1871	10月						工部省設置 池田村に急場御普請 金原明善，天竜川の川幅8町（873m）が理想と考える
明治5年	1872		三ツ家	堤防	48m	破堤		

表 2-1　天竜川下流域における水害（続き）

年	西暦	月　日	場所	被害地点	区間	被害程度	被害内容	治水工事
明治6年	1873	5月 8月	三ツ家	堤防	90m	破堤		浜松県，鹿島付近の派川締切を命令。 佐久間村矢高涛一，浜松県庁より堤防方附属に任命，天竜川普請を命ぜられる。 金原明善は浜松藩から天竜川普請専務を命ぜられる。 天竜川，国費負担一等河川に。 池田村に定式普請，浜松県令が管理。 金原明善，天竜川下流締切工事を計画。
明治7年	1874	6月						金原明善天竜川通堤防会社を興こす
明治8年	1875	6月						オランダ人技師リンドウ，天竜川を調査（9月まで） 鹿島に量水標設置 相川合流点，工事完成
明治9年	1876	9月13日	掛塚敷地	堤防	230m	破堤	人家数戸流失，浸水3m〜90cm	

表 2-1　天竜川下流域における水害（続き）

年	西暦	月　日	場所	被害地点	区間	被害程度	被害内容	治水工事
			掛塚金洗・東町境	堤防		破堤		
			竜光寺新田	堤防		破堤		
			松ノ木島	堤防	108m	破堤		
			河輪村弥助新田	堤防	140m	破堤		
			安間川合流点	堤防	90m	破堤		
			河輪村東	堤防	36m	破堤		
			飯田村新貝	堤防	90m	破堤		
			芳川村老間	堤防	54m	破堤		
			河輪村東飛地	堤防	72m	破堤	井通村西之島から池田一帯は浸水被害	
		11月						金原明善，改修工事開始，会社名を治水協力社と命名
明治10年	1877		松ノ木島	堤防	236m	破堤		
								水防規則7ヶ条発布，金原明善遠江河川取締役に
明治11年	1878	9月14日				増水増水		

表 2-1 天竜川下流域における水害（続き）

年	西暦	月　日	場所	被害地点	区間	被害程度	被害内容	治水工事
明治12年	1879					増水		浜松県条例制定，二俣・掛塚間堤防修築は，治水協力社に請け負わせる。 金原明善，安間川を自費で改修。 東縁80ヶ村，西縁117ヶ村がそれぞれ水防組合を結成
明治13年	1880	7月1日 10月3日				増水 増水		
明治14年	1881	5月	松ノ木島	堤防	90m	破堤		
		8月	三ツ家	堤防	200m	破堤		
		11月						4郡237ヶ村を甲乙丙丁四水防組に分ける。 金原明善天竜川全測量終了。 太政官布告により，地元請負組織解散，国あるいは県の直轄へ。
明治15年	1882	1月						中ノ町量水標設置 内務省，天竜川の調査測量を開始
		8月5日 8月24日				増水 増水		

表 2-1 天竜川下流域における水害（続き）

年	西暦	月　日	場所	被害地点	区間	被害程度	被害内容	治水工事
		9月	河輪村東飛地	堤防	81m	破堤		
			芳川村老間	堤防	43m	破堤		
			芳川村東金折	堤防	47m	破堤		
		10月1日	上野部	堤防	90m	破堤		
			松之木島	堤防	190m	破堤		
			上神増	堤防	454m	破堤		
			中瀬村中瀬	堤防	545m	破堤		
			中瀬村元屋敷	堤防	192m	破堤		
			中瀬村上島	堤防	36m	破堤		
			河輪村弥助新田	堤防	52m	破堤		
			河輪村東飛地	堤防	72m	破堤		
			芳川村老間	堤防	36m	破堤		
			芳川村東金折	堤防	27m	破堤		
			掛塚十郎島新田	堤防	270m	破堤		
明治16年	1883	9月						デレーケ，天竜川へ実地検分
明治17年	1884	9月11日				増水		
		6月30日				増水		
		8月	河輪村弥助新田	堤防	52m	決壊		

表 2-1 天竜川下流域における水害（続き）

年	西暦	月　日	場所	被害地点	区間	被害程度	被害内容	治水工事
明治18年	1885	1月						掛塚量水標設置。天竜川，政府の直轄河川に編入。第一次改修工事開始
		4月	中瀬村中瀬	堤防	63m	決壊		
			中瀬村元屋敷	堤防	192m	決壊		
		5月	三ツ家	堤防	272m	決壊		
		6月	松之木島	堤防	72m	決壊		
		6月30日〜7月1日	中瀬村旧上小島	堤防	873m	決壊		
			八幡	堤防	690m	決壊		
			上善地	内堤防	54m	決壊		
			上野部・神田	堤防	727m	決壊		
			天竜橋			流失		
			池田村				浸水被害	
		10月15日				増水		
明治19年	1886					増水		
								金原明善，瀬尻官林への植林開始。
明治20年	1887	9月13日				増水		
								十郎島，駒形，天竜川改修工事のため買収
明治21年	1888	7月	松ノ木島	堤防	90m	決壊		
		8月31日				増水		

表 2-1 天竜川下流域における水害（続き）

年	西暦	月　日	場所	被害地点	区間	被害程度	被害内容	治水工事
明治22年	1889	7月14日		天竜橋	15m	流失		内務省，池田地先の岩180m削る
		7月24日		天竜橋	30m	流失		
		8月21日		天竜橋	57m	流失		
				池田橋		流失		
		9月19日		豊田橋		流失		
				天竜橋	727m	流失		
				神田	堤防	27m	決壊	全壊27，半壊38，被害家屋780戸
				三ツ家	堤防	1334m	決壊	
				中瀬村小島	堤防	909m	決壊	
				竜池村新野	堤防	14m	決壊	
				竜池村末島	堤防	174m	決壊	
				竜池村松小池	堤防	300m	決壊	
				飯田村月之輪	堤防	54m	決壊	
				芳川村西大塚	堤防	51m	決壊	
				芳川村東金折	堤防	47m	決壊	

表 2-1 天竜川下流域における水害（続き）

年	西暦	月　日	場所	被害地点	区間	被害程度	被害内容	治水工事
			掛塚町前新田	堤防	93m	決壊	全壊6，半壊11戸，稲作被害4割，被害見積4,400円，畑作被害見積6,000円	
			掛塚町竜光寺	堤防	172m	決壊	材木流失6,200本	
			掛塚町西堀	堤防	21m	破損		
			掛塚町	栄橋	432m	流失		
			掛塚町	大当町橋	363m	流失		
			掛塚町	江口・平間橋	218m	流失		
			掛塚町	長豊橋	309m	流失		
			中ノ町				浸水被害	
			中瀬				浸水被害	
			上島				浸水被害	
			三ツ家・松ノ木島	堤防	1450m	決壊	宅地，耕地流亡	
		9月						郡長は，県知事に三ツ家，松ノ木島の集落移転を進言。
明治23年	1890	6月1日		池田橋	36m	流失		
		6月						水防組合は堤塘の請負工事もできるようになる。
		7月15日				増水		
		9月12日				増水		

表 2-1 天竜川下流域における水害（続き）

年	西暦	月　日	場所	被害地点	区間	被害程度	被害内容	治水工事
明治24年	1891	9月29日	天竜，長野，井通，池田，富岡，岩田，広瀬各村				浸水罹災民に，小屋掛料，食料の給与	
		10月30日	池田村池田	堤防		破損	応急工事	
明治25年	1892	9月4日	岩田，井通村	堤防		決壊	岩田村被害戸数・全壊56，半壊70，農地被害甚大	
明治26年	1893	8月18日		天竜橋堤防	162m	流失　破損個所多数		三ツ家・一貫地間の東派川締切工事
明治27年	1894	8月10～12日	十束，富岡，天竜，於保，福島各村			増水	浸水罹災民に，小屋掛料，食料の給与	
明治28年	1895	6月27日		池田橋豊田橋堤防		増水　流失　流失　破損個所多数		
明治29年	1896	4月8日						
		4月						河川法施行

表 2-1　天竜川下流域における水害（続き）

年	西暦	月　日	場所	被害地点	区間	被害程度	被害内容	治水工事
明治30年	1897	9月6〜9日	井通村	堤防	2ヶ所 27m	決壊	被害戸数・全壊8, 半壊5, 破損50	
				堤防	2ヶ所 21.6m	破損		
		9月28〜30日		天竜橋	63m	流失		
明治31年	1898	5月5〜7日		天竜橋		流失		
		6月	河輪村弥助新田	堤防	249m	決壊		
		7月	中瀬村大平	堤防	378m	決壊		
			中瀬村中瀬蝋燭	堤防	63m	決壊		
			上島村上島	堤防	201m	決壊		
		8月6〜7日		天竜橋	760m	流失		
				池田橋		流失		
		10月6日		天竜橋	710m	流失		
明治33年	1900	3月31日						掛塚町東大塚堤防, 東西2,340m改修工事開始 第一次改修工事竣功
		8月20〜21日	岩田村				農地浸水	
			袖浦村全域				農地浸水	
		9月28日				増水		天竜川に河川法を施行

表 2-1　天竜川下流域における水害（続き）

年	西暦	月　日	場所	被害地点	区間	被害程度	被害内容	治水工事
明治 34 年	1901	6月30日〜7月3日	岩田村			増水		
明治 35 年	1902	5月5〜6日	十束村高木	堤防		破損		
			袖浦村岡	堤防		破損		
明治 36 年	1903	7月8日	中瀬村	堤防	180m	決壊	家屋，農地浸水	
			十束村中島	堤防・水勢工		破損	14番出の下	
明治 37 年	1904	7月10日	池田村池田			破損		
			袖浦村岡	堤防		破損		
			寺谷村匂坂上	堤防		破損		
			上島村上島	堤防	144m	決壊		
		7月15日	中瀬村中瀬蝋燭	堤防	180m	決壊		
		9月16〜17日				増水		
		9月						掛塚西堀堤改修工事
明治 39 年	1906	7月12〜16日	岩田村寺谷	堤防		決壊	天竜橋流出	
明治 40 年	1907	7月11〜13日	富岡村匂坂西	堤防		破損		
			袖浦村岡			破堤		
明治 41 年	1907	8月6〜8日	袖浦村駒場			破堤		
明治 43 年	1909	8月7〜10日				増水		

表 2-1 天竜川下流域における水害（続き）

年	西暦	月 日	場所	被害地点	区間	被害程度	被害内容	治水工事
明治 44 年	1910	8 月 4 日	広瀬村一貫地寺谷村匂坂上	改修堤防	1,090m	決壊	左岸全域で被害	
				堤防	506m	決壊		
			岩田村寺谷新田	旧堤防	236m	決壊		
			竜池村中瀬				被害戸数・流出家屋 6，半壊 23，浸水 580，橋の流出 12，農地 400ha 浸水。	
大正元年	1912	9 月 23 日	岩田村寺谷新田	水制工		破損		
大正 2 年	1913							金洗，堤防工事施工
大正 3 年	1914	8 月 29 日				増水	池田橋・天竜橋流出	
大正 4 年	1915	6 月 24～25 日	池田			増水	量水標 1.8m，渡船中止	
大正 7 年	1918	6 月						天竜川改修実測調査開始。
大正 13 年	1924	9 月 3 日						中ノ町村に天竜川改修事務所設置を決定。
大正 14 年	1925							天竜川改修工事に関する陳情書提出。
大正 15 年	1926	2 月						土地収容事務所を開設。
昭和 2 年	1927	1 月						河輪地区機械掘削による川幅拡幅工事開始。
		7 月 1 日						天竜川改修事務所開設。

表 2-1 天竜川下流域における水害（続き）

年	西暦	月　日	場所	被害地点	区間	被害程度	被害内容	治水工事
昭和3年	1928							用地買収開始，工事の陳情が受け容れられる。掛塚東大塚地区，西堀に移転。
昭和4年	1929	1月16日						河輪地区築堤工事開始。
昭和5年								掛塚地区河川改修工事開始
昭和6年	1931	10月7〜8日				増水	材木流出多数	
昭和7年	1932	2月28日						広瀬堤改修工事着手
昭和10年	1935	4月16日						東派川締切工事着手
	1935	8月27〜29日	中ノ町			増水	通常時より3m増水	
昭和12年	1937	3月12日						大平川締切工事着手
昭和13年	1938	6月28日〜7月5日	上島	堤防		決壊	堤防決壊	
		2月26日						中瀬地区から水制工事開始。大平川締切工事完成
昭和14年	1939	5月15日						
			和田村安間	堤防			浸水50戸	
			和田村半場	堤防・貨物引き込み線			床上浸水60戸	
昭和20年	1945	10月5日	芳川村金折	堤防	40m		死者23人，浸水500戸	
昭和25年	1950	4月1日						西派川締め切り工事着手
昭和26年	1951	3月31日						西派川締め切り工事完成

（建設省中部地方建設局浜松工事事務所（1990）『天竜川－治水と利水－』建設省中部地方局浜松工事事務所，352-389頁，を元に，加筆して作成）

極めて少ないものの、堤防破堤の遠因になる場合もあるため年表に記した。また、水害への対応として、同じ時系列の中に「治水工事」という欄を設け、利水、治水に関する様々な工事が行われた場合にはここに記した。これらは例えば、下流域での用水が完成した年や、為政者が新たな政策を展開した時、あるいは天竜川流域から治水の機運が盛り上がり、それらをまとめた陳情を当時の為政者に行っていることが明確である場合などが含まれる。このことにより、実行された政策、普請・工事が、それ以前に発生した水害といかに関連しているかということも明らかとなろう。

以上のような分類から、水害史の中に認められる特徴的な事象を抽出し、当時の社会状況と照らし合わせながら検討を加えてみたい。

(2) 下流域開発期の水害

天竜川での最古の水害記録は大宝元年(701)のものであり、記載の内容から上流域の信濃国で発生したものらしい。天平宝字5年(761)には、麁玉河(天竜川の古代の名称)に大洪水が発生し、流域の人々を動員して堤防を修築したという内容が「続日本紀[1]」に記載されている。これ以降、10世紀までの天竜川では水害の記録が極めて少ない。その間にも自然現象としての洪水は度々発生していたはずで、この頃は天竜川の洪水が及ぶ沖積平野の利用がほとんど進んでおらず、それゆえ被害に遭うことも極めて少なかったことが推察される。このことを裏付けるように、古代遠江の国分寺は天竜川左岸の磐田原台地上に存在しており[2]、当時の行政の中心地が天竜川の沖積平野を避けていたことが明らかである。

中世になると沖積平野上にも土地利用が及び、現在の池田を中心とする下流域の沖積平野に松尾神社領の荘園が存在していた(谷岡 1966:35-65)。この他にも沖積平野の開発や居住が展開していたと考えられるが、荘園をはじめ、周辺での洪水被害は記録に残されていない。天竜川の洪水被害が頻繁に記録されるようになるのは、戦国時代末期から江戸時代初期になるのを待たねばならない。この頃特筆される出来事としては、被害とは直接関係しないが、天正元年(1573)から始まったとされる寺谷用水[3]の開削があげられる。このことは、

天竜川の沖積平野に開墾が進み，平野の水田化が本格的に進行していったことを示すものと考えられる。これ以降，開発の進展は，右岸・左岸，そして，平野の北部，中央部，南部ごとに水害頻度の高低として現れてくる。以下それに即して特徴を述べていくこととする。

　江戸時代初期に注目されるのは，明暦2年（1656）に築堤されたといわれる彦助堤の存在である。この堤防が築堤される以前にも，おそらく小規模な堤防が周辺の自然堤防を守るように配置されていたと考えられる。築堤に関する詳しい内容は後述するが，この彦助堤は地形図からも明らかなように，天竜川本流からは距離をおいた，いうなれば「内堤」や「控堤」と解される位置に存在していることがわかる（図2-1a）。すなわちこの堤防は，本流そのものを制御しようとするものではなく，通常の流路から溢れるような増水があった際に，堤内（西側一帯）の部分には浸水しないように洪水をくい止めるために設置されたものと解釈できる。17世紀中頃の下流域右岸では，沖積平野の開発とその主たる利用は，いまだ本流に面した地点までは到達しておらず，むしろそのような場所は遊水地的な利用がなされ，堤防などが築かれなかったと考えられる。そしてこのことは，天竜川が「関東流[4]」による治水方法を採用していたことを示している。天竜川下流域での霞堤配置は，扇状地的な性格の強い平野北部において顕著にみられ，彦助堤の他にも両岸に存在している（図2-1b）。

　ところで，この明暦2年に完成をみた彦助堤は，延宝2年（1674）に破堤し，その地点から流入した洪水流によって右岸地域に大きな被害を発生させている。被害の内容によると，8月11日に堤防が破堤して以降，彼岸の中日までの約1ヶ月半の間，破堤地点以南に天竜川の洪水が流れ込んでいた。彦助堤は，決壊すると浜松城下にまで被害がおよぶため，右岸の生命線といえるほど重要な意味を持つ堤防であったことがわかる。このように戦国時代末期から江戸時代初期には，天竜川沖積平野の北部において，用水を開削した左岸と，浜松城下を守るため堤防を構築した右岸というように，その対応には大きな相違があった。しかし平野北部という性格上，これら地点から下流に向かって，その旧流路沿いの集落が運命共同体を形成しているという点において，両者は共通していた。一方で1600年代を概観すると，貞享6年（1686）の高薗，元禄

第 2 章　天竜川下流域の水害史　51

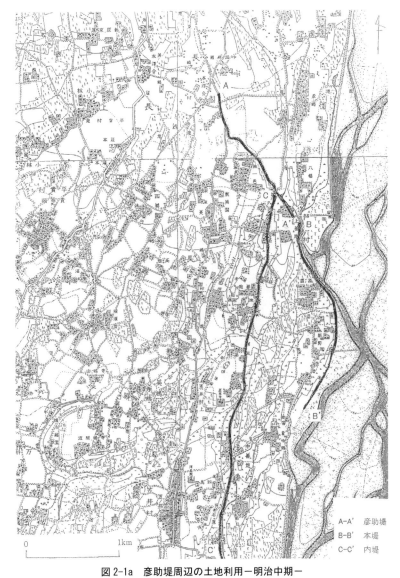

A-A'　彦助堤
B-B'　本堤
C-C'　内堤

図 2-1a　彦助堤周辺の土地利用 － 明治中期 －
（明治 23 年（1890）測量 2 万分の 1 地形図「二俣町」「匂玉村」「笠向村」「三方原」を使用）
注）堤防の位置は筆者が加筆

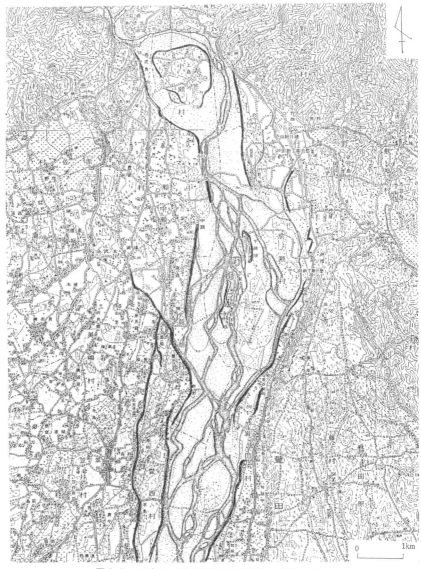

図 2-1b 天竜川下流域北部の堤防配置－明治中期－
（明治 23 年測量 5 万分の 1 地形図「秋葉山」「見附町」を使用）
注）堤防の位置は筆者が加筆

4, 7年（1691, 94）の油一色, 元禄11年（1698）の中野町川越島と, 右岸での破堤被害が多くなっている。

　この要因は, 次のように考えられよう。すなわち, 戦国時代末期からそれまで平野上を自由に乱流していた天竜川の流路を何本かに統合し, その過程で磐田原台地麓に沿った流路は寺谷用水となった。この用水路の開削を命じた為政者側の徳川家康[5]にしてみれば, 自領の米の安定的な収穫は最も重要な施策の一つである。そのため, 寺谷用水の開削と同時に, 用水の取水口でありかつての天竜川の分流点でもある寺谷村の周辺を, 治水の重要地点としたことは容易に想像できる。当時の治水技術においては, 用水取水口のある左岸を守ることは, 結果的に右岸の乱流路を「遊水地機能」として残すことであったと考えられる。右岸では, 寺谷用水の開削から遅れること約70年にして, ようやく彦助堤を改築, 延長した連続堤防を構築し, 乱流路の統合・締切に着手していく。江戸時代初期に右岸北部において水害が多く発生しているのは, 左岸の寺谷用水を守るという大前提の元に, 天竜川の治水システムを維持しようとしたことに要因があった。しかし, 右岸においても, 後に旧流路を統合していくような大きな開発が緒についており, 遊水地機能と開発前線という相反する土地利用のせめぎ合いが, 水害の多さとして現れているといえる。

第2節　被害頻発地点の変転

（1）連続堤防化と水害

　1700年代になると, それまで水害の少なかった左岸においても被害が頻出するようになる。左岸での被害が最初に確認できるのは寛永2年（1625）の気子島であるが, このあと80年ほど被害記載がなく, 宝永2年（1705）になって長森の破堤があり, 宝暦2年（1752）から断続的に左岸の地名が現れてくる。なお, 元文3年（1738）8月18日に掛塚で家屋流失多数の被害が発生しているが, 掛塚は昭和20年代まで両岸を天竜川に挟まれた「輪中」として存在していたため, 右岸, 左岸の検討からは一旦外すことにする。そして, 掛塚を含めた平野南部の水害については, 後に詳しく述べる。ここで注目したいのは, 宝暦7

年（1757）5月の水害で，右岸の被害に中瀬地区の大字であった蝋燭島と細島が「河道が変わり流失」となっていることである。それまで乱流を統合することによって一応の治水，利水システムを形成していた天竜川下流域であったが，この水害によって，この区間に関しては再び不安定な状態に陥った可能性がある。このことは，年表では洪水から14年が経過した明和8年（1771）の記載にある，「寺谷用水一番圦に寄洲ができ，新堤築堤と取水口固定の普請」とも関連があると考えられる。つまり，宝暦7年頃から天竜川の本流がそれまでの流路をはずれ，乱流時代のどれか別の旧低水路が主要な河道となってしまった。そしてその流れに沿って新たな微高地が形成されはじめたため，水の取り入れに差し障りが生じてしまったのである。

この流路の移動以降，それまで遊水地機能の残っていたであろう彦助堤付近にも洪水流の流れ込みが少なくなり，結果として平野北部が比較的安定した状態を保つこととなった。一方で，水害は井通，池田などの左岸を中心に増加した。そして左岸だけでなく井通・池田の対岸に位置する，竜池村南部の常光，八幡から中ノ町村にかけての一帯が，この時代の水害頻発地域として顕著となっていった。このように，1700年代の中頃からは，下流域の中央部（図2-2）において水害の発生する回数が多くなる傾向にあった。

一方で，この時代に採用されていた治水システムに注目すると，流路の変転とは異なるもう一つの要因が浮かび上がる。それは，1700年の中頃から遊水地を廃して連続堤防を構築し，河道をその中に固定させる紀州流の治水技術が導入されていたことである。安永7年（1778）年頃は，右岸において彦助堤以南の連続堤が完成した時期に相当している。左岸の連続堤防の完成時期は不明であるが，年表の享保7年（1722）に「池田村他13ヶ村組合[6]」が「水防の義務を負う」という記載が見られ，おそらくこのころには複数の村々にまたがるある程度の長さと規模を持った堤防が存在していたのであろう。堤防の距離が長くなれば，洪水の際に決壊する危険も同様に大きくなる。初期の洪水頻発地として現れた平野北部の堤防は，流路を1本の河道に統合していったため霞堤を採用している箇所が多く，増水の勢いを直接に受ける連続堤とは治水の対応が異なっていた。このような堤防の配置の違いも，北部と中央部の水害回

第 2 章　天竜川下流域の水害史　55

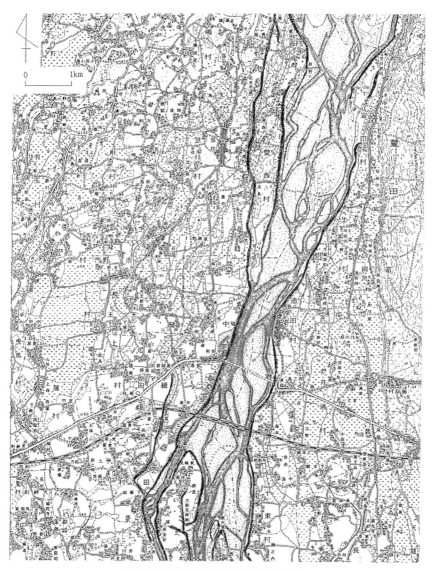

図 2-2　天竜川下流域中央部－明治中期－
（明治 23 年測量 5 万分の 1 地形図「見附町」を使用）
注）堤防の位置は筆者が加筆

数の増減に関係していたと考えられる。

(2) 南部輪中地帯の特徴

　天竜川下流域南部は輪中間において天竜川本川が3本に分流し，その間に鶴見・掛塚両輪中が存在することが特徴である（図2-3）。

　1800年代のうち，特に江戸時代末期の1850年代以降になると，平野中央部と並んで南部での被害記載が顕著となってくる。嘉永3年（1850）には十束村に於いて堤防の破堤があり，5年後の安政2年（1855）には掛塚輪中の敷地において，万延元年（1860）には同輪中の江口，西堀において破堤被害が発生している。嘉永3年から江戸時代最後の被害である慶応3年（1867）の17年間をみても，破堤被害のあった8回の洪水のうち，南部での被害は5回となっている。平野南部における洪水の増加は，明治時代に入ると更に顕著なものとなる。このことについて明治元年（1868），明治9年（1876），明治15年（1882）の3年次を例に検討してみよう。明治元年で破堤被害があったのは，下流域一帯で北から順に記載すると北部8，中央部0，南部9となる。同様に明治9年は北部2，南部9であり，明治15年は北部6，中央部0，南部8という破堤数となる。このうち南部で注目されるのは，破堤が1ヶ所のみではなく複数の地点で発生していることである。また，このような場合には0という数が示すように中央部の被害が非常に少ない。反対に，明治18年（1885）のように中央部以北で破堤があった場合には，南部に被害が出ていない。

　ところで，南部の特徴である2つの輪中と三本に分派する天竜川のうち，両輪中間を流れる天竜川本川の川幅は約600mとなり，平野の中では最も狭くなる。そして東派川は河口部まで独立して流れるが，西派川は，鶴見輪中の南端で再び天竜川本川に合流する。この三川ごとに，先の洪水被害を数え直してみよう。東派川・本川・西派川の順にそれぞれあげてみると，明治元年には2・5・2，同9年は1・3・5，同15年は0・2・6となり，同じ南部でも東派川は破堤の頻度が少なく，本川と西派川での破堤が多いことが明らかとなる。破堤回数の多い本川と西派川について，それぞれの破堤個所に注目すると，老間，弥助新田において3回の破堤が確認できる。このうち老間は鶴見輪中の最南端に位

第 2 章　天竜川下流域の水害史　57

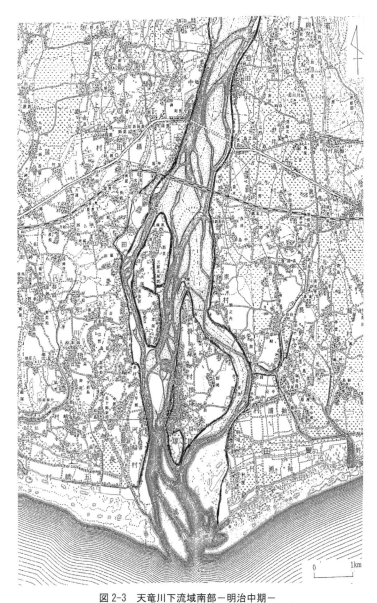

図 2-3　天竜川下流域南部－明治中期－
（明治 23 年測量 5 万分の 1 地形図「見附町」「天龍河口」を使用）
注）堤防の位置は筆者が加筆

置しているため，本川，西派川の両方から洪水流が押し寄せる危険があった。しかも本川側は，天竜川下流域での最狭窄部にも相当する。一方弥助新田は西派川と本川の合流地点の南に存在している。

　このように破堤地点は，天竜川の微地形や旧流路に関連した水流の強くなる場所に相当し，そこが治水上の「急所」として存在していたことが分かる。同様に，平野北部，中央部にも繰り返し水害に遭遇する地点の存在を指摘できる。例えば北部では左岸の三ツ家や松ノ木島が急所なのであり，右岸では中瀬村一帯がこれに相当する。また，中央部では左岸の七蔵新田と池田の間，右岸では八幡・常光などが挙げられる。これらの地点は，かつての旧流路の分岐点に当たっていることが多く，過去において水の流れていた「クセ」が，流路が統合された後もそのまま残っていることを示している。事実，中世に描かれた日記文学では，都から東に向かって進んできた一行が池田で天竜川を渡河し，磐田原台地に向かっていることが確認できる[7]。集落の立地や，神社・寺院の存在から，池田が位置を移したとは考えられず，元来池田が立地していた自然堤防を基準として，川の流れが東西に移ったと考える方が自然であろう。この池田の東を流れていた流路は，集落の北側で現流路から分岐していた跡が空中写真で確認でき，先述した七蔵新田の集落はこの旧河床を開発してできた新田集落であった。

　これまで見てきたように，幕末期以降に中央部から南部に破堤被害が起きる頻度が増えた要因には，以下のようなことが考えられる。すなわち，この頃に天竜川下流域では河川に面した限界に近い地点にまで開発が進み，それを連続した堤防で水害から守ろうとしていた。一方で南部では，それが輪中堤防となって現れた。しかし，土木技術の未発達な江戸時代においては，ひとたび大規模な増水が起きると堤防は容易に破堤した。それにより，中央部，南部での被害は相関関係ができ，中央部で被害が大きい場合は南部で小さく，その反対に中央部で被害が小さい時は南部で大きくなる傾向にあった。

(3) 河川改修とその影響
a. 堤防復旧までの期間

　明治時代に入ってからの左岸における水害の発生回数は，それを集計したものが『中ノ町村誌[8]』の中に残されている。その中では，明治元年（1868）から37年（1904）までについて，破堤被害の発生日とその個所の小字，そして破堤した長さと堤防の復旧を開始した日，あるいは竣工日が明らかとなる（表2-2）。本表は，復旧に着手した日付や破堤地点の小字が判明する点など，先に挙げた「水害年表」に比べて詳細に被害を書き上げている点が注目される。ただし，中ノ町村になんらかの被害があった場合についての書き上げであるため右岸の記載が多く，同時代の左岸の状況については，2ヶ所のみが記載されているに過ぎない。それゆえ，明治期の天竜川下流域におけるすべての水害を網羅したものではないことを考慮する必要がある。しかしこの明治30年前後は，明治18年（1885）から開始される内務省直轄第1次河川改修工事など，これまで技術的に不可能であった下流域の広範囲にわたる治水工事が遂行されていく時期に相当し，水害が減少傾向にある中での，被災後の対応を検証できる貴重な資料でもある。それゆえ破堤の発生年月日とその場所，長さなどについては，水害年表と重複する部分があるが，対応関係が明らかとなるためそのまま集計し，検討をすすめていく。

　本表によると，破堤被害は天竜川下流平野の最北部に位置する中瀬村において最もその回数が多くなっており，37年間で19回を数える。そして，被害の特徴について以下の2点を指摘する事ができる。第1には，前述したように治水の「急所」となる，同じ地点が複数回破堤しており，例えば中瀬村中瀬の小字「旧上小島[9]」では4回，中瀬村八幡の「元屋敷」では3回の被害が確認できる。同様に，河輪村弥助新田の「卯之起」でも3回の被害が見られる。第2に，同じ日に数箇所が同時に破堤することが多いことである。本表では明治元年5月18日の被害が顕著であり，中瀬村中瀬では同日に3つの字で堤防が破堤している。さらに翌5月19日にも，中瀬村八幡の「彦市東」や「元屋敷」，高薗の「中島」，「朱印北」などで破堤が発生しており，このときの洪水が大きな被害をもたらしていたことがわかる。

表 2-2 明治初・中期における天竜川下流域右岸の破堤状況

村名	大字名	字名	破堤年月日	破堤間数	工事着手年月日	竣工年月日
中瀬	中瀬	大平	明治元年5月18日	550	明治元年11月	
		旧上小島	明治元年5月18日	450	明治元年11月	
		源蔵前	明治元年5月18日	500	明治元年11月	
		萩原	明治2年7月16日	95		明治2年9月9日
		旧上小島	明治15年10月1日	300	明治16年4月1日	
		諏訪東	明治18年4月11日	35	明治18年7月下旬	*改修堤防改築
		旧上小島	明治18年7月1日	480	明治18年12月8日	
		旧上小島	明治22年9月11日	500	明治23年2月10日	*改修堤防改築
		大平	明治36年7月11日	208	明治36年7月	
		蝋燭	明治37年7月10日	180	明治37年10月	
	八幡	元屋敷	明治元年5月9日	70		
		彦市東	明治元年5月19日	10		明治元年9月10日
		元屋敷	明治元年5月19日	145		明治元年12月15日
		元屋敷	明治18年4月11日	107	明治18年7月下旬	*施工中改修堤防に切り替え
		彦想裏	明治18年7月1日	40		明治18年7月17日
	高薗	中島	明治元年5月9日	30		
		朱印北	明治元年5月19日	40		明治元年9月14日
	新堀		明治元年5月19日	420		明治元年9月14日
	新野	宮ノ下	明治22年9月11日	8		明治22年9月28日
豊西	中善地	細田島	明治元年6月11日	112		明治元年11月
		四郎平前	明治元年6月11日	50		明治元年8月
		石原前	明治元年6月11日	80		明治元年8月
		中島	明治元年6月12日	100		明治元年11月
	末島	四間	明治22年9月11日	97		明治22年12月
中ノ町	一色・松小池		明治22年9月12日	165	明治22年9月	*堰き止め・改修堤防着手
飯田	上飯田	村東	明治元年5月19日	15		明治2年3月11日
		村東	明治9年9月15日	20		明治10年5月
	上飯田	月ノ輪	明治22年9月12日	8		明治23年4月
		月ノ輪	明治22年9月12日	22		明治23年4月
河輪	弥助新田	卯之起	明治元年5月18日	58		
	弥助新田	卯之起	明治9年9月15日	78		

表 2-2　明治初・中期における天竜川下流域右岸の破堤状況（続き）

村名	大字名	字名	破堤年月日	破堤間数	工事着手年月日	竣工年月日
	弥助新田	卯之起	明治15年10月1日	29		
井通	源兵衛新田	猿新田	明治9年9月18日	15		明治9年9月18日
袖浦	岡		明治元年5月12日	300		明治元年12月

注）最下段の2地点（井通，袖浦）は，左岸の被害を示す。
　　＊は工事の特記事項を示す。
（『中ノ町村誌』より作成）

　次に，被害が発生してから復旧工事が開始，もしくは竣工するまでの期間に着目する。中瀬村中瀬において同日に3箇所が破堤した明治元年の水害を例に取ると，5月18日の破堤後，堤防の復旧が開始されるのは3ヶ所ともにその年の11月である。また旧上小島の場合には，明治18年7月1日の480間，明治22年（1889）9月11日の500間など，いずれも破堤規模が大きいことが影響してか，復旧が開始されるまでは5ヶ月以上を要している。

　他の破堤地点を検討してみよう。明治元年水害の場合，100間を超えるような破堤のあった8地点のうち，復旧工事が最も早く竣工したのは中瀬村新堀の堤防420間であり，破堤から4ヶ月後を経た9月14日であった。その後，豊西村中善地の中島100間と，細田島112間の堤防が11月中に復旧を終える。しかし，この2ヶ所は，5月18，19日に発生した洪水による破堤ではなく，約1ヶ月後の6月12日に発生した被害によって破堤した箇所であった。その後，袖浦村岡の300間と，中瀬村八幡元屋敷の145間がともに12月中に終了し，それと前後して中瀬村中瀬地区の3ヶ所が11月からようやく工事の途についたことがわかる。中瀬村での堤防復旧が遅れている事例は，明治18年（1884）にも確認できる。この時は，7月1日に中瀬村中瀬の旧上小島において480間，中瀬村八幡の彦想裏において40間の被害があり，破堤から16日後の7月17日に復旧を完了させているのに対して，旧上小島では5ヶ月後にようやく着手されたところであった。

このような復旧までの日数の差はどこからきたのであろうか。ひとつには，中瀬村付近は，川の流れが谷口から平野に出てきた地形の変換点に位置しており，扇状地的な性格の強い天竜川の沖積平野においては「扇頂」に相当する。それゆえ水流が強く，容易に工事が開始できなかったことが考えられる。しかも，この区間では長大に堤防が破堤する傾向にあり，特に明治元年水害の場合，大平，旧上小島，源蔵前の3地点では，軒並み450〜550間の破堤となった。この状況では，川の水位が下がる晩秋から冬季にならないと本格的な工事に着手できないのであろう。ただし，5月に被災し，11月にようやく復旧工事が途についたということは，その間の梅雨から台風シーズンの出水期を，応急工事のみの堤防が極めて脆弱な状態のまま過ごしていたこととなる。このようなことが可能であったのかについては，今後の検討を要する問題である。

　一方で，復旧の日数に差が生じる理由として，この洪水が発生した明治元年という特殊な時代状況を考慮する必要があろう。江戸幕府から明治政府へと移行する混乱した状況の中，堤防修築に関する諸制度は，旧慣のまま推移することになったのであるが，おそらくは当初期の政府による被害把握や復旧の指示などは，ほとんど機能しなかったのではないだろうか。それゆえ，工事開始に数ヶ月間の空白が生じた可能性が指摘できる。しかし，比較的破堤規模の小さかった豊西村中善地の「四郎平前」や「石原前」では，50間，80間の堤防復旧を2ヶ月間で遂行している。このことは，河川政策や費用負担などについて，行政側では維新期の様々な混乱が発生していた中であっても，江戸時代から持続していた自村内の堤防修築にあっては，なんら混乱に影響されることなく機能し得たことをうかがうことができる。

　一方で明治18年以降に破堤した堤防の復旧工事では，この年から開始された内務省直轄第1次河川改修工事と期間が重なるため，破堤後に応急的な復旧工事を行ったのみで，本格的な工事は内務省による改修堤防の築堤を待っている場合が多く見受けられる。例えば中瀬の「諏訪東」や，八幡の「元屋敷」における破堤の復旧工事では，明治18年4月に破堤した後，一旦は3ヶ月後の7月下旬に工事を開始したのであるが，その後内務省直轄工事が同区間で開始されたので，以降はその工事の進捗に任せている。中瀬の旧上小島で明治22

年9月に破堤した際も，翌23年2月まで5ヶ月の間まったく対応を行っていないが，これもすぐに集落移転を伴う堤防改築の大掛かりな工事が始まることを予期していたためと考えられる。

　明治18年に着工された内務省直轄第1次河川改修工事は，詳しくは第4章で論述するが，天竜川下流域北部と中央部の流身の改良と堤防の改築，補強を中心に進められた。直轄工事の開始された明治18年7月を基点とし，それ以前の明治元年からの18年間を工事施工前，以後の明治37年までの19年間を工事後として，工事施工区間である中瀬村から中ノ町村までの破堤被害の回数を比較してみると，工事前が17回，工事中もしくは工事後が8回となる。直轄工事の施工により，破堤被害すなわち，水害が減少していることが明確である。また，これらは右岸の結果であるが，直轄工事は左岸においても並行して進められており，その効果を十分に予想できる。

b．河川改修後の天竜川下流域

　内務省直轄工事による河川改修の施工中，あるいは施工後における水害の回数や状況について，再び水害年表から検討を行う。明治20年代になると，下流域の被害は堤防の破堤よりも天竜橋，池田橋，豊田橋といった橋の流出が頻繁に登場するようになる。これらの橋はそれまで船渡しであった天竜川に明治22年（1889）に初めて架橋されたものであった[10]。天竜川下流部に架けられた橋のうち，最初の「鉄橋」は，明治22年に架橋された東海道本線のものである。その後，昭和9年（1933）になると，天竜橋の南側に国道の新たな鉄橋が架橋されるが，この橋が完成するまですべての道路橋は木造であった。それゆえ，いずれの橋もほぼ毎年のように増水時に流され使用不能となっていた。

　橋以外の被害を見ると，明治24年（1891）には右岸の複数の村々において洪水の被害が確認できる。このときの堤防の被害状況は不明であるが，罹災者に小屋掛け料や食料の給与がなされている。明治27年（1894）にも同様の措置がとられており，明治中期になると被害程度によっては金銭や食料が県や村から支給され，被災者に対してある一定の救援がなされていることがわかる。

　堤防決壊に注目すると，その被害は明治30，31，37年（1897，98，1904）などにも発生している。しかし，これまで急所として繰り返し登場した地点で

は，被害は見られるものの回数の重複はなく，明治18年（1885）より開始された内務省直轄工事による一定の成果が認められよう。そのような状況下で，過去50年間でも最大の増水という，明治44年（1911）水害が発生する。そしてこの水害を契機に，天竜川では第2回目となる内務省直轄工事が開始されることとなる。このとき計画され，大正初年から順次着工された改修堤防は，その後基礎部分やのり面がコンクリートなどによって補強，改良が加えられたものの，現在まで天竜川下流域を水害から守る最前線に位置し続けている。天竜川下流域で最後に堤防が決壊し，集落に被害が及んだのは昭和20年（1945）であった。これは，前年に発生した東南海地震[11]と戦局の悪化が重なり，堤防が十分に点検されなかったこと，そして堤防に掘られたまま放置された防空壕の横穴から激しく漏水したことなどが原因であった。

注

1) 『続日本記』天平宝字5年7月19日，「辛丑。遠江国荒玉河堤。決三百余丈。役単力三十万三千七百人。宛粮修築」とある。
2) 磐田市中泉町の北部，現在のJR磐田駅北方約1kmの地点に位置し，遠江国分寺史跡公園として整備されている。2万5千分の1地形図「磐田」では，「遠江国分寺跡」付近に21mの三角点と17mの標高点が示されている。
3) 寺谷用水組合編（1925），3-8頁，によると，加茂村付近に居住していた平野重定が，徳川家康の命を受けた伊奈備前守忠次と共に開削工事を行う。平野は慶長7年（1603），当地の代官に任命され，近郷2万石を支配に置くが，この石高が用水によって新たに作られた水田の規模であったといわれている。
4) 国土交通省関東地方整備局利根川上流事務所では，河川伝統技術のデータベースとして，関東流を以下のように解説している。「徳川家康の江戸城入府以降，利根川の河川改修において中心的役割を担った伊奈氏一族により，武田信玄の河川技術「甲州流」の流儀を応用。中小洪水に対しては自然堤や低く築堤した不連続堤によって水害を防ぎ，これを越えるような大洪水に対しては，堤防際に作られた遊水池や，下流側に設けられた控堤などによって防ぐ方法。」
5) 前掲3)。
6) ①建設省中部地方建設局浜松工事事務所編（1990），356頁。また，②豊田町誌編さん委員会（1994），403-405頁，「大橋正隆氏蔵文書」に，「出水ノ時分其村ニハ不及申上井組水下村ニハ勿論其近辺村ニ兼而申合急水之節ハ人数召連掛付堤圍留候様」とあり，14ヶ村の

村名が記されている．
7) 続群書類従完成会編（1965）:『群書類従第 18 輯東関紀行』続群書類従完成会，485 頁，による．
8) 浜名郡中ノ町村役場編（1913）:『中ノ町村誌』浜名郡中ノ町村役場，による．この文献は便せんを和綴じした冊子で，ページ番号がない．洪水年表は，「第六章政治及宗教」の「消防水防」のうち，「破堤調査」の項目にある．
9) 前掲 6) ①，74-80 頁．上小島は，表の中で「旧」と表記されている事からも明らかなように，この後に行われる河川改修工事の際には天竜川の河川敷用地となり，居住地や農地が廃された場所であった．住民も度重なる水害の影響により，居住地の復旧よりも集落移転を選択する事に，比較的寛容であったという．
10) 明治 11 年（1878）に中野町（右岸）－源平新田（左岸）間に架橋された天竜橋が，最初の道路橋であった．
11) 昭和 19 年（1944）12 月 7 日，13 時 35 分頃に発生した，紀伊半島東部，熊野灘を中心とする震源で発生した巨大地震．マグニチュードは 7.9 とされ，最大震度 6 を広範囲において観測していたが，戦時下の情報統制により被害の隠ぺいが行われており，地震の揺れや規模，建物の損壊，人命に関する正確な被害記録が残っていない．

第3章

水害頻発期における天竜川下流域の存立基盤

第1節　流路の統合と下流域の開発

（1）彦助堤の存在

　前章にみた水害年表から，江戸時代初期に左岸北部に築堤された彦助堤が，それ以南の沖積平野の開発に大きく寄与したことが明らかとなった。彦助堤は伝承によると慶安年間(1648～1651)に築堤されたといわれている[1]。これは，どのような形態の堤防であったかは不明であるが，それから約20年後に「旅籠町平右衛門記録[2]」の延宝2年(1674)8月に記載された内容と，翌3年(1675)の表書きがある本沢村の「彦助堤御普請覚書[3]」から，彦助堤の機能や特徴が知られる。前者の記載には，延宝2年(1674)8月11日に大風雨があり，洪水が田町（浜松城下）にまで押し寄せ，7日間も家の軒が水に浸ったため人々は二階で生活し，桶に乗って外出した，とある。そして後者は，工事の終了した堤防のいわば完成仕切書であり，その全長や高さといった規模が書かれている。これらを総合すると，延宝2年に堤が切れて浜松城下にまで洪水流が流れ下り，翌年に彦助堤の修理が完成するのだから，延宝2年の洪水は締切堤防が破堤して旧流路に洪水が流下したことが原因となる。

　そこで本項では，彦助堤により締め切ったとされる川筋の分流点周辺の景観復元を試みる。この位置は山間部を流れてきた天竜川が沖積平野に出た谷口のすぐ南側に位置していることは，先に見た図2-1a，1b図からも明らかである。土砂の運搬量が大きく，平野への堆積量も多い天竜川の沖積平野は扇状地的な性格が強く，谷口の上島輪中はその扇頂と考えることができる。また，平野北部は水田の面積が少なく，江戸時代には平野上にありながら水田がほとんど存在しない村も流域に存在していた。それだけ土砂の供給量が多かったのである。

このような状況においては，扇頂から幾筋にも分かれて流れる流路は，増水があった際にはその水勢が強くなることが予想され，土木技術が未熟な江戸時代前期において，果たして完全な締め切り堤防を築堤することができたのであろうか。

以下，この頃の天竜川下流域の様子を詳細に描いた「浜松御領分絵図[4]」や，彦助堤の修築に使われた，堤防の仕様を示すと思われる絵図から明らかにしていくこととしたい。

(2)　「浜松御領分絵図」に見られる下流域の景観

「浜松御領分絵図」の正確な作成年代は不明であるが，絵図は延宝6年（1678）から元禄15年（1702）にかけて浜松藩の領主を勤めた青山氏[5]の命によって作成されたものである。絵図に記載された各村の領主名や，延宝2年（1674）の水害で決壊した彦助堤が修築された後の長さで図示されていることなどから，延宝9年から天和3年（1681〜1683）頃の天竜川下流域の様子を描いたものであると考えられている（浜松市博物館 1998; 矢田 2009:1-13）。なお，「浜松御領分」という名前からも分かるとおり，この絵図は浜松藩領の村々の様子を詳しく描いたものである。そのため，当時他領であった，主として天竜川左岸の村々については，その村名と堤防のみが記載されている。それに比べて浜松領の村々は，村名，村高，寺社の位置，堤防の配置と，一部にはその長さや水制工の配置までが詳しく描かれている。そして，この絵図の最大の特徴は，当時の右岸流域に幾筋か残存していた天竜川の乱流路が詳細に描かれていることである。このことは，当時の右岸流域における治水システムと，住民が天竜川本流や乱流路をどのように認識していたのかを復原する上で極めて有用となる。以下，図3-1を用いながら，かつての乱流路を含めた川筋の様子と，17世紀後半における治水と土地利用の対応を検討していくこととする。なお本稿では，以下，浜松御領分絵図を御領分絵図と記載する。

山間部を流れてきた天竜川は，二俣川を合流した後，右岸鹿島村の脇ヶ沢神社が鎮座する山麓にぶつかり，大きく東へと屈曲して沖積平野に流れ出る。この流れ出る地点が扇状地的性格の強い平野北部における「扇頂」である。図で

第3章　水害頻発期における天竜川下流域の存立基盤　69

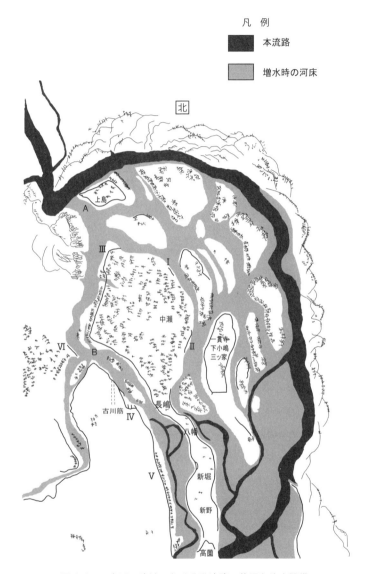

図 3-1　天竜川下流域における乱流路の状況と治水設備
（浜松御領分絵図より作成）

注）本図は浜松御領分絵図のうち平野北部の状況を示す。
　　図中の数字，記号は筆者記入。
　　村名は小判型の枠のなかに書かれているが，本図では省略し，村名のみ
　　を記載した。

は，すでに上島集落は堤防で周囲を囲まれた輪中として描かれており，集落の北側の流れが天竜川の本流となっている。また，輪中東側の堤外には竹と思われる樹木が密に描かれている。これはおそらく水害防備林[6]で，この方向からの増水に対して洪水流の勢いをそぎ，堤防を保護する機能を持つものである。北側を除く上島集落の三方と，そこから下流部分には「河原」となっている部分が網状に広く分布しており，「満水ノ時ハ川ト成」と書かれた箇所がいくつか見られる。これは，平素は水がほとんど流れていない河原であっても，天竜川が増水するにつれて水が流れ込み，川となるということである。御領分絵図の時代にはこういった乱流路がいくつか残存しており，増水時には放水路と遊水地を兼ね合わせた利用がなされていたのである。しかし，次の地点ではそれとは若干異なった対応が見られる。

上島輪中の西ですぐに本流から分岐し（図中 A），中瀬村内の広範囲に松の木が描かれた中州部分を過ぎると，川筋は本沢村地内で二股に分岐する（図中 B）。分流のうち東の川筋は高薗村付近で再び天竜川と合流するが，西の川筋は馬込川に流れ込んでいく。この馬込川は浜松城と城下町の外郭としても機能する小河川であった。天竜川本流が満水となった際には河原の部分にまで水が流れることとなり，浜松城下にまで洪水流が押し寄せる危険があるということを意味する。しかも，西の川筋に沿った地点には，古代の天竜川堤防の跡といわれる天平堤[7]が現在も一部保存されている。古代には，この西の川筋が主要な流路となっていたのである。この危険性を排除するために，本沢村の分流地点（B）で西の流路を締め切ったとされるのが彦助堤である。17 世紀中ごろに堤防の修築記録が残るのは，天竜川下流域でもきわめて早く，それだけ治水にとって重要な堤防であったといえる。

西の流路を検討する前段階として，御領分絵図に描かれた集落の部分に注目してみたい。先に見たように，本流・河原で描かれた部分が旧低水路であり，集落の立地と中州がみられる部分が自然堤防などの微高地である。集落付近には，部分的に堤防の存在が確認でき，例えば扇頂の上島や，一貫地・下小嶋・三ツ家の3村では，中州全体を堤防で囲った輪中が形成されている。また，輪中にまでは発展していないが，川上を堤防で囲い，南側を無堤とした掛け廻し

堤も見られる。このうち，注目したいのは中瀬村の堤防の配置である。中瀬村の集落が存在する広大な中州の東側では，規模の小さな堤防が2ヶ所に存在するのみであるが（図中Ⅰ，Ⅱ），西側には，中州の一番北から連続堤が伸び，長嶋・八幡・新堀・新野・高薗にまで続く規模の大きなものとして描かれている（図中Ⅲ）。しかも連続堤の北部では堤防の外側に松の木の並木が描かれ，この堤防を保護するために並んでいると解釈できる。すなわち，御領分絵図が作成された延宝期における中瀬村周辺では，村の東側を流れる本流からの増水よりも，西側の分派川の防御に重きを置いていたことがわかる。さらにこの川筋について見てみると，中瀬村対岸の本沢村東南側には古川筋と書かれた線が示され，そのすぐ南側では堤防が湾曲し，いくつかの「出し」が枝分かれして描かれている（図中Ⅳ）。おそらく，この場所において過去に分流の一つであった「古川筋」の締切がなされ，増水時の水流によって破壊されないよう水制工によって補強されているのであろう。また，この地点は油一色村地内であり，寛永13年（1636）に油一色村で決壊した「彦助堤」とは，この地点との関連も想起される。この本沢村以南の堤防は，図示した範囲を越えるが，鶴見輪中西側を流れる天竜西川通（後の西派川）と安間川が合流する地点まで，約12kmに渡って，途切れることなく連続堤として右岸流域を防御している。そして「出し」のある油一色村から南の，善地村から石原村にかけての堤防上には松が植えられており（図中Ⅴ），中瀬村付近と同様に治水上重要な存在であったことがうかがえる。一方で本沢村では，村の賦役と堤防との関連で，以下の史料に示すような権利を主張している。

> 当村前々ヨリ不役之儀御尋ニ御座候，本沢村之義ハ延宝元年之頃天龍川切込，本高之分砂川原ニ相成申候所同三卯年御他領新原村地内に彦助堤御普請出来仕，其後●●新畑起返ニ相成申候付，十分一之御引方無御座候て不役村ニ御座候，尤右彦助堤大切之場所ニ御座候ニ付テ庄屋代々堤守ニ被仰付，御領主様御代々●来被下置村方之儀ハ天龍川洪水之度々右堤川除守ニ罷出，年々御普請之節，罷出役相勤申候

(●は欠損および判別不能)（「本沢家文書8)」）

　これによると，本沢村が他村と異なり，十分一の役が免除されているのは，延宝3年（1675）に隣の新原村に彦助堤が構築され，その堤防が治水上の要衝であるため，自村の庄屋が代々堤防の保守についてきたからであるとしている。これは，領主からの尋ねに対して村が返答したものであり，当時の本沢村における彦助堤の認識が知られ興味深い。

　このように，御領分絵図に描かれた景観から以下のことが明らかとなる。すなわち，17世紀後半の天竜川下流域では，主要な流れは磐田原台地西麓側を流れていた。それゆえ，平野北部の右岸においては，増水時にのみ通水する程度の，通常は「河原」となっている流路とその間の中州が広く存在していた。しかし，絵図に描かれた堤防や，それに付随する治水関係施設の状況は，平水時には水の流れない西側の川筋がいつ本流になってもおかしくないくらいの，いわば「重装備」を保ったまま存在していた。それゆえ彦助堤は，この浜松城下まで流れ下る恐れのある川筋全体に断続的に築かれた堤防を意味するものと解釈できる。延宝2年（1674）に決壊した，締め切り堤と考えられる堤防も，この「広義」の彦助堤がいたる所で決壊し，洪水流が浜松城下に押し寄せたことを示しているものと考えられる。このことから，延宝3年に修築したという記録の残る本沢村の堤防が「狭義」の彦助堤であり，油一色村をはじめとし，この西の川筋に対して広範囲に築かれた堤防や水制工を，「広義」の彦助堤と捉えることができよう。そして，右岸一体の治水システムは，本沢村のように，通常の賦役と引き換えに堤防の維持・管理を行うような村の存在によって機能していたのであった。

(3) 乱流路の締切と農地開発

　堤防による流路締切がすすむと，開発は旧低水路にも及んでいく。
　ところで，先に見た「御領分絵図」にも平野北部を中心に，集落の立地していない小規模な中州に「見取新田場」などの記載が見られ，自然堤防上の開発が進められていた様子が判明した。図3-2は，未だ乱流路の統合が進んでいな

第3章　水害頻発期における天竜川下流域の存立基盤　73

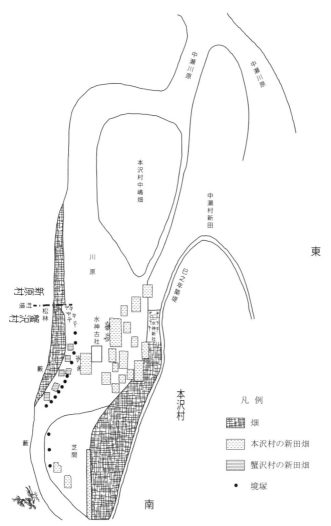

図3-2　天竜川下流域における旧低水路の開発－延宝元年（1673）－
　　　（「本沢村蟹沢村境絵図」より作成）

かったと考えられる延宝元年（1673）の，本沢村・蟹沢村間の流路に開かれた農地の様子を表している。農地の状況を検討する前に，絵図に描かれた本沢村と周辺の様子を確認しておこう。図中北側に見られる「中瀬川原」や「川原」とある部分が天竜川の乱流路の一部である。流路は間に中州を挟んでいくつかに分流している。中州には「本沢村中嶋畑」や「中瀬村新田」と書かれており，名称からも明らかなように，すでに農地としての開発が行われている。本沢村が所在する自然堤防には堤防が存在し，「巳ノ年堤築」とある。この絵図が作成された延宝元年は丑年であるので，この堤防は少なくとも8年前の，寛文5年（1665）には築かれていたことになる。この堤防の西側の川筋が，先述した馬込川に合流し，浜松城下にまで流れ下る流路に相当する。本沢村と蟹沢村との間では旧河床の開墾が進んでおり，それが図中の長方形で示されている区画である。ここには，面積と，その開発主の名前が記されている。ただし蟹沢村側の6区画は，面積，開発主の記載がない。なお両村ともに，堤防から一番近い堤外地付近には，開墾者ではなく村の名前を関した畑が存在している。これは，それまで村の入会地のような土地利用がなされていた部分であり，その慣習が残存していたものと推測される。

　本沢村側の開墾畑は，おおよそ北側の「水神新社」付近から，南は大きく張り出した州が「芝間」となっている間に収まっている。芝間は秣場などとして，両村の間で入会地として利用されていたことが想像される。蟹沢村側に堤防は描かれていないが，堤外地との境界部に「松林」，「藪」と書かれており，右岸の最南部にはひときわ目立つ大きな松の木が描かれている。これはおそらく，天竜川の洪水後に中州の形状がそれまでとは変わり，村境が不明確となった場合などに，目印として利用されていたものであろう。本沢村の畑のうち，所有者と面積が判明するものは全て表3-1として集計した。これによると，最も広い面積として1反7畝の土地が突出しており，残りは1畝から2畝の土地が多く，合計面積も6.5反ほどの極めて小規模な開墾である。人名は全部で6人が認められ，このうち久兵衛が9区画と一番多く，続いて六兵衛が4区画となっている。久兵衛は本沢村の庄屋を勤める家であり，他方でそのほかの人物が村内でどのような階層に位置づけられるのか不明であるが，この河床の開発には，

表3-1 本沢村旧流路開発地とその所有者－延宝元年（1673）－

開発主	反	畝	歩	備考
久兵衛	1	7	11	
	0	3	19	
	0	1	19	
	0	1	12	
	0	1	3	
	0	1	0	
	0	0	12	
	0	0	8	芝間の中
	0	0	5	芝間の中
（久兵衛小計）	2	6	29	
六兵衛	0	4	0	
	0	1	23	
	0	1	3	
	0	0	14	
（六兵衛小計）	0	7	10	
弥平次	0	3	0	畑
	0	2	0	畑
（弥平次小計）	0	5	0	
市右衛門	0	5	21	畑と芝間の間
茂平次	0	5	20	
忠右衛門	0	4	12	畑
水神社領	1	0	0	除地
合計	6	5	2	

（「本沢村蟹沢村境絵図」より作成）

村の有力者が率先して当たっていたことが知られる。また，六兵衛以下の5人は，畑地の面積を合計しても1反に満たない面積である。それゆえ，この畑は切添新田の性格が強く，旧河床の全面的な開発には至っていない。一方で，図中黒丸で示された線には，蟹沢村側に「今度筑申候境塚ヨリ東ヘ一切松ハ不及申林仕間敷候」という書き込みが存在する。これは，ここから西側は何も植えてはならないという取り決めを示すための境界線であり，そこには一定の間隔をおいて塚が築かれていた。本沢村側にも，芝間の辺りに境界を示す塚が見られる。こちらには注釈が付いていないが，おそらくこれらも何も植えないこと

を取り決めているものと考えてよかろう。では，なぜ境界線よりも外側に，新田を広げたり木を植えることを禁止したのであろうか。ここでは2つの要因が考えられる。まず第一には，開発を始めた旧河床には依然として増水の危険が大きく残っており，ある程度の通水幅を確保しておく必要があったのではないかということである。これは，特に南部の芝間となっている場所で顕著である。なぜなら，この部分は蛇行の滑走斜面側に相当するため州となっており，攻撃斜面側の開発禁止を意図していることが読み取れる。これは明らかに通水を見越しての措置である。また，このように完全に河床が締め切られていない状況下であるならば，旧河床の畑地開墾が極めて小規模であることも容易に説明がつこう。すなわち，河床を横断するように点在する畑は，住民が長年の経験から浸水の危険性が比較的低いごく小規模な微高地を見極め，そこから開発が進展している状況を示しているのであろう。また，樹木を堤外に張り出して植えることを禁止しているのも，水の疎通の妨げになることを恐れての処置であると考えられる。

　第二として，境塚によって開発前線を規制しているのは，蟹沢村側の，いわゆるこの川筋の右岸に多い点が指摘できよう。すなわち，本沢・蟹沢両村がこの絵図を作成して合意した内容は，河床の優先的な開発権が本沢村にあり，蟹沢村は開発の手を河床中央部にまで入れないことを確認するものであった。境界争論は元々本沢村が河床の開発に着手していた際に蟹沢村が新畑の開墾を始めたので，それに納得できない本沢村の住民が蟹沢村の新畑に植え付けられた作物を引き抜いてしまったのが発端である[9]。これはおそらく，この場所が大きな川筋となる以前に，本沢村の水神社が鎮座し，耕地化など何らかの土地利用があったことを前提にしているものと考えられる。絵図内に「水神古社」を示し，水神新社との対応を描いているのもそのことを意識してのことであろう。そして，乱流路の河床となってしまった後にも，水のない平水時にはこの場所を秣場などに利用していたのであろう。そのような，過去の土地の利用と権利が，この境塚のあり方に反映されていることが考えられる。

　このような境界争論を経てようやく河床の開墾が行われたのであるが，この農地は翌年の天竜川洪水によって跡形もなく流亡してしまうこととなる。しか

もこの洪水では「本沢村之義ハ延宝元年之頃天龍川切込，本高之分砂川原ニ相成申候[10]」とあるように，本沢村の本田，本畑にも被害が発生し，別の史料からは「此辺之儀者古天龍川筋ニ付先年田方多之処，変地皆畑地ニ相成，就中当村ハ砂利場多ク松並ノ間ニ有之候[11]」というように，洪水による大量の土砂で水田までもが畑になり，しかも砂利場が多くなって松林の間に農地を作らざるを得ないような自然条件に変わってしまったという。

　本沢村でみられた旧河床の開発は，この地域の沖積平野上に網状に存在する乱流路の締切と農地への転換過程を示すものとして大変重要である。締め切り堤の築堤が行われていない段階においても，住民は入会地などで普段から利用する中州や河床の状況を見極め，少しでも水害の危険性が少ないと見るや積極的に農地として利用しようとしていた。天竜川下流域に無数に存在する他の乱流路跡も，おそらくこの本沢村で見られた形態と同様に開墾と洪水による流亡を何度も繰り返しながら，開発が進展していったものと考えられる。

第2節　水害状況の復原と復旧の特徴

(1) 下流域全体の水害状況－文政11年 (1828) 水害の場合－

　度重なる天竜川の洪水被害を受けてきた下流域であるが，その洪水，すなわち「水害」の実態はどのようなものであったのか。本節では，まず下流域の広範に被害を及ぼした文政11年 (1828) 水害に注目し，平野全体が水害に襲われた際の様子を復原する。そして，より詳細に水害状況を把握するため，各村に残された絵図や史料から，村レベルでの水害への対応を検討していく。それゆえ，検討する史料は所蔵する村ごとに時代が前後する場合がある。しかし，本節で取り上げる天竜川下流域の様相は，堤防構築などの土木技術の進展に大きな違いがなく，被害を受ける危険が下流域のどの地点でもおおよそ同様であった時代，すなわち，水害頻発期として概観される。

　文政11年に天竜川下流域において発生した浸水被害の様子は，その際に作成された「天竜川水害絵図[12]」によって明らかとなる（図3-3）。絵図は東西，南北とも約8kmの範囲が描かれており，北は東海道の往還，南は遠州灘まで

図 3-3　天竜川下流域における大規模水害の様子－文政 11 年（1828）－
（「天竜川水害絵図」より作成）

となっている。東限は一部磐田原台地上と中泉代官所付近から海岸部の塩新田村を結ぶあたりまでとしている。また，西は天竜川を境としており，右岸の村々は描かれていない。本流が3本に分流する輪中地帯では掛塚輪中が確認できるものの，輪中内に被害が及ばなかったためかまったくの空白で家屋や村名の記載もない。

堤防の決壊地点は，森本村・赤池村間にみられ，洪水流が堤内に入り込んだ様子がうかがえる。また岡村では，内堤の決壊が確認できる。一方，海岸部は遠州灘に沿って発達した砂丘があり，この部分は比高が高いため浸水せずに細長く東西に延びた岬のように描かれている。このことから，文政11年（1828）の水害は，以下のような要因により浸水域が拡大したと考えることができる。すなわち，第1に堤防決壊による洪水流の侵入，第2に本来ならばその洪水流を排水するはずの小河川に天竜川からの水が逆流しその堤防も決壊したこと，そして第3に比高の高い砂丘が水のはけ口をさえぎるという海岸部の自然条件，これら3つの要因が重なり合い，広範囲の浸水被害をもたらしていた。特に塩新田村方面にまで浸水域が広がったのは，海岸で行き場をなくした水が砂丘に沿って東に向かって流れたためと考えられる。

次に浸水部分に注目すると，多数の帆を張った小舟が確認でき，住民の救助や避難，あるいは物資の運搬や連絡用として舟の行き来があった様子が推察される。一方でいくつかの村では，浸水を免れた部分が島のように存在していることが明らかである。例えば，破堤地点南側の宮本村は浸水しておらず，前野村や長す賀村（ママ），草崎村も浸水部分から浮き出た島となっている。さらにその東側は，浸水を食い止めるように半島状に突き出ており，笹原島村，保六島村，雲雀島村など，いくつかの集落が確認できる。しかし，保六島村から東側はその半島を回り込むように再び浸水域となり，中泉代官所の直下にまで湾入するように続いている。前述したように，浸水範囲は天竜川が破堤した地点と，旧低水路の存在や洪水流の勢いなどによって大きく変化する。本図に見られる各集落の浸水被害の有無も，それらを反映しているものと考えられる。それゆえ，もし東海道以北において堤防が決壊していたならば，この絵図では被害記載のなかった村々にまで浸水域が広がり，絵図とは異なった水害の状況がみられて

いたであろう。このように大洪水の際は，自然堤防上であったとしても，どの場所が被害を受けるのか予測がつきにくいという側面も持ち合わせていた。また，浸水した村であっても，水が引きはじめれば，当然のごとく比高の高い自然堤防から土地が使えるようになっていく。こうしたことからも，自然堤防上の土地利用は，天竜川下流域村にとって最も重要であったことがわかる。

以下より，個々の村がとった水害への対応や復旧の様子の具体例を，絵図や地図を中心に見ていくこととする。

(2) 集落レベルにおける水害状況
a. 慶応4年（1868）西堀村の場合

図3-4は，下流域最南部の掛塚輪中に位置する，西堀村における慶応4年（1868）の水害の様子を描いた絵図である。絵図では，集落や社寺，田や畑などの農地といった村の土地利用と，村境，小字などが示されている。詳しい検討に入る前に西堀村の位置関係を説明すると，北は東大塚村，南は敷地村，内名村と境を接している。東大塚村が掛塚輪中北端に位置し，南接する西堀村も東側は天竜川の分流路である天竜東川通りに，西を天竜中川通りに挟まれている。

図中においてまず注目したいのは，直線的に太く表現されている堤防の存在である。西堀村を挟むように東西両側を，南北に貫いているのが輪中堤で（図中②，④），これは川中島全体を囲い込んでいる。これとは別に，図中①，③，⑤で示した部分にも堤防が存在している。これらは「内堤」で，輪中堤よりも規模が小さく，西堀村単体が主体となって築堤，維持している堤防である。堤の規模は，絵図に記載された寸法から比較することが可能である。すなわち，西の輪中堤が高さ8尺（2.4m），馬踏（堤防上面の幅）1丈（3m）であるのに対し，内堤は高さ，馬踏共に6尺（1.8m）と規模が小さい。ただし，内堤の一番南側は輪中堤なみに強固な堤防となっており，高さ，馬踏ともに2間（3.6m）と，①や③と比べて高さ幅共に2倍の大きさとなっている。これら輪中堤，内堤の配列はこの村の開発過程の一端をよく示しており，東の輪中堤と，内堤に囲まれた部分が村の古くから開発が進んだ部分であると考えられる。西の輪中堤と

第 3 章　水害頻発期における天竜川下流域の存立基盤　81

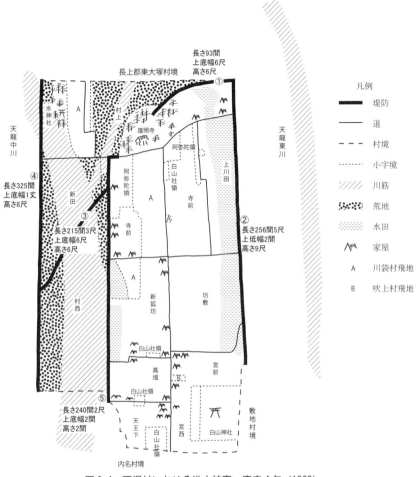

図 3-4　西堀村における洪水被害－慶応 4 年（1868）－
（「西堀村水害絵図」より作成）
注）①〜⑤は，堤防の寸法を示す。
　　小字は絵図に記載の字名のみを記載した。

内堤との間は，「新田」という字名があることでもわかるとおり開発の新しい場所で，おそらく開発が進むまでは土地条件に難がある場所であったことが推察される。

慶応4年の破堤地点を見てみると，村の北部，天竜中川に沿った輪中堤が水神社付近で決壊し，内堤と輪中堤の間に洪水流がおしよせ，「川筋」となってしまったことがわかる。この川筋に沿った部分はことごとく「荒地」となっており，洪水流の激しかったことがうかがわれる。一方，「村上」に存在する別の川筋は，①の内堤と「雄照寺」の境内で食い止められ，西南に流れて新田付近でもう一方と合流している。新田付近の③の内堤は，二方向からの洪水流により決壊してさらに南側に洪水流を向かわせる結果となったが，この内堤の存在によって，西堀村の宅地や農地を含む主要な部分は守られたことになる。これを換言するなら，新田や村西のある一体は，天竜中川通りが破堤したときのことを考慮に入れて堤防が二重に配置されていると考える事ができよう。また，①の内堤は最北部において「上川田」の水田に供給される用水を伏越して流し込んでいる。この水田は，北から南に帯状に広がり，かつての天竜川の旧河床であった可能性が高い。それゆえ西堀村にとっては，①の堤防も，本田を守るための重要な役割を担っていたと考えることができる。このように西堀村の微地形や堤防の配置から，最も開発の古い部分を洪水から防御するように対応がなされていたことが明らかである。

b．明治期における岡村の場合

微高地を含む村の土地利用と被害の具体的な内容を，地籍図に記載された地目や面積から検討してみよう。ここでは資料として，明治22年（1889）に作成された岡村地籍図を利用していく。

岡村は，天竜川東派川の東岸，攻撃斜面に位置し，集落の中央部にはかつての天竜川の乱流跡である旧低水路の一つ，仿僧川(ぼうそうがわ)が流れている。仿僧川は網状の乱流跡の上を蛇行しながら天竜川東派川に合流していたが，江戸時代後期に排水路が掘られ，図3-5に見られるように直線的に流れるように改修された[13]。

地籍図の残存状況による制約はあるが，岡村のおよそ北半分について，その土地利用と，水害後の土地の状況が判明する。それらを概観すると（図3-5），天竜川沿いには本堤と内堤の2本の堤防が存在し，その間の農地は生産性の劣る「下畑」である。仿僧川を挟んだ両岸には水田があり，小字「橋北」より東

第 3 章　水害頻発期における天竜川下流域の存立基盤　83

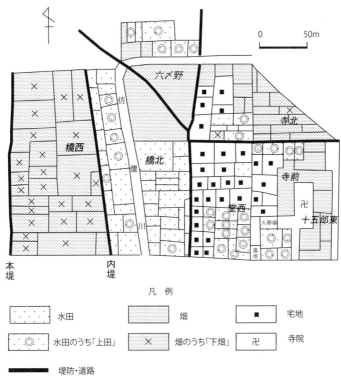

図 3-5　岡村における土地利用－明治 22 年（1889）－
　　　　（「岡村改正字引絵図」より作成）
注）斜字体の地名は小字を示し，表 3-2 に対応する。

側は宅地と畑が多くなる。宅地の南側は「上田」を多く含む水田であり，自然堤防上に居住地を構え，それに接して畑を有する東側の一帯と上田付近が，集落の中で最も開発が古く，土地の生産性も高い様子がうかがえる。

　次に，これら土地利用の特徴を有する集落が水害に見舞われた場合の状況を，同じ地籍図により復原していく（図 3-6）。この地籍図には，当初の地目と並んで被害後の地目変更として，「川成」「荒」「堤敷」「池成」の 4 つが付加されており，これらの該当箇所を地籍図に重ねると以下のことが明らかとなる。川成，池成は，天竜川東派川に沿った「下畑」地帯と，内堤・道路に挟まれた仿

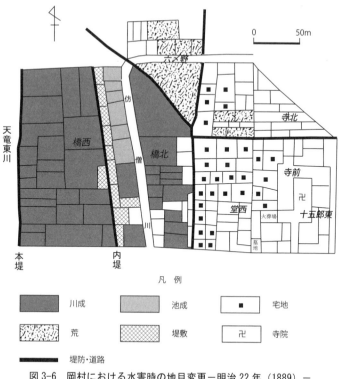

図3-6 岡村における水害時の地目変更－明治22年（1889）－
（「岡村改正字引絵図」より作成）
注）斜字体の地名は小字を示し，表3-2に対応する。

僧川沿いの水田部分に広がっている。2本の堤防に挟まれた下畑や仿僧川沿いの水田は，そこに堤防から溢れた水や洪水流が侵入することを想定した流作地であるため，土地生産性が低くなっていたことが明らかである。一方，宅地の密集地帯から東側ではほとんど被害の記載がみられない。このことを小字ごとに集計し，地籍図から算出される総反別と被害反別のそれぞれを比較したところ（表3-2），流作地「橋西」の約3.7町歩や，同じく流作地である「橋北」の水田，畑の全てに浸水被害があった。また「六〆野」の水田では上田，中田合わせて約2反の面積があるうち，およそ9割に相当する1.8反が浸水している。ただし，この小字では低地に存在する水田に被害があったのみで，微高地上に

表 3-2　岡村における農地と被害の面積－明治 20 年（1887）頃－

小字	地目	総反別				被害			
		町	反	畝	歩	町	反	畝	歩
橋西	上畑	0	2	0	0	0	2	0	0
	下畑	3	5	0	24	3	5	0	24
橋北	上田	0	3	9	10	0	3	9	10
	中田	0	0	7	27	0	0	7	27
	下田	1	0	3	1	1	0	3	1
	畑	1	1	8	0	1	1	8	0
堂西	上田	0	2	5	20	0	0	0	0
	宅地	0	3	7	26	0	0	0	0
寺前	上田	0	1	1	2	0	0	0	0
	火葬場	0	0	1	15	0	0	0	0
寺北	上田	0	0	4	5	0	0	0	0
	宅地	0	1	0	12	0	0	0	0
十五郎東	寺境内	0	4	6	0	0	0	0	0
	田	0	4	2	8	0	0	0	0
	畑	0	3	5	24	0	0	0	0
	林	0	1	7	19	0	0	0	0
六〆野	上田	0	1	7	12	0	1	6	13
	中田	0	0	3	21	0	0	2	3
	上畑	0	0	6	5	0	0	0	0
	中畑	0	4	1	11	0	0	0	0
	下畑	0	0	2	7	0	0	0	19
	畑	0	2	5	0	0	0	0	0
	宅地	0	1	3	2	0	0	0	0
合計		9	8	8	11	6	5	8	7

（「岡村改正字引絵図」より作成）

存在していると思われる宅地と畑にはほとんど被害が及んでいない。このように，集落の土地利用を詳細に検討することで，水害に遭いやすい場所と，遭いにくい場所とを明確に区分することができ，中でも宅地と，本田，本畑への被害を最小限に抑えるよう土地利用がなされていたことが明らかとなった。

(3) 水害からの復旧とその特徴

 天竜川下流域に居住する住民は、洪水により被害を受けた土地を、どのように復旧していったのであろうか。本節では水害からの復旧を、主として農地に注目して検討する。ところで、水害からの復旧活動は、被災の程度によって、費やされる時間や労力が大きく異なることが予測される。しかし、天竜川下流域においては、先に見たように長期間浸水する被害は少なく、それよりも洪水流と共にもたらされる土砂の堆積が最大の問題であった。そのため本節では、この土砂の流入と、元に戻すための「起返」を、村の最も重要な復旧活動と捉え、検討を行う。

a. 土砂の堆積

 はじめに、天竜川がもたらす土砂堆積の実態を把握しておこう。元禄11年(1698) 7月に発生した水害では、右岸の茅場、安間、国吉、半場、安間新田、中野町、川越島の各村々において特に大きな被害があった。このことを詳しくみていくと、7月24、25日の大雨により天竜川は満水となり、27日の昼四ツ時に川越嶋村の堤防が90間破堤した[14]。「家之軒迄七八尺ほれ田畑皆損也」という状態であり、浸水被害のほかに、激しい洪水流が民家の軒下を2m以上えぐり取るほどであった。

 水害の後、土砂に埋まった一帯の農地復旧計画が作成され、そこから被害石高、被災田畑面積、算出された土砂取除量、堆積の平均的な深度が、6ヶ村それぞれについて判明する(表3-3)。村の石高に占める被害石高の割合は、農地がすべて流失した川越嶋村の100%から、中野町村の1%まで大きな開きがある。ただし中野町村は、天竜川の渡し場へと続く東海道沿いの路村であり、間の宿的な機能を有したため商家も多く、村の田畑面積が相対的に少ないことを考慮する必要がある[15]。一方、川越嶋村を除くと、被害が大きかったのは茅場村(86%)や安間村(81%)で、被災田畑面積も両村ともに15町、14町と大きく、これら2村は土砂除去量も多くなっている。また、川越嶋村を除いた5ヶ村の被害石高平均値は44%となり、農業生産基盤の半分近くが水害により失われたと考えられる。

 一方、堆積した土砂の量を示す堆積平均深度は、安間村が3尺4寸と最も高

第 3 章 水害頻発期における天竜川下流域の存立基盤 87

表 3-3 天竜川下流域における水害時の土砂堆積量－元禄 11 年（1698）－

村名	石高					被害割合	被災田畑面積				土砂除去量	堆積平均深度		
	石高別	石	斗	升	合	(B/A)%	町	反	畝	歩	(坪)	尺	寸	分
茅場村	元禄期石高 (A)	169	2	4	6	86	15	0	5	1	12,000	1	5	9
	被害石高 (B)	145	9	2	7									
安間村	元禄期石高 (A)	166	9	1	6	81	14	4	4	6	6,958	3	4	1
	被害石高 (B)	135	2	7	8									
国吉村	元禄期石高 (A)	75	5	3	3	54	4	5	8	15	3,410	1	4	8
	被害石高 (B)	41	1	5	7									
半場村	元禄期石高 (A)	133	6	1	5	30	3	9	9	27	2,751	1	3	7
	被害石高 (B)	39	9	9	0									
安間新田村	元禄期石高 (A)	40	3	6	2	25	2	4	3	25	4,067	1	4	1
	被害石高 (B)	9	9	0	4									
中野町村	元禄期石高 (A)	259	8	1	6	1	0	1	1	13	137	2	3	9
	被害石高 (B)	1	3	3	0									
川越嶋村	元禄期石高 (A)	31	5	1	0	100	─	─	─	─	─	─	─	─
	被害石高 (B)	31	5	1	0									

（「田畑砂取六ヶ村」より作成）
注）川越嶋村の被災田畑面積，土砂除去量，堆積平均深度は記載なし。
　　元禄期石高は「元禄天保明治遠江国石高表」による。

い。先述した中野町村を例外とすると，茅場，国吉，半場，安間新田の各村はおおよそ 1 尺 3 寸から 1 尺 5 寸程度であり，約 40cm から 45cm の土砂堆積をみたことになる。安間村への堆積が激しいのは，天竜川の旧低水路で村内を南流する安間川の存在が関係していると考えられる。また，1 回の洪水で 3 尺以上，すなわち，約 1m の土砂堆積が発生するところに，天竜川の自然的特徴がよく現れているといえよう。また，この史料は水害後 2 年が経過してから作成されたものであるため，このときに全ての起返が完了したとしても，水害後も相当の期間，生業の主たる基盤である農地の復旧が停滞していたことが明らかである。

b．起返の規模

　沖積平野の南部，掛塚輪中を挟んで分流する天竜東川通りの左岸に位置する宮本村においても，水害にたびたび遭遇してきた。このうち，天保 5 年（1834）に作成された「荒地書上帳[16]」からは，前年の天保 4 年（1833）に発生した

表 3-4　宮本村における農地被害と起返の面積－天保5年（1845）－

耕地等級	被害総面積				砂埋面積 (A)				起返面積 (B)				復旧割合 A/B (%)
	町	反	畝	歩	町	反	畝	歩	町	反	畝	歩	
上田	2	3	3	20	1	7	3	7	0	5	4	7	33
中田	1	2	3	3	1	0	0	18	0	1	9	15	16
下田	0	8	9	22	0	7	2	25	0	1	5	27	18
上畑	－	－	－	－	－	－	－	－	－	－	－	－	－
中畑	0	7	2	13	0	7	2	13	0	0	0	0	0
下畑	1	6	5	13	0	6	7	13	0	9	6	5	58 ※

（「天保五年荒地書上帳宮本村」より作成）
注）「※」は，下畑のみ復旧率が100%を超えるため，被害総面積との比率を示す。

水害と，その復旧状況を知ることができる。宮本村の概況は，水害前年の天保3年（1832）に作成された「遠州豊田郡宮本村差出帳[17]」によると，村高は100石9斗ほどで，田畑の面積は田が5町4反，畑が5町9反とあり，その比率がおおよそ1対1という状況であった。

「荒地書上帳」に記載された田畑は生産性を示す上，中，下の等級に区分されており，農地被害を集計すると（表 3-4），例えば上田の場合，全体の面積は不明であるが，2町3反3畝20歩に何らかの被害があり，そのうち土砂が流入した砂埋面積は1町7反3畝7歩である。そして，水害後1年を経過した天保5年の段階で起返した面積は5反4畝7歩ほどに過ぎず，復旧割合は33%となる。以下，順を追って復旧割合を列挙すると，中田は16%，下田は18%となり，起返の進展は低調である。また，中田被害総面積のうち5反3畝5歩は「池成」とされ，いわゆる押堀が形成されて水が引かない状況であり，このことも水田の起返率が上がらない原因であったと考えられる。その中でも上田の起返率が高いのは，土地生産性の高さが関係しているのであろう。しかし一方で，この書き上げでは上田のうち8反1畝22歩が，「砂寄畑」と集計されていることが注目される。この面積は今回新たに「畑」とされたものでなく，過去に転換された分を含んでいると考えられるが，「上田」という最も生産性が高い水田が，検地を受けてからこれまでに8反以上も「畑」に転換していることになる。

次に、畑の等級と復旧の関係についてみていくこととする。まず上畑は被害の記載がなく、それゆえ起返も行なわれていない。中畑は被害7反2畝13歩に対して、天保5年時点での砂埋面積も同一であり、復旧率は0％と全く進展していない。一方下畑は1町6反5畝13歩という広範囲に被害が発生しているが、この中には岡村の事例でみたような、洪水時に収穫を放棄して遊水地化する流作地が含まれていると考えられる。ところで下畑は、砂埋面積6反7畝13歩のうち起返面積が9反以上と、100％以上の復旧率を示す。資料の誤記の可能性もあるが、被災した農地面積の集計は年貢割付の根拠ともなるため、集計に大きな誤りがあるとは考えにくい。それゆえ、差し引き1反8畝22歩の下畑は、前述した「砂寄畑」のように、新たに水田を下畑としたか、被害のあった中畑をかろうじて下畑として復旧した分が面積に加算されているものと推察される。

これらを勘案すると、宮本村の洪水復旧は以下のような状況であったと考えることができよう。すなわち、村内の水田は、差出帳に記載された合計5町4反余りのうち、何らかの被害があった面積が4町4反6畝15歩ほど存在していた。このうち土砂などが流入した砂埋面積は3町4反6畝20歩にのぼるが、復旧は進展しておらず、生産性の高い上田でさえも3分の1程度が復旧したにすぎなかった。他方で畑においては、上畑の被害記載が見られない。上畑は享保6年（1721）の「反別川成書上帳[18]」によると、「川成永引」として1町7反3畝10歩が記載されており、宮本村にまったく上畑が存在しなかったとは考えられない。むしろこの水害においては、開発が古く土地生産性の高い自然堤防上が、幸運にも被害を受けなかったと理解する方が自然であろう。その一方で、中畑、下畑には相当の被害が発生した。中畑7反は復旧が進展しておらず、下畑のみが新たに追加された面積を含めて起返されていた。

このように、水害後1年を経過した段階における農地の復旧状況は、水掛かりの関係で比高の低い水田に土砂の堆積が進むため、復旧の度合いが遅い。天竜川下流域沿岸村では、時間の経過と共に水田よりも畑に重点を置き、場合によっては地目を水田から畑に転換しながら水害からの復旧を進める傾向にあったことがわかる。

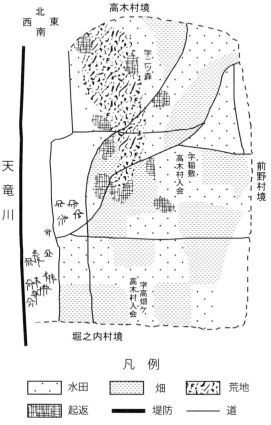

図 3-7 松本村における起返の進展－明治4年（1871）－
（「松本村荒地絵図面」より作成）

c. 起返の景観的特徴

　天竜川下流域において発生する土砂の堆積と「起返」について，その空間的な広がりはどのようなものであったのか。本節では明治4年（1871）3月に作成された「松本村荒地絵図面[19]」から検討してみたい。絵図は，水害によって発生した荒地の様子を描いたものであるが，村内の宅地と田畑についても，おおよその分布が判明する（図3-7）。村の西側は天竜東川通りであり，南北に直線的な堤防が描かれている。家屋はすべて堤防に近い一帯に集中し，堤防

に沿って南北に存在する細長い自然堤防上に住居を構えている様子が見てとれる。一方農地は，自然堤防地帯の東側一帯に存在している。絵図は明治4年3月の作成であるが，天竜川では通常夏から秋にかけて水害が発生する傾向にあるため，この時期に水害にあった可能性は低い。それゆえ，本図は前年の秋までに何らかの洪水被害が発生し，その影響が当年3月の段階で未だに残っている状況であると考えられる。すなわち，本図における松本村の景観は，洪水後少なくとも5, 6ヶ月が経過した状況を表している。

絵図に描かれた被害をみると，松本村内での堤防破堤は確認できず，この村以北から村域中央部にかけて侵入した洪水流の痕跡が明瞭である。そして舌状に広がる荒地の周囲では「起返」の行われている場所が点在している。しかし，復旧開始から少なくとも半年近くが経過しているにもかかわらずその面積は未だ狭く，荒地が相当の大きさで残っている状況が確認できる。

村内の被害面積をみると（表3-5），水田は1町ほどであるのに対して，畑の被害は10町以上にのぼる。畑では，上畑，中畑といった，比較的生産性が高い地目においても大きな被害が存在している。しかも上田のうち2反と，中畑のうち5反は堤成引，すなわち堤防用地の免祖地となっており，農地としての利用をあきらめた個所も見られる。ところで，松本村においても「上田畑成」などの記載が存在し，かつて水田であった地目を畑としていることが確認できる。このうち「中田畑成」や「下田畑成」では，それぞれ3反，2反ほどみられ，過去において水田を畑に転換した農地が再び洪水被害にあっていたことが明らかである。明治4年の時点で，水田から畑に転換された面積は，被害のあった場所だけを合計しても6反以上存在していた。前節の宮本村の事例でもみられたように水田から畑への転換は，おそらく下流域のいたるところで行われていたものと思われる。

また，本図から北隣高木村との関係も垣間見える。水害による荒地は「高木村入会」とされており，農地として復旧されるまでの間，秣の利用を2村間で行うことができる土地とされていた。そして復旧に際しても，2村で労力を分担しつつ作業を進めることが確認されていたのであろう。この，高木村との入会は荒地だけではなく，中央部の字稲敷や，最南部の字高畑ケにおいても確認

表 3-5 松本村における田畑の被害反別－明治4年（1871）－

地目	被害面積					堤成引の分
	町	反	畝	歩	厘	
上田	0	2	1	2	7	2反20歩
中田	0	6	6	24	5	
下田	0	1	7	21	0	
田計	1	0	5	18	2	
上畑	2	1	2	0	0	
中畑	4	4	9	9	5	5反8畝23歩
下畑	2	8	6	25	6	3畝20歩6厘
下下畑	0	2	8	14	0	
上田畑成	0	0	8	21	0	
中田畑成	0	3	4	14	0	
下田畑成	0	2	0	6	0	
新畑	0	0	5	0	0	
畑計	10	3	8	4	1	
合計	11	4	3	22	0	

（「遠江国豊田郡田畑荒地高反別帳　松本村」より作成）

できる。

　このように天竜川下流域における洪水被害においては農地への土砂堆積が顕著にみられ，その除去は容易なものではなく，半年や1年ではすべてを除去することは不可能であった。しかも復旧の割合はある程度の期間を経過した後も低調であり，生産性の高い農地と考えられる上田や上畑を中心に小規模に進展している状況であった。一方で，水田は堆積した土砂の除去が困難な場合があり，上田でさえも畑に地目転換を行うこともあった。水田から畑への転換は，事例とした2村に関しても相当の面積で行われていた。

（4）起返の進展とその実態－匂坂中之郷村を事例として－

a．土砂堆積被害の実態

　匂坂中之郷村には，天保5年（1834）に天竜川の洪水に被災した際の絵図（図3-8）が残されており，おおよその被害状況を復原する事が可能である[20]。絵図の東限には，北から南に流れる寺谷用水の幹線水路が描かれている。用水路

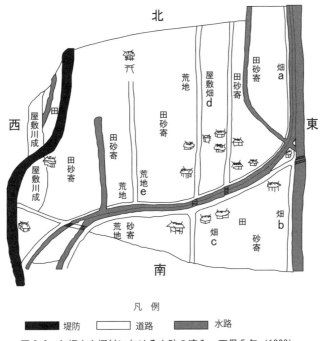

図 3-8　匂坂中之郷村における土砂の流入－天保 5 年（1838）－
（「中之郷村荒地砂寄土地絵図面」より作成）

は分流して西に大きく流れを変え，さらに 2 本に分岐して下流へと向かう。西は黒い太線で堤防が描かれ，堤外は天竜川となる。寺谷用水はかつての天竜川の乱流路を利用して通水している。それゆえ匂坂中之郷村は，東を旧低水路の用水，西を現流路に挟まれた自然堤防上に立地していることが明らかであろう。絵図では道路や用水路で区切られた区画ごとにおおよその土地利用が判明し，場所によっては水害後の現状が書き添えられている。農地の記載では「田」と記された場所が多く，「畑」は少ない。

　次に，書き添えられた被害をみると「田」の場所の多くは，「砂寄」，「荒地」の記載がある。これらの程度の違いはわからないが，洪水によって多くの水田に土砂の堆積を含む被害が出たことが明らかである。西側の堤外地の一画には「屋敷川成」の地があり，同じく堤外の用水末端部も「屋敷川成」によって断

ち切られている。この被害は堤内にまで及んでおり，この地点で堤防が決壊あるいは溢流して，堤内地へ被害を及ぼしていたことがわかる。

　一方，「畑」の記載がある付近の被害はどのようなものであったのだろうか。ここで注目したいのは，図中，アルファベットで示した「畑」の位置である。寺谷用水に近い「畑a」では，西隣に「田砂寄」と被害が書かれているが，畑には特に何もふれられていない。寺谷用水南側の「畑b」と，西に続く「畑c」，そして北の区画となる「屋敷畑d」も同様に被害記載が見られない。ただしここで，絵図への記載方法について一つの疑問が生じることも事実であろう。すなわち，絵図作成の目的として，年貢の増減と直結する「田」にのみ被害を記載し，その他の土地利用については，位置のみを示すにとどまっているのではないかという可能性である。しかし，「荒地e」とその周辺には土地利用に関係なく「荒地」「砂寄」が存在し，堤防付近には「屋敷川成」があることから，絵図には村内の全ての被害が記載されていると考えられる。それゆえ，「田」に砂入，荒地が多いのは土地の低さに起因していると考えるほうが自然であろう。絵図に記載された場所のうち北東部分は，明治7年(1874)に作成された「改正字引絵図[21]」と対照が可能である（図3-9）。字引絵図の東限は寺谷用水の基幹水路で，そこから図の南限を西に流れる分流路が確認できる。また，宅地が7筆確認でき，絵図と同様に隣接して集住している様子から，宅地とその北側に接する畑一帯が図3-8において「屋敷畑d」と示されていた一画に比定される。一方，緩やかにカーブする2本の水路が確認できるが，図3-8では1本の水路として描かれたこの周辺の水田地帯が，天保5年における「畑a」とその西の「田砂寄」に相当する。また，図3-9では島畑景観をなす畑が，用水路に沿った部分に極めて小さな地割となって分布していることも特徴的である。これは，用水路の脇という通常であるなら最も水掛かりのよい場所をあえて畑として残していることになり，竹内（1968:219-240）の論じた水利を主目的とする「微高地切り崩し型」島畑の特徴だけでは説明のつかない島畑が数多く存在していたことになる。

b. 起返の順序とその特徴

　土砂堆積が繰り返される匂坂中之郷村における生産力の推移を，当地に残さ

第 3 章 水害頻発期における天竜川下流域の存立基盤 95

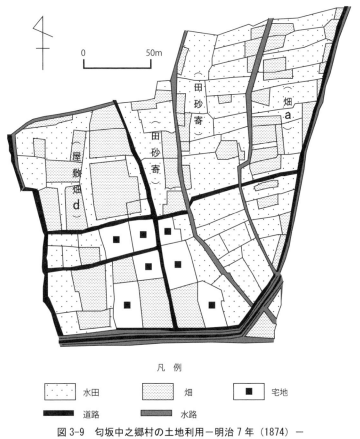

図 3-9 匂坂中之郷村の土地利用－明治 7 年（1874）－
（匂坂中之郷区共有文書「改正字引絵図」より作成）
注）自然堤防は，外縁線の西側一帯と推定した。

れた「年貢小割帳[22)]」を手掛かりに検討していく。年貢小割帳は土地 1 筆ずつの持ち主と年貢高を集計したものであるが，本稿では石高に対する減免の割合に注目する。そのため，途中水害を挟んだ天保 5 年（1834），天保 10 年（1839），弘化 2 年（1845），元治元年（1864）の，4 つの年次について，30 年間の石高の推移と土地利用を把握してみたい（表 3-6）。

天保 5 年には年貢の対象とされる農地の石高として，水田 96 石 9 斗 7 升，

表 3-6　匂坂中之郷村における年貢割付の石高と減免の経年変化

年次	水田高計	減免高			畑高計	減免高	田から畑高計
		鍬下引	引	砂寄		引	
天保5年 (1834)	96石97	0石89	2石46	—	25石59	1石92	—
天保10年 (1839)	98石75	—	8石40	25石46	20石14	2石60	—
弘化2年 (1845)	97石79	—	6石78	25石45	19石36	3石50	—
元治元年 (1864)	72石40	—	9石80	—	18石85	2石68	21石99

(「匂坂中之郷村　年貢小割帳」より作成)
注)　石につづく数字2けたは,それぞれ「斗」,「升」を示す。
　　このほかに「新畑高計として,15石から20石程度の石高を持つ。

畑25石5斗9升が算出されている。この年の「鍬下引[23]」あるいは「引[24]」は水田で3石強,畑で2石弱存在するが,いずれも石高合計の1割にも満たない。天保5年は前節でみたように匂坂中之郷村にも砂寄や荒地が生じた水害が発生しているが,当初の年貢割付の段階では被害が算出されなかったようである。それゆえ,天保5年の年貢割付は,この村に洪水被害がほとんどなく推移した場合における,1年間の農業生産力を表す指標として捉えることができる。
　しかしながら天保10年になると状況は一転している。まず水田に注目すると,年貢対象となる石高は98石7斗5升と若干増加しているものの,この年は「砂寄」,すなわち洪水時の土砂流入によるとみられる減免が25石4斗6升算出され,これは水田石高の25%以上にのぼる。「引」は8石4斗ほど存在し,これらを合わせると水田の年貢高の3分の1を占める。また6年後の弘化2 (1845) 年も,97石7斗9升の水田高のうち25石が砂寄とされており,再び25%程度の被害が認められる。そして6石7斗8升の「引」と合わせると,この年も3分の1近くが減免の対象とされている。そして匂坂中之郷村の生産力は,19年後の元治元 (1864) 年になると以下のように土地利用に変化が現れる。すなわち,水田高は72石4斗と,それまでよりも20石以上減少するが,水田から畑に転換した分として高21石9斗9升が算出されており,これは水田の減少分とほぼ同等となる。このように,天保10年や弘化2年の水害後,砂寄として減免されてきた水田であるが,その後水田として復旧することが困難とされ,新たに畑として検地を受け,年貢石高として記載されるという経緯がみ

てとれる。

　以上のように，匂坂中之郷村における年貢割付に算出された石高を事例にすると，およそ120石から130石の生産力を持つ集落において，天保5（1834）年の当初に見られたように水害の影響の少ない年には5％未満の損害で収まる農業生産力が，ひとたび水害が発生すると25％近くにまで上昇していた。しかも年月を経ず断続的に水害に遭遇した場合には，農地の復旧を試みても25％程度の被害が繰り返されることとなり，そのことが復旧率の上がらない要因となっていた。一方で，水田の減免分が新たな畑の石高と対応しており，水田から畑への地目転換は水害に起因することが生産石高の推移からも明らかとなった。

c．荒地の経年変化

　前項では石高を基準とした生産力の推移から，水害の経年的な影響を考察したが，本項では弘化2年（1845）の「御荒地取調書上帳[25]」をもとに土地1筆単位の被害状況を確認するとともに，さらに7年後の嘉永5（1852）年の様子と比較しながら，水害の影響が後の年代にまでどれほど残存していたのかを検討してみたい（表3-7）。

　この史料から，弘化2年に匂坂中之郷村において荒地とされている土地について，1筆ごとの土地面積，所有者，土地利用と，その状況が判明する。また，作業を効率的に進めるためか，書上では土地1筆ごとに便宜的な地番が付けられている[26]。荒地とされる水田，畑の合計面積は，水田が6反5畝，畑が2反4畝である。例えば，小字西浦の水田は13筆が荒地とされ，このうち最も大きな面積の水田で5畝ほど，小さなものは僅か15歩である。ところで本史料では，それぞれの地番に「去る卯年より辰年まで起返」等の状況が記載されており，弘化2年の段階で残存している荒地は，それ以前に発生した水害による土砂堆積をどれほど除去しているのかを知る手掛かりとなる。弘化2年は巳年であり，起返期間とされる卯年は天保14年（1843），辰年は天保15年（1844）[27]である。すなわち，弘化2（1845）年の荒地は，2年前の水害からの復旧状況を表したものということになる。また，書付には「砂利3尺」，「砂1尺5寸」，「大石2尺5寸」など，流入した土砂の比高が記されており，この水害で45cmか

表 3-7 匂坂中之郷村における荒地の残存状況－弘化 2 年（1845）と嘉永 5 年（1852）－

字	地番	田畑等級	被害内容	起返期間	弘化 2 年（1845） 荒地面積 畝　歩			嘉永 5 年（1852） 荒地面積 畝　歩		備考
西浦	5	中田	砂利　高 3 尺	2 年(卯〜辰)	1	17	→	(起返済)		
	6	下田	砂利　高 3 尺	2 年(卯〜辰)	5	3	→	4	17	
	8	下田	大石　高 2 尺 5 寸 4 畝 20 歩起返 残り 1 畝 5 歩	16 年	5	25	→	1	5	
	9	中田	大石　高 2 尺 5 寸 荒松	16 年	1	6	→	(起返済)		
	16	中田	砂入　高 1 尺 5 寸	2 年(卯〜辰)	2	0	→	(起返済)		
	17	中田	砂入　高 1 尺 5 寸	2 年(卯〜辰)	2	4	→	(起返済)		
	18	下田	大石　高 3 尺 5 寸 1 畝 7 歩起畑 残り 1 畝 6 歩	18 年	2	13	→	1	6	
	19	下田	大石　高 3 尺 5 寸 荒松	16 年	0	15	→	0	15	
	20	下田	池成　水深 6 尺	不明	3	18	→	3	18	地替あり
	29	下田	池成　水深 6 尺	不明	2	19	→	2	19	地替あり
	30	下田	池成　水深 6 尺	不明	5	25	→	5	25	
	33	下田	砂利　高 2 尺 5 寸 半分は起畑	2 年(卯〜辰)	1	19	→	0	24	
	44	下田	大石　高 2 尺 5 寸 荒松	16 年	2	25	→	(起返済)		
	118	下畑	大石　高 2 尺 5 寸 23 歩起田	3 年(巳完了)	1	3	→	(起返済)		
	133	下下畑	大石　高 2 尺 5 寸	16 年	0	5	→	0	5	
	159	下畑	大石　高 2 尺 5 寸	16 年	1	1	→	(起返済)		
	160	下畑	大石　高 2 尺 5 寸	16 年	1	1	→	(起返済)		
	163	上畑	大石　高 2 尺 5 寸 1 畝起田 残 12 歩荒地	16 年	1	12	→	0	12	
御蔵東	4	上田	大石　高 2 尺 5 寸 荒芝	16 年	2	28	→	2	28	

表 3-7 匂坂中之郷村における荒地の残存状況－弘化 2 年（1845）と嘉永 5 年（1852）－（続き）

字	地番	田畑等級	被害内容	起返期間	荒地面積（弘化2年）畝 歩		荒地面積（嘉永5年）畝 歩		備考
	11	上田	砂入　高2尺5寸	16年	0	17 →	0	17	
	12	上田	砂入　高2尺5寸	16年	0	22 →	(起返済)		
御蔵西	12	上田	砂入　高2尺5寸荒芝	12年	0	20 →	0	20	
	36	下田	砂入　高2尺5寸 16ヶ年	16年	0	26 →	0	26	
	54	中田	砂利　高2尺5寸	2年（卯〜辰）	0	26 →	0	4	
堤外	3	下田	池成　水深4尺	不明	0	16 →	0	16	
	137	下畑	川池成皿池	不明	4	19 →	4	19	
	138	下畑	川池成皿池	不明	1	23 →	1	23	
	139	下畑	川池成皿池	不明	1	0 →	1	0	
	146	下畑	川池成皿池	不明	0	21 →	0	21	
	147	下下畑	川池成皿池	不明	2	5 →	2	5	
	148	下下畑	川池成皿池	不明	2	0 →	2	0	
西井かあり	6	中田	大石　高3尺	2年（卯〜辰）	0	26 →	(起返済)		
	8	中田	大石　高3尺	2年（卯〜辰）	1	5 →	(起返済)		
	10	中田	大石　高3尺	2年（卯〜辰）	0	20 →	(起返済)		
	49	下田	大石　高3尺	2年（卯〜辰）	0	20 →	(起返済)		
	53	中田	砂利　高2尺5寸	2年（卯〜辰）	0	17 →	(起返済)		
	58	下田	砂利　高2尺5寸	2年（卯〜辰）	2	0 →	(起返済)		
	59	下田	砂利　高2尺5寸	2年（卯〜辰）	5	26 →	(起返済)		
御蔵屋敷	81	下下畑	大石　高2尺5寸	3年（巳完了）	0	22 →	(起返済)		
	82	下下畑	大石　高2尺5寸	3年（巳完了）	0	24 →	(起返済)		
	83	下下畑	大石　高2尺5寸	3年（巳完了）	0	13 →	(起返済)		

表 3-7　匂坂中之郷村における荒地の残存状況－弘化 2 年（1845）と嘉永 5 年（1852）－（続き）

字	地番	田畑等級	弘化 2 年（1845）		荒地面積			嘉永 5 年（1852）	備考
			被害内容	起返期間	畝	歩		荒地面積 畝　　歩	
	85	下下畑	大石　高 2 尺 5 寸	3 年（巳完了）	0	9	→	（起返済）	
屋敷		上畑	大石併池盛	2 年（卯～辰）	7	8	→	（起返済）	
		上畑	池成　水深 6 尺	不明	3	27	→	（起返済）	
畑屋敷		下畑	大石池成　水深 6 尺	2 年（卯～辰）	3	27	→	（起返済）	
堤外屋敷		上畑	川池成皿池	不明	1	29	→	（起返済）	

（「弘化二年　御荒地取調書上帳」，「嘉永五子　十二月改　田方荒地並本畑荒地調査」より作成）
注）嘉永 5 年の荒地調査のみに記載された地番は，本表では省略した。
　　「屋敷」「畑屋敷」「堤外屋敷」の地番は不明。

ら 90cm ほどの土砂堆積をみたことが知られる。2 年の間には復旧が進んだ部分も見られ，例えば「西浦 8」の水田は 5 畝 25 歩のうち，4 畝 20 歩は起返が完了したため残り 1 畝 5 歩となっている。また，この 2 年間に復旧を終えた地番に関しては，すでに「荒地」ではないため記載がない。起返の進捗がうかがえる一方で深刻な被害も垣間見え，「西浦 20」以降の水田は水深が 6 尺の「池成」，すなわち池となったまま放置されていることが確認できる。このような池は小字「堤外」にもみられ，5 筆の畑と地目不明の 1 筆に「川池成皿池」の記載がある。

　地目を変更した区画に注目すると，「西浦 18」では大石 3 尺 5 寸の堆積により，もとの水田 2 畝 13 歩のうち 1 畝 6 歩を畑としている。一方で西浦地内の畑では，復旧が進む中で一部を水田に変更した地割も存在している。「西浦 118」の 1 畝 3 歩のうち 23 歩が，また「西浦 163」では 1 畝 12 歩のうち 1 畝が水田として「起田」されている。このように 1 筆としては極めて些少な面積の農地が，水害のたびに水田から畑，畑から水田というように土地利用の転換を繰り返していることが特徴的である。しかし，これら小規模な農地でさえも，水害後 2 年の期間を経てようやく復旧を終えたか，あるいはそのめどをつけている状態

であり，土砂除去に費やされる時間の長さがうかがえる。一方で荒地の地番には「16ヶ年」や「12ヶ年」といった，年限に関する記載が多く見られる。これらの農地は被害が深刻で，「16ヶ年」の場合には16年間にわたる年貢の免除，もしくは減免の措置を受けた農地であると考えられえる。これらの措置は最長で18年が1筆存在し，以下16年の10筆，12年の1筆となる。池となった農地は年限が設定されず，放置するに任せている状態である。

　次にこれらの土地について，7年後の嘉永5年における状況を検討していく。この「田方荒地並本畑荒地調査[28]」の記載は，弘化2年（1845）の地番と比較して同一番号の多くで面積，所有者の一致をみるので，2つの史料に記載されている土地と地番は同一のものであると考えられる。それゆえ両方に記載がある地番は，7年間にわたり農地としての使用不能状態が続いているものと判断できる。一方で，嘉永5年の書き上げにのみ記載のある土地も存在するので，7年の間には新たな水害が発生し，以前には被害のなかった農地が荒地として加えられていることも事実である。これら7年間の土地利用状況から以下の点が指摘できる。例えば先述した「西浦8」の水田に再び注目してみよう。弘化2年の段階で，5畝25歩あった水田には大石が2尺5寸ほど堆積していたが，このうち4畝20歩は起返が完了し，残りの荒地は1畝5歩ほどであった。この土地の7年後の状況をみると，荒地とされている面積は1畝5歩であり，これは弘化2年と変化がない。「西浦18」の2畝13歩の水田も，弘化2年に1畝7歩を畑とし残りは1畝6歩であるが，この面積がそのまま嘉永5年の荒地となっている。このように，いくつかの土地は同じ面積のまま7年間荒地として推移していることが明らかとなる。一方で，例えば弘化2年に見られる「西浦9,16,17」などは，7年後に荒地の記載がないため，この間に起返した農地と考えられる。それゆえ，両方に記載のある土地は，7年の間に再び土砂堆積の被害に遭遇したのではなく，弘化2年から7年間，何らかの理由で復旧が進まなかった農地であると推察される。

　このうち弘化2年に記載の起返期間に注目しつつ，7年後までに復旧が完了している農地をみてみたい。復旧された農地の多くが辰年までの起返を示す「卯〜辰」とあり，この記載のある15筆のうち12筆は7年後に起返を終えている。

次に、2つに共通して現れる農地、すなわち、7年間荒地として残存する地割は22筆あり、このうち3筆は本来、「辰年」の弘化元年（1844）の時点で起返予定となっていた土地である。これら3筆の荒地面積はわずかではあるが減少しており、当初の目論見通りではなかったが、着実に復旧が進んでいることがうかがえる。残りの19筆に着目すると、14筆が18年、16年、12年の起返期間を有し、その間年貢が減免もしくは免除扱いとなっていた。このうち小字「御蔵東」、「御蔵西」に存在する4筆の水田は、等級が上田であるが、7年後にも3筆が荒地のままである。しかも「御蔵東11」と「御蔵西12」の上田では、それぞれ17歩、20歩という僅かな面積にもかかわらず復旧が進んでいない。一方、池成の土地では5筆が放置されているが、興味深いことに「畑屋敷」において水深6尺あったはずの「大石池成」は、7年後に復旧が完了している。以上のように復旧の進展は、設定された起返完了期限、すなわち、年貢徴収の再開時期に対応していることが多く確認される。そして、減免期限の短い農地から精力的に復旧を開始し、1畝や2畝といったわずかな面積の農地であっても、その設定年季が長期間になると起返を後回しにする傾向があり、復旧にかかる労力と時間を調整していたことが明らかである。

　すなわち、天竜川下流域の各所でみられた水害復旧率の低調さは、鍬下の年限が迫ってきた時点でようやく起返や地目転換などで対応を行っていたことの表れであったといえる。そして地目転換は、水田としての復旧を諦めた際に発生することが多く、わずかに残されることとなった荒地が、その形を保ったまま島畑化していたのであった。このように、天竜川下流域沿岸村では、集落と畑の防御を最優先に土地利用を行い、かつ復旧の段階においても、水田よりも畑に重点を置き、場合によっては地目を水田から畑に変えることも行いながら、天竜川の水害に対応していたことが明らかとなった。

第3節　農業生産とその特徴

(1) 畑作物の特徴

　以下は、正徳3年（1713）に作成された、「本沢村差出帳[29]」のうち、村の

畑とその作物に関する記述を抜き出したものである。

　一，畑土目，あらすなニ而御座候

　一，畑ニハ麦不残仕付申候

　夏作ハ粟・稗・黍・芋・せうが・木綿・あい・むらさき・其外畑作之分ハ少宛諸色作り申候

　一，男ハ作之間霜月ヨリ極月迄，芋・せうが・牛蒡・其方之諸色之ものしょい商内，市立仕候，此外遣筵を織申候，正月ヨリ二月初頃迄ハ麦耕作之間，みのをひねり，畑を繕其外枯草を取申候

　第1節で見た彦助堤水防の要衝，本沢村では，天竜川の洪水流がもたらす土砂の堆積によって作られた「あらすな」の畑に，冬は全面的に麦を植え付け，夏は粟・稗・黍といった穀類のほか芋やショウガ，そして，商品作物である木綿，藍，紫草などを植えつけていたことが知られる。
　また次の史料からは，畑作物の種類だけでなく，石高で換算されたその生産高を知ることができる。本沢村と同じ天竜川右岸北部に位置する小島村に残る「享保二年内野小島村畑作明細書[30]」に記載された畑の等級と，そこに植えられていた作物ごとの石高の割合を検討してみよう（表3-8）。小島村は右岸北部に位置する集落であり，近隣の他の村々と同様の自然条件を有する，水田よりも畑が卓越した村であった。まず，畑の等級は上・中・下・下下と続き，「田畑成」という前述した地目も見られる。また，新田畑も石高に加えられているが，開墾して間もない土地であるのかその石高はごく僅かなものとして算出されている。すなわち，上畑32石，中畑23石，下畑と下下畑の34石などが，小島村の生産力として年貢割付の基準となる石高である。そして，この村においても畑の冬作には麦が挙げられており，初冬から初夏にかけては畑一面に麦

表 3-8　天竜川下流域沿岸村の畑作物－享保 2 年（1717）－

畑等級	作別	作物	石高			
			石	斗	升	合勺才
上畑	冬	麦	32	9	6	400
	夏	木綿	14	2	4	450
	夏	大豆	6	6	3	135
	夏	稗	6	6	3	135
	夏	黍・蕎麦	2	6	9	672
	夏	大角豆・菜	2	7	0	250
中畑	冬	麦	23	8	1	090
	夏	木綿	7	4	9	090
	夏	大豆	5	8	8	730
	夏	稗	5	8	8	730
	夏	大角豆・蕎麦	2	2	7	270
	夏	黍・菜	2	2	7	270
下，下下畑	冬	麦	34	6	7	550
	夏	木綿	9	0	0	530
	夏	大豆	7	3	6	035
	夏	稗	7	3	6	035
	夏	芋	4	9	6	000
	夏	藍	2	5	3	000
	夏	紫草	2	3	7	000
	夏	牛蒡	1	7	6	050
田畑成	冬	麦	0	9	9	181
	夏	木綿	0	3	6	000
	夏	大豆・稗	0	5	4	000
	夏	芋・牛蒡	0	0	9	181
新田畑	冬	麦	5	0	1	000
	夏	木綿	1	7	0	000
	夏	大豆・稗	2	3	0	000
	夏	芋・牛蒡	1	1	0	000
畑高合計（麦作高の合計）			96	4	3	181

(『浜北市史 浜北と天竜川』「享保二年内野小島村畑作明細書」より作成)
注）下畑と下下畑は合算が記載されている。

を植えつけた耕作景観がみられたのであろう。これは，先の本沢村差出帳に記載された，「畑ニハ麦不残仕付申候」という内容に一致している。一方，夏作として登場する作物を順に挙げてみると，稗・黍・蕎麦の穀類，大豆・大角豆

などの豆類と芋，菜類や牛蒡といった蔬菜，根菜，そして商品作物として木綿，藍，紫草が記載されている。そのなかで，石高の多い夏作が木綿となる。「田成畑」と「新田畑」を除くと，綿はどの等級の畑においても夏作で最も高い生産石高となっている。とくに上畑での木綿生産は，同じ欄に並ぶ大豆や稗の2倍以上の石高となりその卓越性は注目に値しよう。他に大豆や穀類を植えているのは，それらを自給や他出する以外にひとつの輪作体系として，肥料を多く必要とし土地の消耗が大きい綿生産だけに偏らないようバランスをとるために植えられていたという側面も持っていたであろう。このように，綿作だけで村高96石のうち3分の1にあたる32石の生産高があり，綿生産が重要であったことがわかる。

では天竜川下流域においては，農地のうちどれほどの面積が綿作に占められていたのであろうか。右岸北部に位置する中条村に残る，享保から元文・寛保期（1700年代前半）頃の様子を伝えているものと思われる村明細帳[31]によると，

　本新畑惣町歩四十八町弐反八畝八歩之内

　一　木綿畑拾五町余

　一　大豆畑拾九町余

　一　小豆畑弐町七反余

となっている。本畑，新畑を含めた畑地の面積48町あまりのうち，大豆を作付けした畑が約4割，綿を作付けした畑が3割を占めていたことがわかる。先に見た石高の検討と合わせると，天竜川下流域では，生産高，面積ともに，おおよそ畑作物の3分の1程度が綿によって占められていたと考えられる。

次に，北部と比べやや水田の面積が拡大する，平野南部の農作物について検討していく。ここで取り上げるのは，天竜川が3本に分流する輪中地帯沿岸に

位置する宮本村での，江戸時代末期の状況である。前節でも検討した「天保三年　遠州豊田郡宮本村指出帳[32]」には，「一　綿蔵一軒　但シ　二間半　三間」という記載が見られる。この綿蔵は村が管理している蔵で，一般的に「郷蔵」などと記載されるが，ここでは「綿蔵」と呼称されていたようである。その用途は，収穫された年貢米などを一時的に保管したり，飢饉に備えた備蓄が考えられるが，その名称から綿を保管しておくための倉庫としても用いられたのであろう。この頃の綿栽培が，いかに盛んとなっていたかを傍証するものとして興味深い。

　江戸時代末期の慶応2年（1866）には，同じく宮本村に居住していた川合家の文書から作付けされていた畑作物と，その面積が判明する（表3-9a）。川合家の所有する畑は合計16の小字に分散しており，最大の面積は稲荷前の8畝で，最小の面積は1畝ほどであり，極めて細分化された地割の畑を所有していたことがわかる。記載のある作物は全部で6種類があげられている。これを栽培面積の多い順に集計したのが表3-9bである。これによると，最も作付面積の多いのは「わた」であり，2反以上と他を圧倒している。川合家は畑地を5反7畝所有しており，「わた」のうち6畝10歩については他の作物と重複して集計されていることを考慮しても，3分の1以上の面積が綿作に利用されていたことになる。次に面積の多いのが「さとう」で，これは甘蔗（サトウキビ）の栽培を示している。わたやさとうといった商品作物の生産だけで畑の3分の2以上が利用されていたことになる。この他，面積が不明の「大せ戸」という小字は，「あき」となっており，この年には何も作付けがされていない。この理由は不明であるが，おそらく水害に遭って復旧途中にあるか，あるいは地力回復のために休耕地となっていることが考えられよう。

　ところで，明治初期になると統計類が散見されるようになるため，それら畑作物の実態を詳しく知ることが可能である。明治7年（1874）に高薗村（右岸北部）で収穫された農作物の一覧は，「産物取調書上帳[33]」として残されている。ここから明らかとなる当時の作物から（表3-10），畑作物の状況を見ていくこととしよう。書上帳には，作物の種類とその収穫量が記載され，米に関してのみ金額に換算した値段が含まれている。また，作物がどこかに移出されている

表 3-9　天竜川下流域沿岸村の畑作物—慶応 2 年（1866）—

a　小字および面積順

小字	面積	作物
稲荷前	8 畝	さとう
いかつち	6 畝	わた
堤下	5 畝	さとう
辻	5 畝	さとう
東う山	4 畝 20 歩	わた
水新井東	4 畝	わた
水新井西	4 畝	きび
元蔵東	4 畝	わた
マル高前	4 畝	きび・わた
六七田	4 畝	大豆
神明前	3 畝	大豆
金次郎西	2 畝 10 歩	わた・いも
稲荷前下	2 畝	すいか
神明前小畑	1 畝	わた
いか●	1 畝	大豆
大せ戸	不明	あき（空き）

b　作付面積順

作物	面積
わた	2 反 5 畝 20 歩 *1
さとう	1 反 8 畝
大豆	8 畝
きび	8 畝　*2
すいか	2 畝
いも	2 畝 10 歩

注）*1　6 畝 10 歩は，きび・いも分を含む。
　　*2　4 畝は，わた分を含む。

（「慶應二年宮本村田畑銘敷控帳」より作成）
注）「●」は判別不能を示す。

場合には，その数量が記載されている。まず，米と麦に注目すると，米が約 6.5 石の収穫があるのに対し，麦は 100 石以上となり，水田がほとんどない状況が収穫量の差から見て取れる。書上帳では大豆以下エンドウまでの 9 品が雑穀とされ，いずれも自家消費を目的としていると記載がある。その次には蔬菜，芋類の記載があり，このうちいくつかは「他所へ売出候」となっている。これら移出される農産物は，藍，サツマイモ，ゴボウ，ショウガ，生糸，蛹などである。また，タバコや実綿など他出を目的としていると思われる作物が自家消費となっており，若干資料の整合性に欠ける面がある。しかし，この 2 つのうちタバコは収穫後自家で乾燥を行うこと，実綿の場合は繰綿や糸への加工を自家で行うものとして捉えるならば，収穫後すぐに移出するものと区別しているのではないかと考えられる。

　他所へ売渡される作物について注目すると，まず，藍はすべて売出となって

表 3-10　高薗村における農産物－明治7年（1874）－

産物	生産高	用途
米	6石5斗6升	37円20銭
麦	110石	自用費消
小麦	24石	自用費消
大豆	12石	自用費消
小豆	3石	自用費消
粟	12石	自用費消
稗	12石	自用費消
黍	10石	自用費消
ソバ	12石	自用費消
ササゲ	1石8斗	自用費消
ゴマ	6斗	自用費消
エンドウ	6石	自用費消
ダイコン	180荷	自用費消
ナス	60荷	自用費消
藍	150貫目	他所へ売出
ニンジン	30荷	自用費消
サツマイモ	600荷	200荷は他所へ売出
ゴボウ	60荷	50荷は他所へ売出
干ショウガ	185貫目	他所へ売出
実綿	180貫目	自用費消
煙草	28貫目	他所へ売出
生糸	41抱5分	他所へ売出，1抱は300目
蛹	8石2斗	他所へ売出
桑	1008束	自用費消

（『浜北市史 別冊 浜北と天竜川』「明治七年物産書上帳　高薗村」より作成）

いる。綿作の進展に伴って，その染料である藍も多いに需要があった。しかも，時には天竜川下流域で産出される綿だけでなく，当時の全国的な流通網によってもたらされた良質の河内木綿を原料とし，天竜川の藍を使って染色したものを再び出荷するなど，すでに複雑な流通構造や染色の組み合わせが存在していた（静岡県商工課1937）。すなわち，綿作に関連して，高薗村では糸まで加工した段階で移出することが盛んであり，技術的な付加価値をつけることが可能であったことを示している。また，実綿，繰綿，生糸，綿布など，どの段階の

製品をどれだけ移出するかは，綿を集荷する問屋などの差配のもとで行われるものであった。これら問屋の動向については，次項で詳しく検討する。

一方で，絹に関連する生糸と蛹に関しても，これらが別々に集計され，どちらも「他所へ売出」とあることから，加工済みのものと原料とが混在して移出されている状況であったことが知られる。

また，綿だけでなく，サツマイモやゴボウ，ショウガなどの芋類，根菜類も出荷が盛んに行われている。移出先の詳しい状況については不明であるが，蔬菜類の多くは浜松の城下に向けて出荷されていたことが想定される。この浜松城下に移入される蔬菜類については，「東木戸青物市場沿革[34]」に興味深い記録が残されている。これによると，幕末期の慶応年間に天竜川下流域の蔬菜栽培者と，その買い入れを行う浜松城下の八百屋組との間で，ゴボウの品質をめぐって争論が持ち上がったことが確認できる。当時生産者は，天竜川の洪水によってゴボウが傷んだり，根腐りがおきて完品の状態で出荷できなくなると，傷んだゴボウ3,4本のうち，まだ状態がよい部分だけをぶつ切りにし，それを串でつないで一本のゴボウのように見立てる「継ぎ牛蒡」を売ることがあったという。問屋側はこの「継ぎ牛蒡」の出荷をやめるよう，再三にわたり村々に申し渡しをしていた。しかし，農家の側は水害があった年は，これらの出荷を禁止されると売るものがないとして拒否したため，問屋側が通常の品を含め，一切の取引を中断してしまったために起きたものであった。この頃には，ゴボウの品質をめぐって争論が起きるほど浜松城下への流通が一般化していたのである。他の蔬菜についても，浜松城下との深い結びつきが想像されよう。

(2) 綿製品流通における天竜川下流域の位置づけ
a. 在地問屋と下流域農村

天竜川下流域において，いつ頃から綿栽培が盛んとなったかについては，確かな資料がないため検討することは難しい。しかし，江戸時代初期の元和元年（1615）に作成された貴平村の年貢割付状には，すでに「綿作検見引」として3石4斗2合が認められていた記載が見られる[35]。これは減免の分を含んだ年貢割付状であるため，この年に綿を栽培する畑に何らかの被害が発生し，その

分の年貢を免除されたことを意味している。綿は，たとえば冷害や多雨，あるいは生産基盤である畑の表土そのものに被害が及ぶ洪水等の環境変化に弱い作物であるとされる[36]。それゆえ，綿栽培は高収益をあげる反面，不作になった場合のリスクを考慮する必要があった。先に見た，平均的に畑地の3分の1の面積を綿作にしていた事例も，それ以上作付けを増やすと不作時に大きな影響が出ることを予見した土地利用を反映していたものとも考えられよう。綿は，それだけ投機性の高い作物でもあったのである。ところで次の史料からは，年次ごとの綿問屋の取引件数が知られ，この地域の綿作の特徴を通年的に概観することが可能である。

　天竜川下流域の右岸北部に位置する木船村（現：貴布祢）には，周辺の村で作られた綿を集荷する問屋，木俣家（屋号：和泉屋）が所在していた。木俣家の由緒は不明であるが，屋号としている「和泉」は畿内地方の綿作中心地域のひとつでもあり，その関連性が想像される。このような在地に存在する問屋は，収穫された綿を集荷するだけでなく，そこから繰綿，綿糸，綿布などに加工するために，再び村に原料を渡して加工後に集荷するなど，複雑な流通構造を持っていた[37]。以下より，和泉屋のような在地に展開する集荷問屋の性格を把握し，天竜川下流域で生産された綿がどのような形で流通にまで位置づけられていたのかを検討していく。

　和泉屋に残る「永代帳[38]」からは，寛政11年（1799）から天保6年（1835）までの，37年間にわたる農家との取引件数が判明する（表3-11）。本表からは，この間に取引件数の増減があるが，寛政・享和期よりも文化期に入って取引量が増え，文化2年（1805）と11年（1814）にはそれまでで最大の35件の取引が確認できる。文政・天保期へと時代が下るとさらに増加傾向が見られ，取引が少ない年でも20件を下回ることはなくなっている。そして天保元年（1830）には最大の63件を記録している。取引件数の増減は，その年の気象条件や，特にこの地域の場合では水害の有無に関連しており，豊凶の差が大きい綿作の特徴を現しているものと思われる。またこの史料の一部からは取引先の分布が判明する（図3-10）。取引の数量は，縞木綿取引，白布取引，木綿貸付の3つの合計を集計したものである。すなわち，ここには何らかの加工がなされた「綿

表 3-11 和泉屋の木綿関係取引件数－寛政 11 年～天保 6 年（1799～1835）－

年次		件数	年次		件数	年次		件数
寛政 11 年	1799	6	文化 9 年	1812	29	文政 7 年	1824	20
寛政 12 年	1800	19	文化 10 年	1813	24	文政 8 年	1825	49
享和元年	1801	5	文化 11 年	1814	35	文政 9 年	1826	45
享和 2 年	1802	6	文化 12 年	1815	18	文政 10 年	1827	34
享和 3 年	1803	11	文化 13 年	1816	11	文政 11 年	1828	41
文化元年	1804	7	文化 14 年	1817	19	文政 12 年	1829	35
文化 2 年	1805	35	文政元年	1818	30	天保元年	1830	63
文化 3 年	1806	12	文政 2 年	1819	21	天保 2 年	1831	29
文化 4 年	1807	13	文政 3 年	1820	34	天保 3 年	1832	27
文化 5 年	1808	19	文政 4 年	1821	24	天保 4 年	1833	35
文化 6 年	1809	10	文政 5 年	1822	24	天保 5 年	1834	52
文化 7 年	1810	27	文政 5 年	1822	24	天保 6 年	1835	49
文化 8 年	1811	23	文政 6 年	1823	35	合計		890

（『浜北市史 通史編 上巻』1,004 頁より作成）

製品」の取引を示したもので，実綿や繰綿といった原料に近い段階の品物は含んでいない。分布図によりその特徴を検討すると，取引量は和泉屋の所在する木船村とその近隣の村が多い。そして，和泉屋から離れるにしたがって取引量が少なくなることがわかる。ところで，この頃には，和泉屋のある木船村は戸数が 130 戸，木船新田村は 20 戸であった[39]。このような取引が見られた範囲は，おおよそ 4km（1 里）以内の村であったと考えてよい。それ以外にも少数ではあるが二俣，阿多古といった山間部や，見付宿などの天竜川対岸の磐田原台地を超えた範囲にまで取引は広がっていた。また，「永代帳」によると 32 件の取引と並び，本図では省略したが，村内の 63 軒に対して，何らかの綿取引に関連する金銭の貸付を行っている。それゆえ村内の 6 割近い家が綿を介して和泉屋と関係があったことがわかる。近隣に取引範囲が多いのは，おそらく原料となる綿や製品を徒歩や荷車に積んで移動する範囲であったことを示していると思われる。一方で，前述した右岸南部の宮本村などは盛んに綿作を行っていても，遠距離である和泉屋との取引がない。それゆえ，本書では明らかにしえないが，和泉屋に限らず別の在地問屋が下流域各地に点在し，綿と製品の集荷を行っていたと考えられる。

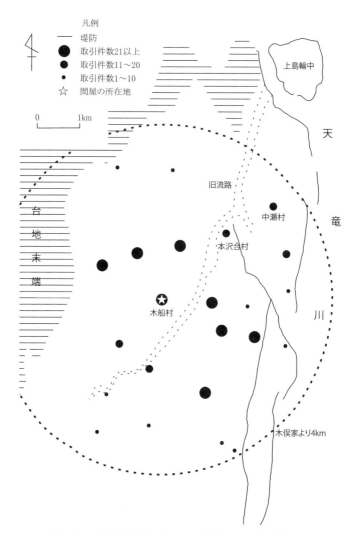

図 3-10　在地綿問屋和泉屋の取引範囲－江戸時代後期－
(『浜北市史 通史編 上巻』1,006 頁「木俣家永代帳」より作成)
注) 下図として明治 23 年測図 5 万分の 1 地形図「見附町」を使用。
　　堤防の配置は明治中期のもの。

b．綿の全国流通と天竜川下流域

　中安家は，笠井村に居を構え，和泉屋と同様に近郷の農村から収穫された実綿を集荷し，加工された糸や綿布を移出する在地の問屋であった。同家の史料により天保2年（1831）における繰綿と白木綿の取引状況が判明する（表3-12）。本表は史料の制約から天保2年2月より12月までの取引状況を一覧にしたものであるが，まず送付先に注目すると駿河の「江尻」，「清水」や，相模の「浦賀」などの地名が多く見られる。このうち清水の問屋である「白子屋与兵衛」と「薩摩屋十兵衛」は，清水湊を根拠とする廻船問屋であり，相模の「大黒屋清左衛門」，「小川平次郎」も，当時の江戸湾入口の要衝，浦賀を居所としていることから，廻船問屋であったと考えられる。他方で，陸路の拠点である宿場町に居住する問屋とも取引が見られ，もっとも取引回数の多いのは，江尻の「綿屋伊兵衛」と，島田の「土屋政助」である。江尻は湊町の清水と複合的な町場を形成し，陸路ではひとつ東の宿場町である興津から甲州への街道が通じ，さらに，富士川舟運で運ばれる塩などの物資も一旦この清水や江尻に集められていた[40]。これら問屋が，さらにどのような場所と取引があったかについては明らかにしえないが，江尻から東海道を基点として，駿河，伊豆の各地や，甲州に向けて販路を広げていたことは想像に難くない。

　次に，中継ぎの問屋について見てみよう。このうち，遠江「川崎湊」，「相良」に居住する中継ぎは，廻船問屋である。このことから，中安家から移出される綿製品は，まず駿河湾や遠州灘の近距離輸送を受け持つ廻船問屋に荷物の輸送を委託し，そこからさらに海路を使う場合には江尻や浦賀など，より広範に輸送網や販売網を持つ廻船問屋へと引き継がれていったと考えられる。

　一方で，これとは別に信州との取引もみられる。多くは岡谷の武居代次郎に向けて移出されており，中継ぎには三河新城や，信濃飯田の問屋があたっている。これらは，おそらく中馬輸送にかかわる問屋であると考えられる。また，京都や江戸との取引も見られ，大消費地の問屋とも直接取引があったことがわかる。

　このように，天竜川下流域で産出，加工された綿製品は和泉屋や中安家のような在地の問屋によって集荷され，海路で清水や浦賀に輸送されたり，陸路の

表 3-12　中安家における「くり綿」,「白木綿」等の取引先 －天保 2 年（1831）－

日付	送付先			中継ぎ		
2 月 17 日	駿河	清水	白子屋与兵衛	遠江	川崎湊	溜屋善兵衛
2 月 17 日	駿河	清水	薩摩屋十兵衛	遠江	川崎湊	溜屋善兵衛
2 月 20 日	相模	浦賀	大黒屋儀兵衛		なし	
2 月 26 日	駿河	江尻	綿屋伊兵衛		なし	
2 月 26 日			万石屋八十八	遠江	見付	小竹屋弥右衛門
3 月 11 日	相模	浦賀	大黒屋儀兵衛	遠江	相良	西尾太郎兵衛
3 月 13 日	相模	浦賀	小川平次郎	遠江	相良	西尾太郎兵衛
3 月 13 日	江戸	大伝馬町	小津清左衛門	遠江	相良	八木三郎左衛門
3 月 13 日	相模	浦賀	大黒屋儀兵衛	遠江	相良	八木三郎左衛門
3 月 15 日	駿河	江尻	綿屋伊兵衛	遠江	掛川	枡屋源右衛門
				遠江	川崎湊	溜屋善兵衛
3 月 15, 16 日	駿河	江尻	綿屋伊兵衛	遠江	掛川	枡屋源右衛門
				遠江	川崎湊	溜屋善兵衛
3 月 16 日			木綿屋権左衛門		なし	
3 月 22 日	駿河	島田	土屋政助	遠江	掛川	枡屋源右衛門
6 月 15 日	京都		井筒屋善右衛門		なし	
6 月 15 日			美濃屋忠右衛門		なし	
6 月 15 日	駿河	江尻	綿屋伊兵衛	遠江	相良	八木三郎左衛門
6 月 20 日	相模	浦賀	大黒屋儀兵衛	遠江	相良	八木三郎左衛門
6 月 20 日	相模	浦賀	小川平次郎	遠江	相良	八木三郎左衛門
9 月 12 日	信濃	岡谷	林善右衛門	三河	新城	問屋六太夫
9 月 12 日	信濃	岡谷	武居代次郎	信濃	岡谷	林元右衛門
9 月 12 日	信濃	小口村	高橋松兵衛	信濃	飯田	小泉屋六右衛門
10 月 2 日	駿河	江尻	綿屋伊兵衛	遠江	川崎湊	溜屋善兵衛
10 月 8 日	駿河	江尻	綿屋伊兵衛		なし	
11 月 17 日	信濃	岡谷	武居代次郎	三河	新城	問屋六太夫
				信濃	飯田	伊実屋清兵衛
				信濃	岡谷	林元右衛門
12 月 3 日	遠江	山梨	小島屋政吉		なし	

(『浜北市史 通史 上巻』1012 頁より作成)

場合は宿場町の問屋を経て，さらに遠方に移出されていったのである。また，浦賀に送られた綿製品もそこで消費されるものではなく，当地の廻船問屋が中継基地となって江戸に送られたり，一部はここに寄港する廻船に売り渡すなどして，二次的，三次的な仲介者の手を経て，全国に流通していったものと思わ

れる。
　以上見てきたように，天竜川下流域では浸水の危険性が低い微高地上に存在
し，かつ，土地生産性の高い上畑などの農地が重点的に利用され，水害にあっ
た際には復旧もいち早く行われていた。地域の農業の存立は，これら畑が重要
な意味を持っていたのである。そして，麦類や雑穀などの主穀生産が行われて
いた一方で，夏季を中心に商品作物である綿の栽培にも重点がおかれていた。
冬作物である麦類は，洪水の最も少ない季節に栽培されるため，生育の阻害は
それら被害に左右されるものではない。それゆえ，水害を考慮した集落の土地
利用，集約度の高さを端的に示す重要作物が綿なのであり，綿の順調な生育こ
そが，下流域住民にとって最も重要な農業での存立基盤だったのである。そし
てその流通構造は全国的な市場を見越して取引が行われており，天竜下流域で
生産される綿もその需要に応えていた。また，商品作物の他に蔬菜の栽培も盛
んであり，すでに幕末期には自家消費以外の根菜類の生産が一般的に行われる
ようになっていた。しかし，水害の多かった時代には，収穫が不安定となる危
険性も伴うものであった。すなわち，これ以外の要素を加味し，それらが組み
合わさることで，さらに安定した強固な存立基盤を得ていたのである。次節に
おいて，それらをこの地域特有の社会組織の中から見出し，その意味を検討し
ていくこととする。

第4節　天竜川下流域における水防組合の意味

(1) 堤防普請に関する制度と水防組合の意味

　水害を考慮に入れた土地利用や，集約的な農業だけでは，水害を克服するこ
とは不可能である。そこには「堤防」という流域住民にとって最も身近で，か
つ重要な治水施設が存在しており，この堤防が決壊するか否かによって，被害
の大きさが左右されるといっても過言ではない。
　江戸時代を通じて，天竜川下流域での堤塘[41]の普請は領主が費用を負担す
る御普請として行われ，普請に従事したのは村域内に堤防を含む村々であった。
幕府や領主による普請費用の負担方法は，享保（1716〜1734）頃の紀州流に

よる普請技術の普及とともに確立した[42]。この中では一国一円もしくは20万石以上の大名の場合，普請は藩の負担となり，石高がそれ以下の大名の場合は国役普請[43]と，幕府の費用負担で河川対策を行うように取り決められた。江戸時代中期以降，幕府は財政建て直しの改革を実行するごとに御普請による出費を抑える施策を執っていた。たとえば，延享元年（1744）には，幕府は過去50年にさかのぼり幕領における御普請所の明細を提出させ，以後御普請所としての根拠があいまいな場合には費用負担を行わないこととした。しかし天竜川下流域では，毎年のように発生する洪水により，破堤まで及ばないまでも至る所で堤塘の補修が必要であったため，御普請から外されることはなかった[44]。

ところで，天竜川下流域における支配関係は，先に「浜松御領分絵図」によってその一部を確認したように，おおよそ右岸が浜松藩領，左岸は中泉代官所の管轄する旗本領と一部のみ横須賀藩領が存在した。浜松藩は5万石であるため，天竜川普請の費用は幕府もしくは国役で賄われた。代官所管轄の左岸における普請も幕府による負担となっていた。それゆえ，村々の支配体系は両岸で異なるものの，普請は両岸ともに幕府の費用負担，すなわち「御普請」によって行われていたことになる。御普請の頻度は，常式御普請と呼ばれる春秋1回ずつの堤塘補修工事と，それ以外にも堤防の決壊，破損時の応急工事である急場御普請が存在し，1年間に少なくとも2回以上行われた。

次に天竜川下流域での御普請への対応を，沿岸村の水防活動と関連させて検討していく。左岸池田村では，安永年間（1772～1780）に堤防御普請を受け持つ地方（じかた）と，東海道の渡河を舟渡で受け持つ渡方（わたしかた）[45]との間で水防を巡って争論が持ち上がり，その訴状の内容から，地方側の水防と御普請への関わりを知ることができる。少し長くなるが「天竜川通御急御普請所之儀ニ付出入吟味書物[46]」の内容を書き出してみよう。

　　遠州天竜川池田村渡方総代，二郎兵衛，四郎兵衛，奉申上候，当村ハ地方
　　高二百七石，弥兵衛と申者名主，千之助と申者組頭役相勤，私共儀者，御

除地頂戴御往来御渡船御用相勤罷在候，然処当八月二十五日夜大雨ニ而翌二十六日大洪水仕，然ヲ地方之方ヨリ水防も不仕，渡船場上之七番出ヨリ十四番出しの間堤危相見へ候，尤地方懸り之場所ニ御座候へ共，切込候而者御用地者不及申居村迄亡所可仕難場ニ付，私共相防地方名主弥兵衛，組頭千之助方へ人足差出防候様度々申上候得共，両人之者不罷出人足も不差出，追々水相嵩ミ候ニ付，川原小屋藁戸其他諸色雑用相掛漸防留候処，同日九ツ時前頃，弥兵衛罷越防留●挨拶も不仕，「堤切不申候而者銭ニならず候故人足不差出候」抔雑言申シ罷帰申候

（中略）

十一月十六日御出発，御手代中被引取候跡ニ而，弥兵衛，千之助差図仕右●●●出●六間之真中枠間へ松木薪四十八把打入其上へ松丸太十本投渡し蛇篭七本ヲ以かくし申石砂利ヲ以埋立右●●●上右松丸太を以中州ニ仕，其上江出形仕立候・・・（後略）

これによると，安永8年（1779）8月25,26日に天竜川が増水した際，池田村の地方名主は水防活動を行う人足を指揮する立場にあったが，「堤不切候而者銭ニならず候故人足不差出候」と述べ，増水中で堤防の巡視や警戒が必要な段階にもかかわらず1回も人足を出役させず帰ってしまった。渡方の主張は，自分達は天竜川の渡船そのものが年貢に代わる賦役なのであり，増水によって船着場をはじめとする渡船の諸設備が損傷することは渡方としての存亡に関わることであるため，地方の対応は到底受け入れられないとするものであった。一方，地方名主は，堤防が決壊すれば普請費用は幕府負担になるが，堤防に被害がない場合にはその防御に要した費用は村の負担となるという認識から，水防活動を取りやめてしまったのである。池田村以外の村においては，村人すべての利害が一致するため，水防活動に関する矛盾はこれほどまで顕在化することはない。しかし池田村では，渡方という他村にはない存在があったため，地

方の行為が訴訟の対象となり，それゆえ堤防普請の実態が明らかとなった貴重な例となっている。

　一方で池田村地方名主の行動は，以下のことを考慮に入れた行動であるとも考えられる。すなわち，池田村は天竜川に張り出すように存在しているため，対岸との幅が狭い狭窄部を形成している。それゆえ，第2章で確認したように左岸では池田村の北側，七蔵新田の地内が遊水地として機能し，池田の集落が洪水被害を軽減できるようになっていた。また，池田村から約1km北側には，寺谷用水の取水口を守る内堤が雁行し，斜めに配置された末端部は本堤に接続しない「霞堤」となっている。おそらく，池田村地方の認識としては，長年の経験から天竜川の増水状況を見れば，七蔵新田への溢流量や霞堤の遊水地機能で対応できる水量を判断できたのであろう。そして，自村の堤防に対する至急の水防活動が必要か否かは，それらを見極めたうえで判断していた可能性がある。しかし，渡方にとっては，増水により被害が出る恐れのある渡船設備を守る必要があるので，地方との利害の相違が明確になっていると考えられる。

　しかし，史料の後半からは，地方の普請に対する思惑が見え隠れしていることが判明する。水防人足の引き上げ騒動があった同じ年の11月16日に，それまでの増水で破損していた水制工の修理が地方によって行われた。修理後に渡方が検分したところ，「七番出流失仕水際ヨリ水●●●斗り押堀有之，出之真中枠間ヘ松木薪四拾八把打入，其上ヘ松丸太投渡し蛇篭七本ヲ以かくし申（●は判別不能）」ていたことが明らかとなった。すなわち，水流により河床がえぐられた「出し」の根本部分のうち，押堀が残存し水面より下の目に触れにくい箇所に薪や丸太を入れ，それを蛇篭で覆って隠してしまうという，いわゆる「手抜き工事」が明らかとなったのであった。また同史料には，宝暦6年（1756）にも御普請の際，堤防補強用に使われる土の土取場として潰れ地となる畑の補償費をめぐり，池田村地方と潰れ地の所有者であった他村からの入作人との間で訴訟が起きていた事も記述されている。御普請から得られる金銭は，たびたび村内外で訴訟の原因となっていた。

　このように，天竜川下流域の村々は，少なくとも名主レベルにおいては御普請から得られる金銭が村の収入に変わりうることを認識していた。そしてそれ

は，堤防決壊の危険を冒したり，水制工の手抜き工事を行うなど，自村への水害の危険を増やすような実態が存在していたことが明らかとなった。幕府から費用が捻出され，自村の出費をほとんど必要としない御普請は，時には争論の原因になるなど，下流域に存在する村の経済基盤に影響力を持っていたと推定される。

(2) 天保水防組の活動

　天保水防組は，天保2年（1831）に組織され，天竜川下流域の沖積平野全域を範囲として組織された最初の水防組合である[47]。組合結成以前の天竜川では，御普請所を持つ村々がそれぞれに幕府に普請を促す願書などを提出していたため，同じ河川の流域でありながら統一の取れた被害状況の把握や，普請計画の作成が困難となっていた。そのため幕府普請役の犬塚祐市は，天竜川下流域での水防組合結成を指導し，下流域全体を一つの単位として治水に対応させようとした。これは，幕府が寛政期（1789〜1800）以降，財政建て直しの一環として，河川政策を合理化しようとした流れに沿うものであった。水防組合結成の際取り決められた「天保二年卯五月天龍川西側御料私領川通並内郷村々水防議定組訳帳[48]」（以下，「議定書」）には，「組合限一続之堤ニ而一村之囲ニ者無之堤切入候得ハ其組合中水難受候」とあり，下流域全体が一つの堤防で守られた運命共同体であるという認識を示している。組合は東縁79村，西縁117村，鶴見輪中9村，掛塚輪中5村から成り，東縁，西縁はそれぞれ上中下の3組に分割されている（図3-11）。所属村の最も多い東縁上組は，最北部に位置する寺谷村から海岸部まで約2kmに位置する村までの35村から成り，この範囲は寺谷村を取水口とする寺谷用水の流れる村に一致している。この組分けは治水だけでなく，用水から得られる利水の利害とも共通するため，範囲が重複しているのであろう。

　ところで，天竜川の沖積平野は，旧低水路と自然堤防とが交互に存在するという地形的特徴を有している。そのため，破堤，溢流の際には，その地点からの洪水流は必ずしも直下に流れ下らず，たとえば左岸の場合，網状に発達した旧低水路を伝って東南方向に向かって流れていく事が多い。そのため両岸とも

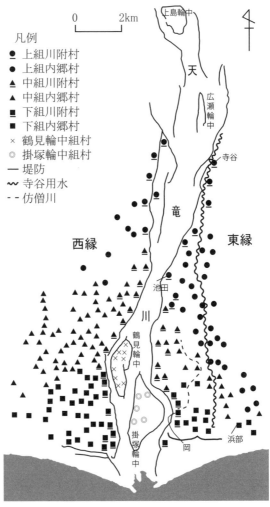

図 3-11 天保水防組所属村の分布
(『天竜川水防誌』より作成)
注) 図中の村名は、それぞれ本文に対応する。

に各組の組み分けは、単に村の総数を均等に三分割したものではなく、利水との関係や地形条件や洪水の危険度を考慮に入れて分割されていたと考えられる。

次に，組合活動として定められた規約を「議定書」の記載から検討してみよう。組合は村域に天竜川の堤防を含む村を「川附村」，それ以外の村を「内郷村」と区分し，水防活動の際は人夫と資材提供の負担率を内郷村に低く設定していた。また，東縁・西縁から4名ずつ，鶴見・掛塚輪中から2名ずつの水防総代が村役人の中から選出され，組合を代表して幕府普請方と御普請に関する交渉を行うこととされていた。議定書の内容は，その多くが組合の水防活動に関する取り決めとなっている。それゆえ御普請や費用負担に関する記載は，上記の水防総代が幕府勘定方と交渉を行うことのみであり，内容に乏しい。そこで組合の御普請への関わりについて，天保水防組が結成された翌年の天保3年(1832)に内郷村から出された「天保三年十一月天竜川通り川除普請の御定懸場村々の人足差し出し等之請書[49]」からみていくこととする。この中で内郷村は，天竜川の堤防が決壊した場合，自分たちの村にも旧低水路を伝って洪水流に襲われることが多くあることを考慮し，破損した堤防の復旧工事や補強工事の際には御普請所として指定されている川附村だけでなく，内郷村も普請に参加させて欲しいという請願を行っている。幕府普請方はこの願いを聞き入れ，「御定懸り場村々之義，高百石ニ付人足百弐拾人位，水下村々同断弐拾人ヲ目当人足差出」することを決定した。すなわち，川附村で村高100石につき120人の割合で人足が出役するよう取り決められている御普請に，内郷村からも村高100石につき20人が人足として参加できることとなった。このことから，内郷村側からも積極的に御普請に関わろうとする意思を読み取ることができ，堤防普請の人夫が義務的に割り当てられていたのではないことが指摘できる。そして，その背景には，御普請から得られる経済的な還元の構造が見え隠れしているのである。

(3) 天保水防組の実態と加入村の対応—内郷村の活動を事例に—

　前節では，「議定書」に定められた天保水防組の規約からその特徴をみたが，ここでは，天竜川が増水した際に天保水防組が実際現地で行った活動に注目する。ただし史料的制約から，ここでは東縁下組のうち，主に内郷村の活動状況から検討を加える。

天保水防組の東縁下組に属する村々は，図3-11でみたように天竜川左岸の南部に位置しており，川附村5村，内郷村12村からなる。そして水防を受け持つ区域は，掛塚輪中東側を流れる天竜東川通りの左岸堤防であった。この付近では，平時には主に掛塚輪中西側の中川通りを水が流れるため，東川通りの水量は比較的小さい。しかし，天竜川が増水すると，中川通りは鶴見輪中・掛塚輪中間において下流域の中で最も川幅の狭い狭窄部を形成するため，激しい水流が東川通りにも流下することとなる。しかも東縁下組の一帯は東川通り本流の攻撃斜面に相当し，かつては平間村と岡村の間では第1節でみた仿僧川が合流していた。本項にて検討を行う安政年間には，仿僧川の放水路はすでに完成し，東川通りとの旧合流地点には締め切り堤防が存在していたが，この堤防は旧河床を横断して築かれているため，付近は引き続き水防の急所となっていた。水防組合もこの締め切り堤の脆弱性を十分認識しており，水防資材を備蓄しておくための諸色小屋は，同じ岡村地内の堤防下に設置されていた[50]。以下，東縁下組が持ち場としている堤防で行われた増水時の水防活動と，その後の堤塘修築について，東縁下組を指揮する立場にあった川附村5村が内郷村に向けて伝達した指示内容を，「浜部村触書廻状[51]」から見ていくこととする（表3-13）。

　川附村からの指示は，安政4年（1857）7月に天竜川が増水した際の水防活動と，天竜川の水量が平水に戻った後の堤塘の修築工事に関する二つの内容からなっている。川附村からの指示は，実際の水防活動や修築に必要な人員・資材の数量に加え，被害地点の検分や修築の段取りを確認するために村の代表者に集合を求めるものも含まれていた。この他にも6月19日には被害にかかわらない定期点検の意味を持つ常式御普請の人夫招集が行われ，9月6，24日と翌年の2月30日には，普請費用の精算に関する指示が出されていた。

　はじめに，天竜川増水時の水防活動について注目すると，7月23日の様子が興味深い。すなわち，この日は都合3回の廻状が出され，とくに3回目は夜間にまで及んでいる。1回目の場合も，川附村からの指示が浜部村に届く前に，村独自で準備していた水防人夫12人と俵，縄といった資材を防御施行地点まで提供していたことが知られ，緊急時の切迫した状況がわかる。差し出した資

表3-13 川附村から内郷村への岡村堤防防御に関する指示と浜部村からの出役状況
　　　　－安政4, 5年（1857, 1858）－

年月日	差出	宛先	用件
安政4 (1857) 6.19	岡村役人 川通惣代共	右村々御役人	岡村地内川除御普請の土方人足　人足15人　浜部 　　　　　　　　　　　　　　　6人　太郎馬 　　　　　　　　　　　　　　　4人　一色 明日6ツ時までに，弁当持参で集合のこと。
7.9	岡村・十郎右衛門 中平松・源太左衛門	右村々庄屋中様	8日の天竜川満水によって岡村堤防地内堤が大破したので，話合いのため明日10日4ツ時に岡村文蔵宅に集合。同時に，次のものを岡村諸式小屋迄届けること。 村名　　　　　　明俵（俵）　縄（房） 東平松　　　　　　25　　　　　10 海老島　　　　　　21　　　　　9 浜部　　　　　　　46　　　　　18 太郎馬　　　　　　12　　　　　3 一色　　　　　　　8　　　　　4
7.17	岡村，西平松村，中平松村，駒場村役人	海老島・東平松・小中瀬・大中瀬・稗原・小島・浜部・太郎馬・一色	岡村地内の自普請目論見につき人足・諸式の割振り。竹類は21日に差出し，人足は必要なときに呼出し。 　　　　　　　日数　　人足　唐竹　葉唐竹 浜部村割当　　　9　　　16　　28　　46
7.23			岡村堤防が満水で欠所が出ているので，廻状が廻っている間に明俵19，縄3，人足12を村役人付き添いのもと23日の4ツ時に岡村堤防に派遣。
7.23			岡村の欠所が予想外に大きく応急工事をしたが，俵，縄を使い切ったので，高1石につき割当の分を持ってくるように。
7.23夜			＝廻状が来たので夜に人足5人追加派遣
7.24	岡・十右衛門 中平松・源太左衛門 西平松・忠四郎 駒場・武兵衛	村々名前宛	昨日23日の満水で堤防が大きく破損しており，急ぎ相談があるので，廻状を見次第現場に集合。

表 3-13 川附村から内郷村への岡村堤防防御に関する指示と浜部村からの出役状況
　　　　－安政 4, 5 年（1857, 1858）－（続き）

年月日	差出	宛先	用件
7.26	十右衛門 源太左衛門 忠四郎		岡村堤防の件，工事について伺いを立てたところ，御普請による工事で中枠 5 組を搬入することとなったので，話合いのため明日 27 日早朝現場に集合。 浜方の村々は浜網 2 房近日中に届けること。 先日の諸色に不参加の村は，明日 27 日現場まで届けること。 　　　　　　　　　　　　　人足　　葉唐竹　5 寸目の唐竹 浜部村割当　　　　　　　　68　　　206　　　34 27 日，周作殿に談示した書付と併せて持参のこと。
7.29	岡村役人		追々出水につき，人足は無論，取り決めてある割合の諸色を出すこと。今日中に何とかしないと夜になってから危険と思われる。 人足 13，古網 2 ＝廻状に付き 1 軒宛人足を出した。 人足 11，古網 2 ＝ 8 月 1 日に出した諸色人足　志から 120，唐竹 28，他に 4 荷〆，人足 20
8.6	岡村普請所詰合共	右村々御庄屋中	明日 7 日早朝までに人足出役のこと。 海老島　　　　　　人足 13 東平松　　　　　　　　10 大中瀬　　　　　　　　10 小中瀬　　　　　　　　 8 稗原　　　　　　　　　 5 浜部　　　　　　　　　15 太郎馬　　　　　　　　 5 一色　　　　　　　　　 3 ＝触書により 7 日の派遣，人足 10，竹 34 を差出し
8.8	岡村御普請所詰合	村々庄屋中	中平松　　　　　　人足 10 海老島　　　　　　　　10 小中瀬　　　　　　　　 6　明日朝岡村迄書面人 大中瀬　　　　　　　　 9　足，鍬，たこう（駄 稗原　　　　　　　　　 5　餉）持参のこと。 浜部　　　　　　　　　10 太郎馬　　　　　　　　 3 一色　　　　　　　　　 2 　　　　　　　　　＝人足 15 人

表 3-13 川附村から内郷村への岡村堤防防御に関する指示と浜部村からの出役状況
　　　　－安政 4, 5 年（1857, 1858）－（続き）

年月日	差出	宛先	用件
8.9	岡村御普請所詰合	浜部村・太郎馬村右村御庄屋中	岡村字一番の欠所普請を早急に完成させたいので明日 10 日に書面の人足を出役させること。 ＝ 12 日に人足 6, 他に葉唐竹共
9.6	十右衛門・忠四郎		当丑年岡村地内御普請自普請人足について勘定をするところであるが, まだ出来形帳が来ないので清算できない。
9.9	岡村御普請所にて 中平松・源太左衛門 西平松・忠四郎 駒場・武兵衛		岡村地内で急場御普請を仰せ付けられたので 19 日までに割当を決める予定である。 ＝ 8.12　　　6 人 　 13　　　10 　 14　　　 5 　 9.11　　　 3
9.12	十右衛門, 武兵衛		人足 15 人（太郎馬・一色・浜部） ＝9.12　　人足 5 　 14　　岡役 4 　 15　　1 軒宛 10 　 17　　岡役 10 　 18　　岡役 13
9.24	十右衛門, 忠四郎, 武兵衛, 源太左衛門		岡村地内御普請の人足賃, 自普請の割賦
安政 5 (1858) 2.3	十右衛門, 忠四郎, 武兵衛		天竜川岡村地内堤人足賃永のうち去年の残りを 3 月 1 日に渡す。早朝小島村弥兵衛方に集合

(『磐田市史 資料編 5』「浜部村触書廻状」により作成)
注)「＝」は廻状の指示に対して浜部村の行った対応を示す。

材は, 唐竹, 明俵（空俵), 縄が多く,「議定書」に定められた常備資材と一致している。その他に浜網や古網などもみられ, 浜部村の漁業者が使用した漁網が水防資材として使用されていた。これより前の時代であるが, 寛政 8 年（1796）の「山名郡浜部村明細帳[52]」には, 浜部村が地引網用の「浜網」2 房を所有しており, 古くなった網は寺谷用水の井堰普請のための資材として提供したこと

があると記載されている。

　次に，平水時の堤塘修築の様子を見ていく。7月初旬から9月中旬にかけて，増水による堤防の被害は，7月9日に岡村で大破，23日に欠所の発生，そして29日の水防人足と資材の派遣を伴う被害の合計3回を数える。29日の増水はその後8月9日の「字一番」欠所工事につながると思われるので，堤塘の破損被害と捉えて差し支えなかろう。堤塘の修築は断続的に行われ，人夫招集の指示は9月12日まで続いている。一方，9月9日には急場御普請が決定し，19日までに各村への割り当てを決める指示を出している。しかし，3日前の9月6日の指示では，この年分の御普請，自普請人足について勘定を行いたいが，出来形帳がまだ完成しないので精算ができないとされている。出来形帳は，普請にかかった資材，人員の数とその費用を書き上げた，いわば工事の「決算書」に相当する。このような書き上げを作成している途中にもかかわらず，3日後には急場御普請の追加が決定するなど，堤防の普請は極めて複雑な指示系統のもとで行われていたことがわかる。また，これを換言するなら，いつ堤防が破損するような被害が発生するか予測が付かない中で，組合は費用系統の異なる複数の工事を同時並行で行っていたのであり，このような融通性によって柔軟に堤塘の維持補修に対応していたのである。同じことは7月23日の被害発生時においても確認できる。すなわち，このときは当初7月17日に自普請で行うことが指示されているが，7月23日の増水で堤防の大きな破損をみたため，東縁下組で協議がなされている。増水から3日後の26日に伺いを立てた結果，中枠[53]5組で補強する許可が出ていることから，御普請による修築に変更されたようである。ここにみられる東縁下組の場合は，先に見た池田村の事例のように露骨に金銭の話を持ち出してはいないが，天竜川が増水し水制工に深刻な被害が発生したことにより，村で費用負担する予定がいわゆる「銭」になる御普請に切り替わったという状況が見てとれるのである。

　浜部村の出役者は，当初は増水から堤防を防御する水防人夫として，天竜川が平水に戻った後は破損した堤塘を修築する工事人夫として，川附村からの指示があり次第，岡村の堤防に出動していた。浜部村から堤塘修築に出役した人物を集計してみると（表3-14），修築工事に参加した日数は，多い者で7日，

少ない者で1日であり，1日のみの参加という者が相当数にのぼる。出役日数の差について詳細は不明であるが，例えば1日のみ工事に参加した「周作」は，表3-12にあるように7月26日に川附村の惣代達と協議を行って書面を作成しており，浜部村を代表して工事についてのやりとりを交わした人物とみられる。このことから，工事への出役日数の多い者が，浜部村の人夫の中で中心的な役割を果たしたとは言い切れない。

　安政4年の天竜川下流域では，9月以降大きな増水に見舞われなかったらしく，その後に人夫を招集するような指示は出されていない。9月24日になると，おそらく出来形帳が完成したためであろう，御普請での人足賃と，自普請の各村が負担する割賦が決定し，東縁下組の村々が集合している。そして，翌安政5年（1858）3月1日に，安政4年分の御普請人足賃のうち，残りの分が渡され，普請に関する精算が全て終了した事が知られる。このように人足賃は工事終了後，冬から翌年の春にかけて数回に分割されて支払われた。水害の多くなる夏を中心に出役した分が，流域の住民にとっては農閑期に当たる時期に現金で渡されることとなり，工事から得られる経済的意味は大きかったと思われる。

　浜部村の事例から明らかとなったように，内郷村は，増水時の水防活動に際し川附村のみで対応しきれない状況になると，随時人夫や資材を提供する役割を持っていた。堤塘の修築工事である御普請への出役は，一部で現金収入が得られるが，内郷村の場合は浜部村の出役人夫にみられる出役日数などから，組合という共同体への労働力提供の意味合いが大きかった。一方川附村は，水防組合の取り決めからもわかるように村高100石当たり，内郷村の6倍の人夫を出役させることになっており，堤塘の修築から現金収入を得る機会が内郷村よりもはるかに高かったと考えられる。これは，自村内に堤防を有し，つねに破堤の危険と隣り合わせで生活している川附村からすれば当然のことであろう。水害のリスクが高いほど，幕府から捻出される経済的還元の恩恵に与れる構造となっており，このことによって，洪水被害による畑作物の不作時にも，天竜川下流域はその存立を可能にし得たのであった。

表 3-14　浜部村より岡村堤防工事に出役した人夫－安政 4 年（1857）－

人夫人名	7/29	8/1	8/6	8/8	8/12	8/13	8/14	9/11	9/12	9/14	9/15	9/17	9/18	出役回数（回）
孫十	○	○	○		○		○				○		○	7
与十	○	○				○					○		○	5
五郎七	○	○			○						○			4
丑之助	○	○	○											3
新六	○	○												2
徳蔵	○						○							2
源七	○									○				2
大八	○												○	2
周作	○													1
定六	○													1
庄吉	○													1
甚兵衛		○		○	○		○						○	5
孫太夫		○	○		○		○						○	5
丈右衛門		○			○		○				○		○	5
庄兵衛		○	○		○		○							4
与兵衛		○	○						○		○			4
孫蔵		○	○		○									3
定吉		○			○								○	3
豊ニ		○								○				2
太郎左衛門		○											○	2
平右衛門		○												1
徳三郎		○												1
藤七		○												1
定八		○												1
甚八				○	○									3
弥一				○										1
文蔵				○										1
孫吉				○										1
半蔵				○										1
六右衛門					○		○							3
孫七					○		○							2
甚太郎						○				○				2
喜兵衛						○								1
十吉						○								1
千助						○		○		○	○			4
藤八						○					○			2

表 3-14　浜部村より岡村堤防工事に出役した人夫－安政 4 年（1857）－（続き）

人夫人名	7/29	8/1	8/6	8/8	8/12	8/13	8/14	9/11	9/12	9/14	9/15	9/17	9/18	出役回数（回）
又右衛門				○					○		○			3
万右衛門				○					○		○			3
八郎兵衛				○										1
卯八					○									1
八蔵					○									1
市之丞									○		○			2
太吉									○					1
八兵衛										○				1
六郎右衛門										○				1
孫左衛門										○				1
孫太郎												○		1
藤之助												○		1
甚太郎												○		1
人数合計（人）	11	20	10	5	6	10	5	3	5	4	10	10	13	

(『磐田市史 資料編 5』「浜部村触書廻状」より作成)
注)「○」は出役を示す。
　　出役した人夫すべての人名ではないので，一部人数合計が一致しない部分がある。
　　出役日の早い者から，出役日数の多い順に示した。

第 5 節　水害頻発期における地域構造

　本章において明らかとなった天竜川下流域の水害頻発期の諸相について，ここでは小括を行うとともに，水害頻発期における地域構造がいかなるものであったのかを論じてみたい。地域構造を構成する各要素が，平時と水害時の両面でいかに対応していたのかを表したのが，表 3-15 である。

　天竜川下流域の沖積平野は，網状に広がる旧低水路と中州状の自然堤防からなる自然条件を有していた。それゆえ平野上の開発は，いずれの地点の自然堤防においてもおおよそ同じような過程を経て進行し，結果として自然堤防を一つの単位とした社会経済活動の展開をみた。すなわちそれは自然堤防上に立地する集落，畑地と，旧低水路の水田を基本とする農業的土地利用であった。このうち，洪水流が侵入しやすい旧低水路の水田は常に水害の危険があるため，

表 3-15 水害頻発期における天竜川下流域の地域構造

地域構造構成因子		天竜川下流域の状況			
		平時	増水時	洪水流の侵入	水害後
自然条件	自然堤防	土地利用（居住地, 畑地, 荒地）	—	最後に浸水し, 最初に減水, 浸水の際は土砂の流入	土地条件の良い「上畑」から土砂の除去
	旧低水路	土地利用（水田, 荒地）	遊水地化	浸水と土砂の流入	消極的な土砂の除去
領主関係	一定期間の年貢免除・減免	年貢免除・減免期間の短い荒地から復旧	—	—	年貢免除・減免地の再設定
土地利用・農業生産	水田（稲作）	年貢・自給・その他	遊水地化	浸水と土砂の流入	収穫減
	畑・冬作（麦類）	自給・その他	夏作期	夏作期	土砂の除去後に作付可能
	畑・夏作（雑穀・豆類など）	自給・その他	—	洪水流の水位によって被害に増減あり	収穫減
	畑・夏作（綿）	相良, 清水などを経て全国へ	—		収穫減
	畑・夏作（蔬菜）	浜松城下への販売・自給・その他	—		収穫減
水防組合	天竜川本堤の防御	春・秋に定期の維持・補修工事	水防活動	水防活動・応急工事	堤防・水制工, 決壊・破損個所の復旧工事
	人員と資材の提供	御普請	自普請	自普請（ただし, 応急工事は御普請に変わる可能性あり）	御普請
	出役人夫（内郷村）	出役	出役	出役	出役

農業生産は自然堤防上の畑の利用が重要な意味を持つようになった。畑地では，冬作の麦と夏作の雑穀や豆類，綿や蔬菜といった商品作物が輪作体系に組み込まれて栽培された。平時には蔬菜が浜松城下などに販売され，綿は全国的な需要を満たす流通の中に位置づけられることとなった。一方で冬作物である麦は，水害がほとんど発生しない冬季を中心に栽培される。それゆえ，水害を

前提にした農業的土地利用，集約度の高さを端的に示す重要作物が夏作の綿なのであり，その順調な生育こそが下流域住民にとって最も重要な農業での存立基盤だったのである。しかし，自然堤防にまで洪水流が侵入した場合には，これら商品作物栽培にも被害が及ぶこととなり，水害後には土地生産性の高い上畑から復旧作業が開始されるとはいえ，その年の畑作物の収穫量は減少することになった。同様に旧低水路の水田は，増水の度合いによっては遊水地的利用がなされ，しかも洪水流が侵入すると比高の高い畑よりも土砂の流入量が多くなるため，復旧の進展は軒並み低調であった。また荒地の消長は，設定された年貢減免の期間という，為政者側との関係によって生じた社会的な条件によっても大きく左右されており，この荒地の一部が数年後の島畑へと転換し，独特の景観が絶えず維持された。

　一方，下流域で組織された水防組合の活動は，まず平時にあっても増水期の前後に幕府や藩が費用を負担する御普請による定期的な堤防の維持・補修工事が行われていたことが注目される。そして増水時には堤防を防御する水防活動が行われ，増水の状況によって臨時に追加される応急的な堤防の補修工事とも合わせて，これらは人員，資材の費用を組合内から徴収する自普請によってまかなわれていた。天竜川が平水に戻ると，堤防や水制工の決壊，破損個所の復旧工事が再び御普請によって行われた。このように，水害と対峙する最前線として位置づけられる堤防と水制工の維持には，断続的な幕府の費用負担を背景としていた。天竜川下流域の本堤は，土木技術が未熟で堤防が脆弱であった時代においては幾度も決壊，破損を繰り返し，その度に復旧工事が行われた。しかし，その工事自体が，水防組合を通じて下流域の住民に，経済的還元を保障するものであったのである。

　このように，天竜川下流域に存在する個々の自然堤防上では，水害を前提とした景観的特徴を有する集落立地と土地利用が存在した。一方で，洪水の起きなかった「平時」においては，農業生産性の高さを最大限に発揮できる条件にあったが，水害の多かった時代には，収穫そのものが不安定要因を伴うものでもあった。しかも，被災がなく平時が続いた年であっても，下流域の村々はそれ以前に発生した水害による土砂流入により，起返を必要とする農地を常に大

量に抱えており，設定された年貢減免期までにそれらの復旧を試みる必要も生じていた。そこで必要とされたのが水防組合なのであり，川附村，内郷村によって提供する人員，資材の賦課率に違いがあったとはいえ，堤防や水制工の維持・補修工事を通じて，住民に現金収入をもたらす機会となっていたのである。

しかも，同一の自然条件のもと，農業を中心とした生業活動を行なう下流域平野では，集落の範囲を越えて住民にほぼ共通の生活サイクルをもたらすこととなった。それゆえ，多くの人手を必要とする農地の起返と，堤防での水防活動や土木作業も，地域の統一された意志として住民の生活サイクルの中に組み込まれ，それが強固に結びつくことによって地域の存立基盤を形成していたといえる。

注

1) 浜北市（1990a），854頁によると，上善地村と八幡村との間で安永7年（1778）に発生した境界論争において，八幡村が芝間の利用を主張している根拠として，慶安年中に「小天龍」を締め切り，その時に通水がなくなった河原を自村が開拓したのが最初であったとしている。そして，この時の締切工事を「彦助築留」と記している。
2) 浜松市役所編（1957），160頁，「旅籠町平右衛門記録」には，
先年ヨリ大風並雨天竜川満水仕候覚当御城主高刀摂津守様御代
一，寛永拾三丙子牛両天満水仕彦助堤之内油一色と申所切ル　大分水押入下川之住々難儀仕候由　とある。寛永13年は1636年。
3) 浜北市編（1989），208-212頁，「彦助堤御普請覚書」による。
4)「浜松御領分絵図」，青山家旧蔵で，現在浜松市博物館において保存・公開されている。
5) 延宝6年～元禄15年（1678～1702）の浜松藩主。因幡守宗俊，和泉守忠雄，下野守忠重の3代25年に渡り藩主を務める。この間5万石。
浜松市博物館編（1998）：『川と生活－水防と利水の歴史』浜松市博物館
6) 詳しくは上田弘一郎（1955）：『水害防備林』産業図書，を参照されたい。
7)「遠州国風土記伝」の長上郡道本村の項に天平堤に関する記述があり，「北は道本に起り，南は有玉の広瀬村に尽く」とある。
8) 浜北市編（1992），547-548頁，「本沢村不役之儀」による。
9) 前掲8），535-536頁，「済口証文之事」による。
10) 前掲8）と同資料による。
11) 浜北市編（1990b），550-552頁，「乍恐書付以奉願上候」による。
12) 大橋正隆家所蔵。現在は浜松市立博物館にて委託展示されている。
13) 磐田市史シリーズ『天竜川流域の暮らしと文化』編纂委員会（1989），508-520頁，によると，天保3年（1832）完成，総延長は1.8km，幅は約33mとある。

14) 浜松市国吉高橋家控帳のうち「元禄十四巳二月田畑砂取六ヶ村」による。
15) 平凡社地方資料センター編（2000），1223頁，によると，宿村大概帳には往還の長さ10町で，そのうち6町余に家居があるとしている。
16) 川井伊平家所蔵文書「天保五年荒地書上帳」による。
17) 川井伊平家所蔵文書「天保三年遠州豊田郡宮本村指出帳」による。
18) 川井伊平家所蔵文書「享保六年遠州豊田郡反別川成書上帳」による。
19) 松本自治会所蔵文書「松本村荒地絵図面」。
20) 匂坂中之郷区共有文書「中之郷村内荒地砂寄土地絵図面」による。なお，この絵図は洪水から4年後の天保9年（1838）6月に作成されたものである。洪水からある程度の期間を経たものであるため，被害状況等を把握する資料として緊急に作成されたものではなく，その時の村側の控えを写し直したものか，当時の被害個所を確認する意味で再度作成された絵図であると思われる。
21) 匂坂中之郷区共有文書「改正字引絵図匂坂中之郷村」のうち，「字遠矢待」部分。
22) 豊田町誌編さん委員会編（1994），254-320頁。匂坂恒治家所蔵文書「匂坂中之郷村年貢小割帳」。
23) 国史大辞典編集委員会（1983），979頁，によると，新田畑の開発中に一定期間の年貢・諸役を免除することを指す。
24) 国史大辞典編集委員会（1990），854-855頁，によると，この場合「引」は，農地のうち損亡の対象となり，減租される分のことをいう。
25) 稲垣久永家所蔵文書「御荒地取調書上帳」（弘化2年3月）による。
26) 土地所有の確認や名寄帳などの作成の際，村内でのみ通用する便宜的な地番が付けられている。筆者はかつて，平野の海岸部に位置する浜部村においてもこの地番の存在を確認している。それゆえ，天竜川下流域においては広く地番による土地管理を行う慣習が存在していたと思われる。
27) この年に改元があり，弘化元年となる。
28) 匂坂恒治家所蔵文書「田方荒地並本畑荒地調査」（嘉永5年12月），前掲23），171-174頁，による。
29) 前掲3），334-337頁，「正徳三年本沢村差出帳」による。
30) 前掲3），355-357頁，「享保二年内野小島村畑作明細書」による。
31) 前掲3），337-342頁，「中条村明細帳」による。
32) 前掲17）。
33) 前掲3），361-363頁，「高薗村明治七年産物取調書上帳」による。
34) 浜名郡編（1926），381-384頁，「東木戸青物市場沿革」による。
35) 前掲1），902頁，「元和元年貴平村年貢割付関連」による。
36) 岡光夫（1977），412-431頁，による。なお「綿圃要務」の作者は大蔵永常，天保4年（1833）に発表。
37) 前掲36），1009-1010頁。
38) 前掲1），1004頁。

39) 元禄13年の「指上申証文之事」に,「正保時代之御国絵図ニハ当村之儀小郷ニ而御座候ニ付木船新田村と一書ニ仕差上申候然共両村共古来ヨリ別村ニ而御座候今度村切ニ郷高書付差上申候」とある.
40) 現JR清水駅の北から,巴川に架かる稚児橋周辺まで,江戸時代の江尻宿の中心地.清水湊はそれよりもさらに南の,巴川河口付近一体をさすが,明治以降港の発展と共に,三保湾一体にまで港湾機能が拡大した.江尻町と清水町は,周辺村を含めて大正13年(1924)に合併,清水市となる.
41) 江戸時代における堤防・護岸・水制を表す「川除」に相当する明治期の用語.明治29年(1896)制定の旧河川法には正式な用語としては記載されていないが,水防活動や河川の土木工事の実務を担当していた静岡県や水防組合の文書類には頻繁に使用されているため,本稿においても採用した.また,混乱を避けるため本稿では江戸時代の堤防・水制工の総称としてもこの語を用いることとした.
42) 江戸幕府八代将軍徳川吉宗の時代に主流となった,紀州出身の井沢弥惣兵衛為永(やそべえためなが)を祖とする治水方法.それまでの関東流と異なり,乗越提や霞提を取り払い,それまで蛇行していた河川を強固な堤防や水制工で固定し,連続提によって直線化した.その結果,それまでの遊水地を新田開発することが可能となった.
43) 普請に必要な費用を,その河川流域を含む一国全体に賦課する方法.天竜川下流域の場合は,遠江国が賦課対象に相当する.
44) 天竜川では天保15年(1844)以降,国役普請での御普請は行われないことが幕府により決定されたが,そのほかの御普請は継続された.
45) 池田村は東海道の天竜川渡河地点であり,その任に当たる渡方は常に渡船に従事したが,その代わり諸年貢が免除されていた.そのことを示す,天正元年11月11日付の「家康判物」が残されている.
46) 前掲22),412-414頁,「渡方江地方ヨリ相掛り候天竜川通御急御普請所之儀ニ付出入吟味書物」による.
47) 天保水防組は,正確には右岸の天竜川東側通御料私領水防組合,左岸の天竜川西側通御料私領内郷水防組合,輪中の鶴見水防組合,掛塚水防組合という4つの組合から構成されていた.
48) 天竜川東縁水防組合編(1938),29-33頁.
49) 磐田市史編さん委員会編(1991),571頁,「差上申御請書之事」による.
50) 前掲48),29-33頁.
51) 磐田市史編さん委員会編(1996),585-608頁,「安政四丁巳正月二日より御触書書留控帳」による.この史料は村の御用留であるため,廻状により触れられた内容は土木工事のみに限らない.
52) 前掲49),116-119頁.
53) 堤防の洗掘を防ぎ基礎部分を補強するために用いられる水制工の一種.木材を枡形に組み,その中に石を詰めて補強する.

第4章

河川改修工事と天竜川下流域への影響

第1節　内務省直轄河川改修工事

(1) 明治初期における政府の河川政策

　明治維新後，新政府は河川行政を統括する機能を持つ最初の役所として，明治元年（1868）1月に治河使を設置する（表4-1）。この後，河川行政は，民部官土木司から民部省土木司へ，そして民部省廃止後は工部省から大蔵省へと，2年の間に変転統合を繰り返し，明治7年（1873）に内務省の担当となる。同時期には地租改正が開始されており，新たな税制基盤を背景とした土木工事に関する法令として，明治6年（1872），大蔵省から「河港道路修築規則[1]」が公布される。これは，明治維新の混乱期が終わり，ようやく河川を中・長期的に概観し，その政策立案や計画の策定，あるいは，それを実行する予算の裏づけが一応機能するようになったことを意味している。この規則は明治9年（1876）に廃止されるが，明治初期の治水行政の基本となっただけでなく，その後，明治29年（1896）に河川法が制定されるまでは，事実上この規則にのっとって河川行政の根幹は機能していた。「河港道路修築規則」では，河川・港湾・道路を，それぞれ一等から三等までの等級に類別し，その管理者や経費の費用区分を定めていた。このうち河川については，長距離を流れ，利害が複数の府県に及ぶものを「一等河」とした。そして，工事費用の支出母体が，幕府・藩，流域住民による混在した状況であったものを，官費6割，民費4割と明確に区分した。治水対策は，政府直轄工事を原則としたが，その目的は舟運優先の低水工事[2]とされた。一方「二等河」は，その費用負担は一等河と同様に設定されたが，官費は地方官（府県）が支出するものとし，国が関与することはなかった。「三等河」には市街地や村が複数利害関係を持つ小河川と用排水路が該当し，

表 4-1 明治初期における政府の河川管轄官庁の変遷

年・月		治水行政の管轄	関連法令	民間での動き
明治元年 (1868)		治河使		流域の総代として「治河掛」を置く
明治2年 (1869)			治河使（国）の管轄と，堤防の維持・工事は県という分離明記	
	6月	民部官　土木司設置		
	7月	治河使廃止，民部省土木司に統合		
	7月		民部省規則　府県奉職規則	
明治4年 (1871)	2月	民部省土木司に検査掛設置		
			治水条目九ヶ条…堤防取締役をもより郷村から抜擢	堤防取締役の選出
	4月	民部省廃止　工部省土木司		
	8月	工部省土木寮に改称		
	10月	大蔵省に移管，土木寮は営繕寮と併合		
	11月		県治条例制定	
	12月		県治条例廃止　8ヶ条の規則に	
	12月		太政官布告	大阪府堤防会社組織
明治6年 (1873)	8月		大蔵省　河港道路修繕規則制定	
明治7年 (1874)	1月	内務省に移管　内務省土木寮		

(『国土づくりの礎』より作成)

多くは郡の範囲内にその規模が収まるものであった。三等河も府県が費用を負担したが，この費用は，その利害を有する流域住民に課されることとなった。すなわち，三等河は治水計画の策定や工事は府県が主導するものの，その費用負担に関してはこれまでの「自普請」の構造と何ら変わるところがなかった。

この後，政府は明治8年（1875）年の地方官会議において，より具体的な規定を持つ「堤防法案」について審議を行った。この法案の要点は，以下の点に

集約される（松浦 1994）。第 1 は，河港道路修築規則にある等級分類の矛盾点の解消であった。具体的には，同一水系内の本支流が一等，二等などと別々に区分され，統一の取れた治水策が困難であった状況を解消すること，第 2 にそれらを解決する手段として，「預防ノ工[3]」，「防禦ノ工[4]」という 2 つの対策を設定したことである。これらは，いずれも地方庁に賦課されるとしたが「預防ノ工」は内務省にも賦課でき，「防禦ノ工」は国庫の補助が可能とされた。これにより，ようやく国と府県の河川管理とその費用負担方法が明示されたのである。

ところでこの堤防法案は，地方官会議において議論がなされたものの，「案」という名称からもわかるように，成立，施行には到らなかった。これは法令整備は進んだものの，地租改正による歳入の現状が見合っておらず，「総花的」な国の財政支援が不可能であることが明確となってきたことが推察される。一方で政策実行の財源となる財政制度に目を転じると，明治 11 年（1878）年に「地方税規則」が太政官から布告された。この法令では，河港道路堤防橋梁建築修繕費は地方税による支弁とされ[5]，翌年には国庫の補助が認められる。これは堤防法案における，地方庁の負担が困難な場合には国が補助をするという内容に共通するものであり，廃案の趣旨の一部が別の法令となって体現されたことがわかる。それゆえ明治初年から 10 年代にかけての国の河川事業は，後述する内務省直轄の河川改修工事に最大限の努力が払われたのみであり，しかもこれは全国の中でも 14 河川に限定されたものであった。

その後明治 29 年（1896）に河川法が制定され，ようやく河川管理と治水工事における主体の区分と，その費用負担方法が確立することとなった。河川法では，一定の条件を満たす場合，内務省による直轄工事を施行することが明記された[6]。これにより，堤防補強を中心としたいわゆる「高水工事」に，国が主体となることに法的根拠を与えることとなったのである。

（2）天竜川における直轄工事の概要

a．工事の基本方針

明治政府は，1872（明治 5）年にオランダから技術者達を招聘し，以後明治

20年（1887）頃まで国内の河川事業について彼等に指導を受けることとなる。国の治水事業は明治7年（1874）に淀川で初めて着工され，その後，淀川を含めた14河川に拡大される（図4-1）。これら河川の工事では，いずれも低水工事による河川改修を採用していたが，この工法による洪水の軽減には限界があった。しかも土砂の供給量が多い急流河川では，低水工事そのものが河川の自然条件にそぐわない場合も存在した。本節ではその具体例として天竜川を取り上げ，内務省直轄第1次工事の内容を検討していく。

　明治17年（1884）に開始された天竜川での内務省直轄第1次工事の概要は，『天竜川流域調査書[7]』（建設省中部地方建設局1989，以下『調査書』と記述）の中で言及されている。天竜川では着工の2年前，明治15年（1882）年7月から量水標の増設と河川の測量が行われた。二俣町以南の下流域平野に関する詳細な測量は明治17年に終了し，治水計画とその設計図が内務省四等技師，沖野忠雄によって作成された。しかし天竜川では，治水上最も危険と判断された上野部（左岸北部），永島・八幡・一色・中野町（右岸中央部）などの，平野北部から中央部にかけての地点において，設計図の完成を待たずに前倒しで工事が開始された（図4-2）。『調査書』によると下流域の工事は，「二俣町以下掛塚村ニ至ル迄ノ間ハ被害最多キ彊域タルヲ以テ水害防御ヲ主トシ，傍ラ舟路ノ改良ヲ謀リ，護岸工及水衝強キ個所ヘ水制工ヲ設クル」こととし，第一義的な目的を水害防御，副次的に船路を改良するとしている。しかしながら，工費の国庫補助は，「水制其他護岸工事ノ内犬走及沈床」に限られ，「堤防ハ地方ノ負担」となった。工事予算は総額61万6,906円とされ，当初は明治18年〜26年（1885〜1893）まで9年間の継続事業とされた。このうち国庫からは45万9,705円，静岡県からは15万7,201円が支出されることとなった。両者の支出額の比較からも明らかなように，国が河道と河床の改修に限定して支出する額と，堤防補強用の県の予算とでは，金額に大きな開きが存在している。計画では水害防御を目的と謳ってはいるものの，それに最も効果的な堤防の改修は国が管轄するものではなく，県の予算規模では，水害を完全に除去できるような堤防を構築することは到底不可能であった。

　なお，天竜川では，明治末期から再び国直轄による河川改修が開始される[8]。

第4章 河川改修工事と天竜川下流域への影響 139

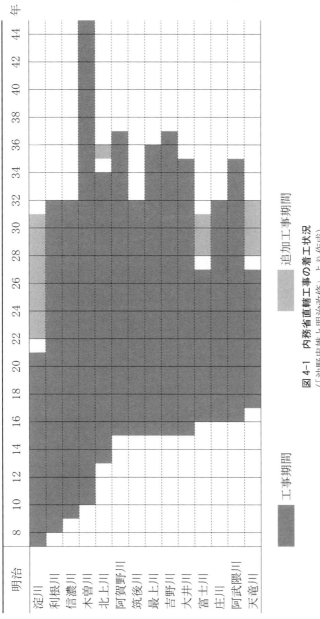

図 4-1 内務省直轄工事の着工状況
（「沖野忠雄と明治改修」より作成）

番号	区間	工事種類	着工年月	竣工年月	期間
1	永島・八幡	制水・護岸	18.6	27.3	8年9ヶ月
2	上野部	制水・護岸	18.11	27.2	8年9ヶ月
3	一色・中野町	制水・護岸	19.5	27.3	7年10ヶ月
4	七蔵新田・池田	制水・護岸	20.4	26.9	6年5ヶ月
5	倉中瀬・末島	制水・護岸	20.4	27.3	6年11ヶ月
6	森本・仁兵衛新田	制水・護岸	20.11	27.3	6年4ヶ月
7	東大塚・掛塚	制水・護岸	21.6	26.3	4年9ヶ月
8	寺谷	制水・護岸	22.5	27.3	4年10ヶ月
9	一貫地・三家・松ノ木島	制水・護岸	23.3	27.3	4年
10	中瀬	制水・護岸	23.3	27.4	4年1ヶ月
11	西大塚・老間	制水・護岸	23.5	27.3	3年10ヶ月
12	中瀬	護岸	26.4	27.3	11ヶ月
13	半場	床固工	26.4	27.9	1年5ヶ月
14	時又・鹿島	危岩破砕	23.12	27.9	3年3ヶ月
追1	一貫地	制水・護岸	30.4	31.8	1年4ヶ月
追2	末島・常光	制水・護岸	30.6	31.5	11ヶ月
追3	池田	制水・護岸	30.8	31.8	1年
追4	富田・一色	制水・護岸	32.1	32.1	1年11ヶ月
追5	高薗	制水・護岸	31.8	32.1	5ヶ月
追6	森本	制水・護岸	31.8	32.2	6ヶ月

図 4-2　天竜川における第一次改修の施工状況
(『天竜川－治水と利水－』より作成)
注) 図の数字は，表の数字に対応する。
　　番号の「追」は，追加工事を示す。
　　着工年，竣工年は，明治を示す。

これらは混同を避けるため,一般的に明治17年着工の方を「第一次改修」,明治末期着工の方を「第二次改修」と呼んで区別している。本稿もこの名称に倣って論述を行うこととする。

　第一次改修の概要によると,工事に使用された材料は,木材,石材や,土,芝生などであった。木材はすべて中流域の山々から伐採され,その総数は,粗朶用に長さ2mに規格が統一された丸太で389万束が使用されたと記録されている[9]。石材は,18万2,300m³の石が使用され,そのほとんどは支流を含めた上・中流部の河床から運ばれた。石は工事の後半期になると不足が生じ,一時期は上流部の山から切り出す計画も練られたが,天竜川の全川にわたる増水があった際に偶然にも大量の玉石が露出したため供給が間に合ったという[10]。また,大がかりな水中作業は舟の上から行われた。工事に使用された舟は長さ12.6m,幅2.7m程のもので,一回の作業では4艘以上が並んで一斉に行った。この他に長さ9m,幅1.5mほどの小舟があり,主に工事資材の運搬に用いられた。

　天竜川改修における計画の趣意書によると,工事の進行は,上流から下流,もしくは下流から上流というような方法を採らず,その年の流路状態から最も工事が必要と思われる場所を設定し,その区間から優先的に施工することが指示されている[11]。また,流路を安定させる工事も,攻撃斜面や水勢の強い場所を直接施工することは技術的にも費用的にも困難であるため,必ずその上流側に工作物等を搬入し,徐々に水あたりを変えていくことが示されている。そして,工事区域と,それに関する工事費も柔軟に設定されており,仮に工事中に他の場所で破堤災害などが起きた際には,施工区間外であってもただちに資材や費用の振り替えを行い,被災区間の復旧工事に当ててもよいとされている。これは,淀川や利根川といった,先に着工されていた河川での経験が生かされているものと思われる。

　第一次改修が行われた場所(工区)と,その着工された日付や工期を再び図4-2より見ると,最初に着工されたのは明治18年(1885)6月で,右岸の永島・八幡の堤防であった。この区間は,同年4月の天竜川洪水で破堤が発生していた場所でもあった。明治20年(1887)までに順次着工された区間は,いずれ

も第2章において確認した，江戸時代以来の水害が多発する「急所」を含んでいたことがわかる。例えば，2番目に着工された上野部工区は，この区間の南で，浜松御領分絵図で見た磐田原台地麓へ向かう本流部分の分岐点が存在していた。3番目，4番目の一色・中ノ町と，七蔵新田・池田はともに向かい合う対岸に位置しており，中世の本流である七蔵新田方面への旧低水路と，本流に突き出した池田集落の微高地が形成する狭窄部の存在，そして，それらを江戸時代中期以降，連続堤防で防御していたという，複合的に治水秩序の利害関係が入り組んでいた地点であった。

b．工事の終了と追加工事

　護岸と川道安定の水制工事が最後に着工された区間は，西大塚・老間の鶴見輪中を挟んだ天竜川西派川の一角であり，明治23年(1890)5月から開始された。また，それぞれの区間の竣工年月を見てみると，最も早く竣工したのは7番の東大塚・掛塚間で，掛塚輪中の西側，天竜川本川の左岸堤防であった。その3ヵ月後に七蔵新田・池田間が竣工するが，その他の区間は軒並み明治27年（1894）3月，すなわち，9年継続事業の最後にあたる明治26年度末まで工事を行っている。また，10番の中瀬や13番半場では，年度末を越えても工事が終了していない区間も見受けられる。これは，工事資材の調達が滞り，計画通りに終了することが出来なかったことが影響していた。

　つぎに示す史料は，第一次改修工事が終了した翌年にあたる明治28年(1895)に，西縁水防組合で追加予算の支出を行う際に，それがなぜ必要なのかを示した組合会議資料である。これには，以下のように書かれている。

　第三号

　天竜川西縁堤防ノ内豊西村大字末島其他改修堤築造ニ付キ国庫及地方税金額ヲ以テ支出スル予算ヲ告ケ予期ノ工事施行スルヲ得サルニ付キ潰地ニ関スル土地ノ寄付ヲ勧誘セントス，依テ其委員二名ヲ選挙シ其旅費日当ハ水防委員長ノ例ニヨルト雖モ別ニ手当トシテ一日金五拾銭ヲ支給ス

(「天竜川西縁水防組合明治三十年一月二十七日決議書」[12])

　すなわち，豊西村の末島では，第一次改修が最終的に予算不足となり，計画通りの工事が出来ぬまま未完で終わってしまったのである。おそらく予定では川幅の拡幅を図り，新たな堤防を従来の堤内地側に築くための潰地が選定され，その所有者への保障代についても当初は国や県が支払う予定で工事を進めていたのであろう。しかし，計画通り進まずに新堤防の築造が中断されてしまった。困った水防組合は，その土地を寄付してもらうことで決着を図ることにし，その交渉役となる水防委員を選挙で選ぶことになったのである。

　第一次改修は，このように一部には未完の部分が存在していた。しかも，改修工事中に複数回にわたり天竜川の増水を受けたため，そのような場所の応急工事を優先し，本来の施工区間における洪水対策の効果に疑問が残る部分も存在した。

　工事区域の位置を図示した図4-2に再び注目すると，第一次改修の工事区間は明治30，31年（1897，98）に行われた追加工事を含めても，主として平野中央部に集中していたことがわかる。一方，南部の輪中地帯では，西派川が，左岸の西大塚・老間（図中11）のみであり，本川も左岸の東大塚・掛塚間（図中7）の施工で終了している。また，東派川は第一次改修では工事が一切行われていない。なお，掛塚輪中については，後に検討する。北部や南部において工事個所が少ないのは，この区間での大規模な河川改修が幅の狭い輪中間の分流路を広げる工事，すなわち，大規模に集落や農地を削って河川を拡幅することを意味するからである。第一次改修では，大規模な集落移転や，農地買収を予期した予算が策定されておらず，結果的に南部では，既存の堤防を補強する程度の，いわば「対症療法」による改良しかできなかった事が影響しているのである。

c．下流域南部での工事とその限界

　南部の鶴見輪中西側を流れる西派川は，当初の計画では次のように改修することとなっていた。再び，『天竜川流域調査書』より引用してみる。

此所より以下本川は三派に分流し西派は金折村にて両岸囲堤の間即幅 80 間ありと雖全く流水面の幅は 4～50 間に過ぎず，此派川を締切るが為め半場村と鶴見村の間に長 200 間の新堤を築設し，又中流の幅を広め大塚村の地先に於て幅 100 間を切取り新に堤塘 230 間を建築す，此新堤は洪水の時に際し水衝場の突激を防ぐ為め護岸工を施し頭部沈床は各長 60 間とす鶴見村の東より老間村の南に至る間は護岸に水衝強き局所は水制を作り頭部沈床を設け十郎島飛地は出水毎に堤防流出する所なるを以て地所を買上げ堤防を再築するを禁じたり而して十郎島の旧堤及地所流亡し盡すと雖西派に溢れたる流水の水衝を防ぐ為め芋瀬村地先より弥助新田地先に至るの間護岸沈床水制頭部沈床等を作り，弥助新田地先より南には 600 間の沈床を作り低水を防ぎ上層石張を為し流水の方向を定め河口に於ては航路の変更を防ぐものとす

　当初の計画では半場・鶴見村間に，長さ 200 間の西派川締切堤防を作る予定であったことがわかる。しかし堤防工事の支出は，元来予算額の少ない県の担当であったため，工事を行うことが出来なかったのである。また，輪中地帯では，河口部に存在する掛塚が，天竜川を流れ下ってきた材木を中心とする物資の積み出し港として未だに機能していたことも影響し，治水を優先した河川改修が行えなかったことも予想される。ここにも，舟運路に配慮して治水一辺倒の河川管理を行わないという，この当時の政策が反映しているのである。

　南部での不十分な河川改修は，流域の住民も認識していた。以下の史料は，『十束村誌[13]』に記された，左岸に位置するこの村での，明治 44 年（1911）水害に関する被害状況である。この水害については次章に述べるので，ここではその一部を検討するに留める。史料では，左岸各地での浸水状況が書かれた後，十束村付近の自然条件に触れ，次のような記述がみられる。

第 4 章　河川改修工事と天竜川下流域への影響　145

而して天竜川鉄橋以南に於ける所謂三川に分流し川幅之れを併すときは 800 余間なるにも不拘末流掛塚町地内の川幅東西両川を併するも 500 間以内に過ぎず。

是即ち下流を括りて上部を解放すると均しり。満水に際しては森本以南十束袖浦は恰も袋の形となり其の危険の虞れあること地形の然をしむる所なり，故に掛塚町に於ける上流より下流に至る川幅を改修し併せて加工を浚渫するに非らざれば洪水の危険を免るることを得ざるなり。故に鉄橋以南を直線に改修すると同時に東西の分流を締切，川幅を拡張するときは流身の方向一定し土砂堆積を浚渫せしむると共に掛塚港湾頭河口排除を充分ならしむることを得べし

　第一次改修からは 20 年以上が経過しており，すでに河道の様子に変化が生じている可能性を考慮に入れる必要がある。しかし，この記述からは，十束村が所在する天竜川下流域南部での，地形条件に起因する水害の危険性が指摘されており，これはどの年代にも共通したものであったことがわかる。具体的には，東海道本線の天竜川鉄橋付近では，天竜川の川幅は 800 間であるが，掛塚付近では天竜川東派川，本川，西派川の三本を合わせても 500 間しかない。これは，上流部が広く開いているのに下流部で狭い，いわゆる狭窄部を意味しており，しかも森本・十束・袖浦と続く，天竜川東派川の左岸一帯が地形的に攻撃斜面に位置するため，最も危険であると認識されている。その解決策として，掛塚町付近の川幅を広げ，河口を浚渫して排水を良好にすること，すなわち，東海道本線鉄橋以南の天竜川を直線的に改修し，東西の分流を締切り，本川の川幅を拡張することを主張している。この計画は，天竜川第二次改修においてようやく実現するのであるが，水害の根本的な除去は，分流の締切と本川の拡幅がなければ達成出来ないことを，すでに住民も認識していたのであった。

（3）工事の内容から見た直轄工事の特徴－掛塚輪中を事例として－

　掛塚やその周辺は，先述したように第一次改修では「狭窄部」が解消されず残存した区間であり，この地点の工事を見ることにより，それら治水計画と施工の矛盾が鮮明となる。また，平野北部や中央部の工事区間は先に着工されているものの，災害復旧の優先や，増水被害を受けた後の突発的な計画変更が度々発生するため，当初からの工事の全容を明確にするのが難しい。それに比べ，掛塚付近は短期集中型とでもいえる工事期間設定となっており，特定の工区における工事の性格を検討するには適当であると考えられる。

　はじめに一覧表のうち（表4-2），明治23年（1890）に行われた工事の，工事種目や区間の地名に注目しつつ，その特徴を見ていくこととする。本表により，工事内容を示す工事種目と，その距離及び区間が判明する。堤防本体もその位置や部分によって種目別に分類されており，「堤」は川の流れに面した側を，「堤裏小段」は反対側，すなわち堤内地側に設けられたのり面の水平部分[14]を表している。また，「上置」とは堤防のかさ上げ工事のことである。それゆえ，「堤上置」，「堤裏小段上置」とある場合，前者は堤防そのもののかさ上げを意味し，後者は堤内地側の，のり面をかさ上げしていることとなる。そして，「上置」の文字が付かない，たとえば「堤防裏小段」とだけ書かれているものは，のり面の突き固めのような補強工事や芝の張替えなど，特に堤防の高さや幅を変えない工事が行われていると考えられる。それゆえ，例えば「川袋天王西」では，46間の長さに渡って「堤裏小段」の補強が行われ，同じ長さの分，おそらくは堤防直下に存在していた用水路などの「掘合埋立」が行われた。これは，堤内地側の堤防が増強されるのに伴い，下を並行して流れる用水路などの位置も変更が必要となり，その付け替え工事を示しているのではないかと考えられる。また，「西堀善八西」では，堤裏小段の補強工事が15間行われ，さらに堤防のかさ上げ「堤上置」が49間の長さに渡って施工されていた。

　一方，堤防以外の工事では，「下築」や「下築杭埋立」，「水中埋立」などが注目される。これらは，堤防が洗掘されないように基礎部分を固めたり，河道を安定させるための「河川敷」を造る工事であった。この他工事種目には「出元」，「出先」，「出下」などが見られ，これらは「出し」，すなわち，堤防から

表 4-2 天竜川第一次改修における掛塚付近の施工状況
－明治 23 年～ 27 年（1890 ～ 1894）－

年次	工事種目	工事延長	施工区間
明治 23 年 (1890)	堤裏小段上置	12 間 3 尺	本町十郎島境～鈴木重郎屋敷
	堤上置	61 間	川袋山田民次郎東～小笠原松吉屋敷
	堤上置	20 間 2 尺 4 寸	川袋松林寺西
	堤上置	90 間	川袋小笠原松吉屋敷境～天王前
	堤裏小段	46 間	川袋天王西
	堀合埋立	46 間	川袋天王西
	堤裏小段	15 間	西堀善八西
	堤上置	49 間	西堀善八西
	堤裏小段	80 間	西堀新次郎門～圦樋南
	堤裏小段上置	50 間 3 尺	西堀雄照寺西裏
	堤裏小段上置	49 間 3 尺	東大塚
	堤裏小段	42 間 3 尺	西堀神谷長四郎東
	堤裏小段	58 間	西堀神谷長四郎東より下
	堤裏小段	100 間	敷地 17 番出～ 22 番出
	堤裏小段	58 間	敷地諸色小屋～板屋河岸
	堤裏小段	52 間	敷地 29 番出～ 31 番出
	堤裏小段	24 間	敷地 34 番出～ 35 番出
	堤上置及び下築	26 間	敷地 35 番出～ 36 番出
	堤上置	41 間	敷地 36 番出～ 37 番出
	堤上置及び下築	50 間	江口 37 番出～渡船場
	堤上置	7 間	江口宮東より下
	堤上置及び下築	61 間	江口宮東より下同所続き下
	堤裏小段	58 間	江口大石五平屋敷前
	堤裏小段下築杭埋立	11 間 3 尺	江口大石五平屋敷前
	堤上置	181 間	江口大石五平屋敷前
	堤上置	121 間	東町造船所～糀屋宅地
	堤上置及び下築	28 間	東町造船所～糀屋宅地続き下
	堤上置及び下築	203 間	糀屋宅地続き下～川普請所
	堤上置	59 間	川普請場境より下
	堤上置	152 間 3 分	川普請場境より下続き下
	堤裏小段	115 間	川普請場境より下続き下
	水中埋立	**7 間**	**川普請場境より下続き下**
	堤上置	48 間	前新田水門
	堤下築	48 間	前新田水門
	堤裏小段	64 間	前新田水門続き下
	水中埋立	**6 間**	**前新田水門続き下**

表 4-2　天竜川第一次改修における掛塚付近の施工状況
　　　　－明治 23 年～27 年（1890～1894）－（続き）

年次	工事種目	工事延長	施工区間
	堤裏小段	16 間	前新田 25 番出上
	出元上置	18 間	十郎島 1 番出
	出元上置	18 間 8 分	十郎島 4 番出
	出元出先	23 間	砂町 9 番出
	出下築	8 間 5 分	砂町 9 番出
	出先・出先下築	11 間	中町回漕店西出
	出先上置	38 間 3 尺	中町回漕店西出
明治 24 年 (1891)	堤裏小段	59 間 4 分 (85 円 14 銭)	川袋天王南
	（潰地）	（3 畝 3 歩）	川袋天王南
	（家屋移転料その他）	（44 円 99 銭）	川袋天王南
	堤上置	－	前新田
	堤添築	－	前新田
	堤添築	－	龍光寺
	堤崩壊修繕	－	前新田
	堤新築箇所竹植付	－	前新田・龍光寺
明治 25 年 (1892)	堤上置	87 間 9 分	本町松山千代吉西より下
	堤埋立	25 間	本町香集寺西
	堤埋立	8 間	川袋伊三郎西
	堤裏小段	45 間	川袋松林寺西
	堤埋立	23 間	川袋長谷八郎西
	堤添築	26 間	川袋長谷八郎西
	堤埋立	22 間	川袋小笠原角十南
	堤添築	30 間	川袋天王前
	堤裏小段	85 間	西堀鈴木長太郎西
	堤裏小段	30 間	敷地 26 番出先
	堤添築	28 間	敷地 28 番出下
	堤添築	84 間	敷地 34 番出上
	堤上置	22 間	敷地 34 番出下
	堤裏小段	16 間	江口山田八東
	堤添築	16 間	江口宮裏
	堤上置	42 間	掛塚造船所東元切所
	堤上置	46 間	龍光寺 6 番出～7 番出
	堤裏小段	38 間	龍光寺 7 番出～8 番出
	堤表小段	18 間	龍光寺 8 番出下
	堤表添築	26 間	龍光寺 8 番出下続き下

表4-2 天竜川第一次改修における掛塚付近の施工状況
－明治23年～27年（1890～1894）－（続き）

年次	工事種目	工事延長	施工区間
	堤裏小段	28間	前新田圦樋東
	堤添築	55間	前新田西側
	堤上置	80間	前新田西側松の木下より下
明治26年 (1893)	堤小段修築	－	龍光寺池埋立・敷地伊東村一郎裏
明治27年 (1894)	堤切所復旧工事	－	龍光寺
	堤塘水防予備石備付	－	前新田

（『掛塚町誌』より作成）
注）明治24，26，27年の工事は，施工区間の長さが不明。
　　太字は国費工事を示す。

接続して，堤防そのものに強い水流が当たるのを防ぎ，流れを中央方向に仕向けるために設置される水制工に関連した工事である。これら堤防に直接関連しない種目が，国が費用負担する，河道の改善を目的とした工事に相当する。すなわち，掛塚において明治23年に着工された数々の工事のうち，種目に「堤」の文字がない「下」，「水中」，「出」に関するものが国庫支出ということになり，表中よりその工事延長を合計すると，約130間になる。一方，工事区間全体ののべ施工長は2080間におよび，国庫支出の工事は施工区間の比率からすると，全体のわずか6%に過ぎなかったことがわかる。しかも国庫支出による工事が集中する十郎島から砂町，中町にかけては，この周辺で最も人口の密集度が高い掛塚の町場であり，宅地が堤防にまで接する区間である[15]。明治22年（1889）に東海道本線が開通しているとはいえ，工事はその翌年であり，掛塚は依然として材木を中心とする上・中流域からの物資集散地として存在していた。それゆえこの区間は治水目的と並び，舟運路改修の比重が高かったことが想像される。

　掛塚輪中での着工2年目にあたる明治24年（1891）には，早くも工事箇所が著しく減少し，川袋天王南，前新田，龍光寺の3ヶ所で工事が行われたに過ぎない。この年は下流域北部で洪水被害が発生しており，復旧工事を優先した区間が存在していた。そのため掛塚での当初の計画が後回しになったことも考

えられる。工事の趣意書にみられた，工事の優先順位や，資材・予算の融通性が，このような形で掛塚輪中での工事に影響していたのである。

　つぎに明治25年（1892）以降について見てみよう。この年は施工区間が増加し，23地点となった。しかし，その施工区間に注目すると，これまでと同様に天竜川本川の左岸，すなわち，掛塚の集落付近の堤防と，西派川の敷地，江口付近の堤防補強が顕著である。そして前新田，龍光寺は3年間を通して同じような工事が繰り返されている。この後の明治26年（1893）には，龍光寺，敷地の2カ所が施工されたに過ぎず，翌27年（1894）の，おそらくは第一次改修の予算額で行われた最後の工事は，龍光寺での増水で損傷した堤防の修復と，前新田の「堤塘水防予備石備付」という，水防資材の据付工事のみで終了していた。これらは当初から計画されていた工事ではなく，水害発生により応急的に行われたものであり，およそ河川改修工事とは程遠い内容に終始していた。このようなことから，すでに明治26年から27年にかけては，当初から大きな工事を意図していたのではなく，極めて予算消化的な意味合いが強い中で，施工が進められていたものと考えられる。

　掛塚輪中での第一次改修の内容からは，以下のことが判明した。工事は明治23年から開始されていたが，多くの施工区間を設定し改修を進めたと認められるのは，初年度とその2年後の明治25年の2年間であった。その他の年には，工事区間の設定も少なく，しかも施工された距離も短い，極めて小規模な工事であった。また，国庫補助となる河道の改良に関する工事は掛塚河岸周辺の改良が初年度の明治23年になされたのみで，その後は一切行われることはなかった。その一方で県が主導する堤防のかさ上げや補強は，いくつかの地点で以前からの急所を改良する目的が明確であった。その一つである江口は，掛塚輪中の東側，すなわち，天竜東派川の右岸に位置するが，この対岸は第3章で見た天保水防組の東縁下組が活動の担当区域とした，岡村付近に当たる。しかし，掛塚輪中とその周辺は，従来までの川幅を維持して改修工事を行ってもその効果は薄く，根本的な水害除去にはならないという複雑な自然条件を持つ場所である。それゆえこの区間における国の工事は，河岸として機能する掛塚の河床改良以外は及び腰であり，そのことが予算規模や，工事種目にも現れる結果と

なっていた。

第 2 節　土木工事専門業者の進出

(1) 工事請負人の存在とその特徴

　天竜川右岸で組織された西縁水防組合が作成した工事代金の出納簿には，工事種目ごとの領収と受渡が記載されており[16]，国や県が捻出した工事費用を，工事が進捗するごとに水防組合が分割して「領収」し，それをどこに「受渡」したかが判明する。本稿ではこのうち受渡先，すなわち，実際に工事を担当していた組織や人物に注目し検討を行う。なお，この帳簿は記載方法が現在とは異なり，かつ，省略して書かれている部分も多いため，筆者の調査当時の建設省地方工事事務所の職員であってもかなりの部分が判別不能であり，その全体像を明らかにすることは出来ない。また，西縁水防組合が管轄した部分であるため，天竜川の右岸工事に限定される制約もある。しかしながら右岸には，永島・白鳥・八幡・中野町・国吉など，明治17年（1884）の緊急工事区間も含んでおり，受渡先となる組織が重要な治水工事を担っていたことは間違いない。

　工事区間は，北部の中瀬地区から南部は河口に近い河輪村芋瀬まで，右岸のほぼ全域に渡っている。また，工事内容には，築堤や堤防の上置の他に，床堀工事も含まれており，水防組合からの受渡先は，単に堤防のかさ上げに関する工事だけではなく，水中の施工など，ある程度の土木技術を必要とする河床や堤防の基礎部分の工事も担当していた。また，受渡先の一つには水防組合自体の名が存在する。これには「鷹森真司」という名前が記載されており，この人物は西縁水防組合の組合長であった[17]。すなわち，国や県が費用を負担した工事のいくつかは，水防組合の手によって施工されていたのである。これは，江戸時代以来の幕府・藩が費用負担する「御普請」を，組合に加入する流域村の人夫が担っていた構造と共通するものであると考えることができる。

　つぎに，請負人に注目すると（表4-3），ほとんどの工事に長谷川栄三郎という人物がかかわっており，彼を筆頭に，堀内平四郎，大箸五郎作，佐藤平次郎の4名が確認できる。この区間の工事では，ほとんどこの4名が独占してい

表 4-3　天竜川第一次改修における工事個所と請負人－明治26年（1893）－

区間	工事種目	請負人	その他
中瀬村中瀬	上部築堤	長谷川栄三郎 佐藤平次郎 堀内平四郎	
	下部築堤	長谷川栄三郎 佐藤平次郎 堀内平四郎	
中瀬村中瀬	上部床堀	堀内平四郎 佐藤平次郎 長谷川栄三郎 大箸五郎作	
中瀬村・永島村間	床堀	長谷川栄三郎 大箸五郎作	
	改修堤	長谷川栄三郎 大箸五郎作 堀内平四郎 佐藤平次郎	
	改修堤工用丸石	大箸五郎作	材料調達
竜池村永島	床堀	長谷川栄三郎 大箸五郎作	
竜池村八幡	改修堤上置に関する堀割	長谷川栄三郎 堀内平四郎 大箸五郎作	
豊西村倉中瀬	改修堤	長谷川栄三郎 大箸五郎作	
中ノ町村中野町	改修堤	鈴木紋蔵	見積の提出者
河輪村芋瀬	改修堤	佐藤平次郎	代理大箸五郎作
河輪村3ヶ所	改修堤	東海組	会計大箸五郎作受取

（天竜川西縁水防組合「明治二十六年　改修工事請渡金高帳」より作成）

たとも解釈出来るほどである。彼らの居所を順に列挙すると，長谷川は竜池村高薗，堀内は掛塚村豊岡，大箸は広瀬村一貫地，佐藤は十束村平間であった。このように，請負人は天竜川下流域の中でも天竜川本流の堤防を間近にした地区に居住している人物なのであった。古い時代にはこれらの村々は川附村とされており，自身や家族が天竜川の水防活動や，堤防補修工事に参加した経験を有していたことが推察される。

一方で一回のみ，これら4名とは異なる鈴木紋蔵という人物が堤防工事の請負に登場している。彼の居所は長谷川と同じ竜池村高薗であり，この集落には2名の土木関連業従事者が存在していたことになる。これは，それだけ土木業への需要が大きかったことを意味していると考えられる。また，長谷川栄三郎に関しては，『社団法人天竜建設業協会30周年記念誌』[18]の中に，以下のような記述が存在する。

> 明治9年祖父長谷川栄三郎が，静岡県29小区豊田郡高薗村に土木・建築請負業，長谷川組を創立，また，明治26,27年頃には，秋山錠次郎（秋山組の先々代）と共同して東海組を設立。28年には小松金之丞も参画し，大きな勢力を張った。
>
> 後年二俣に移ると，先代の天竜土建工業社長長谷川栄治郎が長谷川組を継承，昭和19年5月に企業整備令が施行され，天竜土建工業（株）を組織，斉藤組，小笠原組，鈴茶組，大貞組，森下組，寺田工務店，神田組，丸久組，和田組が加わる。
>
> （中略）
>
> 秋山錠次郎は，明治22年2月，人夫出しを中心に秋山組として天竜川流域の内務省直轄工事を手がける。秋山組は豊岡村下神増（番地省略）

秋山組については，後で検討することとし，ここでは列挙されている長谷川組以外の同業者に注目してみよう。昭和19年（1944）になると，戦時下の統制令により，この地方に存在していた複数の土木業者が天竜土建工業（株）として統合された。ここに記載された業者のうち，明治期に「東海組」となる長谷川組と秋山組以外については，その設立年次を明らかにすることはできない。ただし，森下組，神田組，和田組などは，天竜川下流域に存在する集落とその

名称が一致しており[19]，組織の中心者の出身地であったか，あるいは，その当時も拠点が集落内に所在していたことが予想される。また，小笠原組は掛塚輪中の川袋地区に存在している。小笠原組の正確な創業年は不明であるが，大正期に開始される天竜川の第二次改修では，掛塚周辺の堤防工事などでその名が見られるので，それ以前から河川工事を含む土木工事に参画していたことは間違いないと思われる。土木業者の合併に関して，再び表4-3の検討に戻る。表中，河輪村での改修工事に「東海組会計大箸五郎作」という記述が見られる。すなわち，大箸も，長谷川と秋山が共同して設立した東海組に明治26年以降加わり，引き続き第一次改修にかかわっていたのである。また，堀内平四郎は，明治18年（1885）の治水土功会の会員にその名前が見られる[20]。この会については後述するが，水防組合の機能を引き継ぐ組織であり，おそらくはその役員として名を連ねる堀内も，堤防の普請経験が多かったことが予想される。また，河輪村芋瀬の床堀工事は佐藤平次郎が請け負っているが，このときはどういう事情があったのか，受渡にはその代理人として大箸五郎作が記されている。佐藤は，東海組への参加は確認出来ないので，十束村において単独で土木業を営んでいた人物と考えられる。しかし，工費の受渡には大箸が訪れており，これら請負人は，組織的な連帯を持ちつつ，それぞれが工事の請負と施工に従事していたものと考えられる。

(2) 工事契約とその特徴

　国費，県費による工事はどちらも，設定されている予算の年度内での消化と関連するため，終了時期が厳密に設定される。

　先項でみた，4名の請負人たちは，工事に際して，以下のような誓約書を提出している。「工事請負ニ係ル条件ヲ誓約スル事左ノ如シ[21]」として記載された内容を書き出してみよう。

　　一　工事請負に係る総て事業は何人か従事するも私共連帯其責に任す

第4章 河川改修工事と天竜川下流域への影響

一 請負金額は工事落成の上官庁之受渡を万したる上其今に対し計算するものとす

一 請負に係る工事は如何なる天災時変に遭遇するも必規定因を竣工すべし

一 工事着手及竣工期限に経過し工事請負規定及心得書に違背する場合は請負金額に対し1割2歩を以て之●出且本県庁土木工事請負規則に依り処分せらる

一 前項の場合に於ては既定工事に対し請負金額を減額せら（後欠）

一 工事目論見仕様帳土木工事工用品受負規則は本県庁の規則を堅守し工事心得書は別記之通尊守すへき事

右は後日異議無事為を契約証書依て如件

（●は判別不能）

　この後に，長谷川，佐藤，大箸，堀内の署名があり，提出先として西縁水防組合組合長の名前が書かれている。ここで注目したいのは，一つ書きの3番目と4番目である。これは工事の期限に関する内容であり，いかなる天災に遭遇しても規定にある工事を竣工させること，竣工期限までに工事が完成しなかった場合は，請け負った金額の1割2分を，いわば遅延金として納め，且つ別に定める静岡県の土木工事請負規定によって処分されることもあること，そして，そのような場合には，当初見積もられた請負金額より減額して渡すことがある，とし，竣工期限より遅れることを厳しく規定していることがわかる。また，資料の中に登場する「本県庁土木工事請負規則[22]」がすでに存在していたこと

から，道路，港湾，河川といった，県の管轄下で大きな費用を要する土木工事には，「請負」が一般化しており，その請負方法を規定したり，違反者があった場合にはそれを処分するための規定があらかじめ成立していたことがわかる。

つぎに，使用される工事資材の規格と，納入期限に注目する。工事資材も，規格，一日の必要量，納入期限が設定され，すぐに現場で使用可能な状態で搬入された。例えば，粗朶，杭として使用する材木には以下のような取り決めがなされていた。

　一　粗朶は粘質を有する落葉生樹木にして長12尺以上14尺以内元廻2尺1寸末廻1尺8寸を以て1束とす

　一　柵粗朶は樫楢等粘質ある生樹木にして長12尺以上，元4尺8歩25を以て1束とす

　一　杭木は柵全質ニシテ長4尺元口1寸2歩乃至1寸4歩10本を以て1束とす

　一　粗朶柵粗朶杭木納期は26年10月10日より日々50束出納付11月18日迄40日間に皆納の事

（「工事心得書」[23]）

最後の一つ書きにあるように，この工区において使用される材木は明治26年（1893）10月10日から11月18日までの40日間，毎日50束を納めるよう定められている。

このような資材の調達はどのように行われていたのであろうか。ひとつには，先に見た一覧表の中に，堤防改修資材として使用される「丸石」を大箸五郎作が請け負っていることからも明らかなように，工事請負人が独自に用意し，工

事に使用していた。そしてもう一つ，以下の史料から，資材調達に特化した請負人の存在が明らかとなる。明治27年に出された，「請書[24]」の内容を示してみよう。これは，豊西村倉中瀬における工区で必要とされた工事資材に関する，数量と金額，そして搬入の取り決めであり，工事資材は，粗朶400束，柵粗朶320束，杭木300束で，金56円20銭で契約したことを確認している。そして「今般別紙物質数量ニ而，心得書之通り前書之種類ヲ以テ契約」し，ついては「本県土木工事及工用品請負規則堅ク相守」ること，そして指示された，「明治二十七年二月五日より二月十一日迄」に納付し，もしこれに違反することが有れば「規則条項ニヨリ御処分」されても異議はないとしている。そして契約保証金を添えて，保証人と連署した上で，この請書を差出している。この工事用の木材を調達するのは，野部村上野部に居住する山本泰治で，保証人は同じ大字に住む長津定次郎であった。山本は，この他にも西縁水防組合が受け持つ改修工事の工区や，時には水防資材として必要とされる杭なども搬入する人物であり，明治27年には，水防資材を備蓄する複数の「諸色小屋」に杭の納入を行っていたことが確認できる[25]。すなわち山本は，工事資材を調達し各工区に差配する，資材調達を専門とする「業者」であったことがわかる。しかも，山本は天竜川左岸北部の野部村上野部を居所としている。このような場所から，右岸の最南部に位置する芋瀬地区の堤防下にまで杭木を運び入れていたのであり，山本は，下流域全体を行き来して定期的に資材納入を行っていたことがわかる。このような「業者」の特徴は，秋山組にも当てはまる。すなわち，先に見た史料によると，秋山組は明治22年（1889）2月から天竜川下流域での内務省直轄工事に「人夫出し」として関わることになったという。しかし秋山組は，東海組設立以前には第一次改修を請け負った形跡がない。それゆえ，秋山組は人夫調達を専門とする工事関連業者の一つとして位置づけることができよう。秋山組によって周旋された人夫がどこからやってきたかについては史料がなく，ここでは明らかにしえない。しかし，『天竜川改修史』によると，人夫は流域の人々をはじめ，20km以上離れた掛川や金谷方面からも動員されていた[26]とされる。すなわち，流域の人出だけでは間に合わず，東海道筋の遠州地方東部などから人々がやってきていたのである。

国や県が主体となって進められた天竜川下流域の第一次改修では，工区ごとに水防組合や請負による土木業者がそれぞれに工事を施工していった。そして，人員，資材を専門に調達する者，実際に現場で工事を行う者，水防組合という三者が複雑に絡み合いながら工事が進められていたことが特徴的であった。このことは，第一次改修が「工期」を重視し，そのためにいくつもの「工区」と「工事種目」を設定して，いわば限られた予算と時間の中で効率のよい分業体制を取らざるを得なかったために，請負業者の存在なしには工事が不可能となっていたことを示している。しかし，そこに動員される人々は，人夫周旋業の進出などからもわかるように，必ずしも工事による受益者，すなわち下流域の住民のみが従事し，そのことで自分たちの地域が守られるというこれまでの原則とは違った堤防工事からの経済的還元構造がみられた。

第3節　水防組合の活動とその役割

(1) 明治期における水防組合の組織変遷

　明治時代以降の水防組合は一般的に「水害予防組合」と呼称され，これら組織の変遷については，内田 (1994:31-34) が全国的な状況と，その根拠となる法令について経年的に示している。本稿でもそれらを引用しつつ，天竜川下流域での状況をみていくことにする。

明治時代の初期には，河川に関する諸策はすべて旧慣のとおりに処理されてきた。水防組合もその例外ではなく，活動の主体や目的，国や県の政策との関連が初めて明記され，根拠となる法令が出来上がるのは明治13年 (1880) の区町村会法の発布を待たねばならない。この法令により区町村は，河川の治水・利水事業を実行するための町村組織として認められ，府県知事の許可する規則に従って事業計画を議決し，経費の徴収を当該の町村から行うことが認められた。明治23年 (1890) になると水利組合条例が発布され，河川堤防の築堤や水防活動を行う水害予防組合と，農業用水として利水を行う普通水利組合とが分割された。以降は地域の治水事業の進展にあわせて統廃合や解散が数多く見られるようになり，第二次世界大戦後の昭和23年 (1948) に消防法の改正に

第4章 河川改修工事と天竜川下流域への影響　159

表4-4　天竜川下流域における水防組合組織の変遷 ―江戸時代末期～明治時代―

年次	治水関係の動き	流域内の水防組合				
		東縁水防組		西縁水防組	鶴見水防組	掛塚水防組
天保2年(1831)	天保水防組結成					
明治4年(1871)	浜松県吏が統括	→	—	→	→	→
明治6年(1873)	堤防取締規則	→	—	→	→	→
明治7年(1874)	金原明善が堤防会社(私設)を組織	→		→	→	→
明治8年(1875)	堤防会社を治水協力社に改称、築堤と水防を専門とする	→				
明治12年(1879)	堤防会社とは別に、村連合を組織（治水組織の二重構造）	東縁80ヶ村連合堤防組合	—	西縁117ヶ町村連合水防組合		
明治13年(1880)	区町村会法発布	→	—	→		
明治14年(1881)	太政官布告第49号、府県土木費下渡金廃止	→	—	→		
明治14年(1881)	静岡県令甲第113号、木川普請は沿岸村落に付属し、工事費の幾分を地方税より補助 静岡県令第133号、治水委員設置の布達	流域組合甲組	(寺谷新田以北)流域組合丁組	流域組合乙組	流域組合丙組	
明治18年(1885)	運営組織の名称変更	水利土功会	水利土功会	水利土功会		
明治20年(1887)	県令第214号により治水委員廃止、明治13年の区町村会法に依拠し、水防組合を結成	東縁水防組合	上野部村外6ヶ村水利土功会 三ツ家村外2ヶ村水利土功会	西縁水防組合	→	
明治22年(1889)	市制町村制施行	→	→	→	→	→

表4-4 天竜川下流域における水防組合組織の変遷－江戸時代末期～明治時代－（続き）

年次	治水関係の動き	流域内の水防組合			
明治23年(1890)	水利組合条例 運営組織の変更	岩田村外9ヶ村 堤防保護組合 (東縁水防組合)	→ 広瀬村外1ヶ村 水防組合	飯田村外1ヶ村 組合	浜名郡河輪村他 16ヶ町村組合 (西縁水防組合)	掛塚町水防組
明治29年(1896)	河川法制定	→	→	→	→	→
明治32年(1899)	水害予防組合に改称					

(『天竜川水防誌』より作成)

より，地域の消防団との兼任が可能となった。

これら制度的な変遷を，天竜川下流域で結成されていた水防組合の動向と関連させてみよう（表4-4）。天竜川では天保2年（1831）に，前章で検討した村落連合としての水防組が結成された。この組織は明治時代に入っても旧慣のまま活動を続け，明治4年（1871）に浜松県の管轄となる。明治7年（1874）には，天竜川沿岸の安間村に居住する金原明善が私財を提供して堤防会社（翌年に治水協力社と改称）を組織し，県が主体となる堤防工事を請け負った（金原治水治山財団1968）。金原は明治5年（1872）に静岡県から堤防付属役を命じられ，翌明治6年（1873）には天竜川通総取締に任命された。明治初期には，県も財政基盤が整わず，天竜川流域の有力者に依存して治水を進めようとしていたのであった。このように，明治時代初期の天竜川下流域には，金原の治水協力社と水防組合の2つの組織が同時に存在していたこととなる。

明治13年（1880）区町村法の発布に基づき，翌年に「静岡県令甲第113号」により，河川に関する普請は沿岸の村落に付属するものとし，工事費の一部を地方税より補助することとなった。ここでようやく水防組合が正式に県の河川行政の末端に位置づけられたのである。水防組合は法令の追加ごとに，流域組合や水利土功会，水利土功集会などとその名称を変更させる。その一方で組合の範囲は天保水防組の範囲をほぼ引き継いで存続していた（図4-3）。右岸は一つの水防組合（河

第 4 章 河川改修工事と天竜川下流域への影響　161

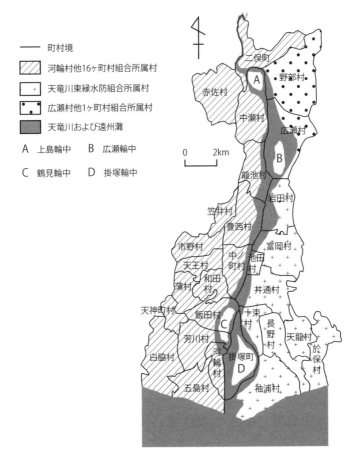

図 4-3　天竜川下流域沿岸の町村と所属水防組合－明治 22 年（1889）－
（明治 23 年測量 5 万分の 1 地形図「見附町」「掛塚」を元に作成）
注）輪中は，それぞれが独立した水防組合を組織している。

輪村外 16 ヶ町村組合, 通称：天竜川西縁水防組合）が組織されていたのに対し，左岸では岩田村外 9 ヶ村堤防保護組合（通称：天竜川東縁水防組合）と，野部・広瀬村の 2 村で組織する広瀬村他 1 ヶ村組合の 2 つの組合が存在していた。左岸 2 組合の境界部分には，江戸時代以来の霞堤とそれに従う無堤地帯や，磐田原台地西麓に向かう本流の派川が存在していた。この区間では無堤地に増水が

及ぶと往来が困難になり，統一のとれた水防活動に支障をきたす恐れがあるため，組合を二つに分割していたものと思われる。同じような理由から，北部の上島輪中と，南部の鶴見・掛塚の各輪中も，それぞれが独立した水防組合を組織していた[27]。

(2) 天竜川増水時における水防活動

　天竜川増水時における水防組合の活動を，明治26年（1893）の出水を例に，天竜川西縁水防組合（以下，西縁水防組合）の業務日誌[28]から追っていくこととする（表4-5）。日誌によると8月17日夜からの降雨により，翌18日朝から天竜川が増水を開始した。当初の対応として水防委員[29]が様子を見るため下流域北部の中瀬村附近を巡回している。この中瀬周辺の堤防は，当時内務省直轄工事による流身の改修と，県営事業による新堤防建設が同時に進められていた地点であった。18日の10時以降に静岡県庁の土木課員が中瀬堤防に出張しているのは，この県営工事区間の状況確認のためである。同日の15時には，各地の改修工事を請け負い，施工を担当している長谷川栄三郎と，彼が引率してきた工事人夫が中瀬に到着している。彼らは担当する工事区間の水防活動に従事するが，これには流域の被害を食い止めるという目的と並んで，自らが請け負った中瀬工区の被害を最小限に食い止めることも意図してのことであろう。中瀬堤における水防活動では，内務省直轄工事の責任者である監督所技手も，工夫を引き連れて堤防の防御に従事している。この区間での堤防防御を賦課されている中瀬村，竜池村には，水防組合の規定のとおり，水防委員から当該村長に水防人夫の出役が要請され，各々が水防の任務に就いていた。このように中瀬堤周辺では，水防組合の水防活動以外にも，国，県の監督者と工夫が参加し，区間を分割した水防活動が行なわれていた。これら3者は，防御箇所の分担を連絡したり，内務省の資材である粗朶[30]を水防組合側に融通するなど，状況に応じて緊密に対応していたことがうかがえる。

　次に，右岸中央部，中ノ町村付近の2地点での水防活動を時系列に位置づけ，両者を比較してみよう。同日の中ノ町村地内における水防活動は，この区間に国，県の事業が施工されていないため水防組合人夫のみの出役である。中ノ町

村字中野町には，水防組合の業務を統括する西縁水防組合事務所が所在している。事務所には，上流部の諏訪郡（長野県）からの雨量電報や，水防組合の管轄する堤防での漏水発生の報告，下流域の他の水防組合との連絡といった情報が全て集積するようになっていた。組合事務所からは，まず15時の段階で，水防組合を管轄する浜名郡の郡役所に状況報告のための「飛脚」を走らせている。そして18時20分には郡吏が，翌19日未明には郡長が出張し，水防組合事務所が指揮所として機能しはじめる。中ノ町の担当区間では，18時以降4ヶ所で堤防の漏水が発生したため水防活動が行なわれたが，幸いにも22時頃から天竜川が減水となり，翌朝には防御箇所を片付けた後，解散している。一方中瀬堤では，同じく22時頃から減水となり，翌19日の朝4時をもって人夫は解散となった。しかし，その後，字大平南に設置されていた水制工の「15番出し」附近で緊急に防御の必要が発生し，再び水防活動が行なわれた。こちらも幸い，それ以上の被害が出ることはなかった。

　天竜川増水時における水防活動では，中瀬堤の場合，内務省直轄工事や県営工事が進捗中であったため人夫の構成は通常と異なるものの，監督署技手と工事請負人が水防組合と連携して増水に対処していた。これら国や県営工事に出役する工事人夫は，いずれも天竜川の水防工事の実務にかなり精通した，流域の住民が多く含まれていた可能性が高い。しかし，長谷川は竜池村高薗の住人であり，本来ならば地区内の持ち場において水防活動に従事するはずである。それゆえ，監督署の技手たちを含めた中瀬での水防活動は，組合から要請を受けた行動ではなかったことがわかる。一方で，中ノ町村における水防活動では，従来の人夫召集手続きのもと，防御活動が行われていた。すなわち，天竜川下流域では，増水という緊急時に機能する水防への出役は，一部で変則的な運用が見られたものの，江戸時代以来変わることなく維持されていたといえる。

（3）堤塘の維持・補修活動とその特徴

　明治26年（1893）5月28日に天竜川において降雨による増水が発生した際，豊西村常光・中ノ町村白鳥間の堤防では水制工の破損が発生した。先項で見た，水防活動が行われる3ヶ月前のことである。この補修工事は，破損箇所

表 4-5 天竜川増水時における水防活動と人員の動き―明治 26 年 (1893) ―

中ノ町村		中瀬村	
日時	状況	日時	状況
8/17 22:00	降雨開始、東風		
8/18 5:00	天竜川出水開始、量水計 3 尺 8 寸、風東南、降雨	8/18 5:00	室内委員出張、中瀬付近の様子を見回り
		10:00	中瀬村役場に水防人夫出役を依頼 県土木課員 3 人中瀬堤に出張 中瀬村長中瀬堤に到着 風雨さらに強くなる 水防委員、村長に水防人夫再び 100 人招集を依頼 村役場員 2 名堤防に到着、水防作業を手伝う 中瀬字窪の堤塘が危険との報が入る 委員から龍池村役場に水防人夫 50 名招集を依頼
		15:00	改修堤工事請負人長合川栄三郎が工事人夫を引率し到着、古堤と新堤の間の防御を担当 第 2 締切地点防御を中瀬村の地方人夫が担当 改修堤の長さ 30 間の危険箇所に、土木監督から粗朶を借用して使用、監督署技手も工夫を引率し防御に当たる
16:00	中ノ町村長中水防事務所に着き、村長と水防員 1 名は同村白鳥付近を見回り		
17:30	水防委員事務所に帰着		
18:00	諏訪郡より水防事務所に雨量電報到着、これを受けて沿岸各町村宛に水防人夫出役依頼文作成		
	作成中に中ノ町村中野町・同村一色で 4 ヶ所の堤防漏水発生の報が入る		
18:20	水防委員 2 名現場へ出張、1 名は途中で会った中査に水防人夫の招集と引率を依頼、別の 1 名は中ノ町村長と和田村助役宅に水防人夫招集を依頼 委員郡吏と合流、漏水場所で水防に従事		

表 4-5 天竜川増水時における水防活動と人員の動き－明治 26 年（1893）－（続き）

中ノ町村		中瀬村	
状況	日時	日時	状況
水防委員長到着 中ノ町量水計 12 尺 8 寸の最大値を示す	20:00		
		21:00	床堀工事中の旧堤に水勢が押し寄せ、溢流までであと2尺となる
			活動中の現在いる人夫では不足を生じるので警戒中の巡査 6 名に、追加人夫招集を依頼
天竜川減水開始	22:00	22:00	天竜川減水開始
郡長水防事務所に到着	8/19 3:30		
浜名郡長・水防委員長現地堤防を視察、他の委員は防御個所の片付け	(朝)	4:00	水防人夫解散
			大平南 15 番出し付近危険の報が入る。水防委員は現場に駆けつけ、中瀬区長に人夫招集および防御の依頼
			最大、堤防上まで 2 尺の増水となるが、減水

（『天竜川水防誌』より作成）

を村域として含む両村の村長が水防組合に実地検分を要求し，折衝を行うことから開始された（表4-6）。工事予算額決定のための会合には，水防組合を管轄する浜名郡から郡書記，堤塘工事の予算を管轄する静岡県から県吏，そして現場を指揮する水防組合からは水防委員が参加した。実地検分から 2 日後の 5 月 30 日には工事予算額が決定し，6 月 1 日から富田組飯田八三郎の請負により補修工事が開始された。請負人は，先の節においても大規模な河川改修事業に伴う県営工事に参加する者として確認されたが，水制工の修復など，毎年数回行われるような規模の小さな工事にも関与していたことがわかる。富田組は，第一次改修には請負人として参加した形跡が見られなかった。これを換言するなら，

表 4-6 天竜川増水後に行われた応急工事の進展—明治 26 年 (1893) —

月日	関係者の対応	工事内容	資材	急破工事以外の内容
5. 28	当該村長実地探査要求			
29	県吏・郡書記・水防委員工費の相談	一色、白鳥の水防諸色小屋から沈枠 3 組搬出		
	水防委員静岡県庁へ出張			
30	県庁にて工事費用見積額決定			
	浜松に戻り郡長と面談			
31	下阿多古村渡ヶ島に竹買い付け		中ノ町村・和田村へ竹 100 束刈出を指示	
6. 1	工事費用見積額決定	水制工事を飯田八三郎が請負う		
2	蛇籠竹の欠乏に困窮	沈枠、菱牛搬入	和田村から竹受渡	
3		土出し下に沈枠 1 組搬入	中ノ町村・和田村より竹到着するも欠乏	
4	和田村へ竹の催促	沈枠 1 組搬入		中瀬堤工事監督のため出張
	対岸寺谷での竹の買付けができるか相談			
5	白鳥堤塘の沈枠搬入場所を指示			
6	飯田村・和田村役場に竹の催促	沈枠 1 組搬入		中瀬改修堤設計図面調整
10	郡長が堤防を視察			
11	中ノ町村議員、水防委員と竹の買付けの相談			
13				
14	渡ヶ島に竹買付けの相談	竹不足により工事中止になる可能性が出る		

表4-6 天竜川増水後に行われた応急工事の進展—明治26年（1893）—（続き）

月日	関係者の対応	工事内容	資材	急破工事以外の内容
6.16			渡ヶ島より竹200束購入を契約	中瀬改修堤設計図面調整
18	和田村に竹催促、岩田村に竹買入れの相談			
19	渡ヶ島、岩田村に竹買入れの件で出張			
20	渡ヶ島、岩田村に竹買入れの件で出張			
22		大菱牛10組、沈枠10組搬入		
25			渡ヶ島より竹100束追加契約	
27			中瀬村住人より竹40束購入を契約	
28	岩田村に竹買入れの相談			
29			中ノ町村住人より大菱牛用の丸太を購入	
30	県知事が堤防を視察			
7. 2	工費300円のうち150円を中ノ町村銀行に預ける	中菱牛3組搬入		中瀬堤工事請負人と打合せ
3	蛇籠作り代金支払い、工事工費の受取り		竹120束購入	
8			沈枠1組、大菱牛2組を予備として白鳥諸色小屋に搬入	
10		一応急工事了		

（天竜川西縁水防組合「急破工事日誌」より作成）

大規模に行われる改修工事は，長谷川ら請負人4者を中心に進められ，しかも彼らはおそらく改修工事で手一杯の状態となっており，応急的な水制工工事を請け負う余裕がなかったのであろう。富田組の存在は，天竜川下流域において東海組のような大きな会社組織と，小規模ではあるが突発的な需要にも柔軟に対応できる土木業者の存在があったことを示している。換言するならば，水防組合と緊密に連携，対応できる土木業者がこの地域に複数存在していたのである。一方で水防組合は，堤塘の補修といった小規模な工事においても県からの予算を取り，工事を業者に請け負わせるという，仲介者としての立場を鮮明にしている。明治中期には，水防組合自体が，堤塘の維持・補修工事を直接行うことはしていなかったのである。

6月1日の工事開始以前から，水防組合は，諸色小屋に備蓄されていた材木や資材を用いて沈枠[31]を組み，それを応急的に水制工の破損箇所に搬入したり，工事開始に備え大量に必要となる竹の調達を開始している。竹は当初，組合加入村であり工事箇所でもある中ノ町村と，南に隣接する和田村から提供されていた。しかし竹は慢性的に不足気味で，工事開始からほぼ連日にわたって中ノ町・和田両村に催促を行っている。それでも事態は好転せず，6月14日には竹不足が深刻で工事が中断する懸念が出はじめていた。水防組合は，組合の範囲外である対岸の岩田村や，天竜川上流の下阿多古村渡ヶ島[32]などに掛け合い，数回にわたり竹を購入している。資材のうち6月27日の竹や，29日の丸太に関しては，中瀬村や中ノ町村に居住する個人に掛け合い資材を調達している。中ノ町村には製材や木材加工などの材木業者が多く存在しており，水防組合はそのような業者から丸太の提供を受けたことが考えられる。また，水防組合が竹の調達に苦慮しているのは，組合が加入町村に労力や資材を賦課することを前提としているため，前項でその存在を確認した山本泰治のような工事資材の調達業者に簡単には依頼できないという，規則の縛りが存在していたことも影響していると思われる。しかも，西縁水防組合加入町村には大規模な竹林がなく，個人の敷地に屋敷林として存在する程度の小規模なものがほとんどであった[33]。一方，岩田村を含めた天竜川左岸は，村域に磐田原台地を含んでいる村が大半である。急崖をなす台地斜面には竹林が広く分布しており，これ

らの手入れのために頻繁に切り出しを行っていた[34]。このため東縁水防組合は，西縁水防組合とは対照的に竹の調達に苦慮することはほとんどなかった。また，同じく水防組合が竹の調達先としている下阿多古村渡ヶ島も，天竜川の支流阿多古川に沿って水害防備林として竹林が存在し，これらの手入れや更新の必要から切り出しが可能であった。

この西縁水防組合の堤防維持・補修工事では，新たに沈枠17組，大菱牛10組，中菱牛3組の水制工が搬入された。大量に必要とされた竹は，菱牛類を固定するための蛇籠を作成するために用いられた。補修工事が始まり，水防委員が竹の調達に奔走している最中にも，右岸の各地では第一次改修が平行して進行中であった。水防委員は，本表にみられるように6月4,10,18日と7月2日に，新築される堤防の設計図の調整や工事現場の視察を行っていた。

明治初・中期における天竜川下流域の水防活動では，江戸時代のように村単位による出役体制の存続がみられた。しかし，堤塘の修築工事では請負人による工事が一般的となっており，江戸時代にみられた組合加入村の村請による方法とは異なったものとなっていた。そのため下流域住民は，請負人を通じて天竜川で行われる工事に参加できたと考えられるが，それは個人個人のいわば請負人との契約によって成り立つものであり，村を単位として積極的に工事に関わることはなくなっていたことが特徴であった。

（4）治水請願と天竜川東縁水防組合長の行動

水防組合を統括する立場にあった組合長は，日々どのような活動を行い，地域の水防組合を運営していたのであろうか。本節では，東縁水防組合長であった大橋頼模の日記をもとに，それらを検討してみたい。大橋は，明治20年代から日記を残しているが，現在原蔵者の許可を得て公開されている部分は，明治44年（1911）7月から，翌45年（1911）3月までの9ヶ月間である。それゆえ，これまで本章で検討してきた明治20年代からは時代が下ることになるが，この間には前年の関東地方大水害を契機として国内に治水の機運が高まり（山本・松浦 1996:55-78)，高水工事による内務省直轄第2次工事が計画されるなど，わが国の治水政策に大転換が起こった時期に相当する。そして，天竜川

下流域においても第二次河川改修工事着工の請願が行われていくこととなる。すなわち，不十分な工事個所を残したまま終了した第一次改修工事の延長線上に，水防組合長である大橋の活動が位置付けられる。そしてこの日記からは，地域や水防組合長の意思がどのように政策に反映されていったのかを検討することができ，これまであまり明らかにされてこなかった，流域住民と国の政策とを結びつける人物の行動を把握することが可能である。

a. 大橋頼模の年譜と活動

日記の検討に入る前に，大橋頼模という人物の概略についてふれておく必要があろう。作成した年譜（表4-7）を元にその経歴を追ってみたい。

大橋頼摸は，文久元年（1861）に豊田郡小立野村において，大橋又兵衛の長子として誕生した。大橋家は代々小立野村の名主を勤めた家で，伝承では村の草分けであったという。18歳で地元の西之島小学校の3級訓導補となったのを皮切りに，明治14年（1881），20歳のときに郡役所に勤務し，それ以降郡書記，戸長を歴任した後，明治21年（1888），27歳で静岡県議会議員に当選した。それ以降も村会議員，農会長，明治22年（1889）の町村合併以降小立野が含まれることとなった井通村の村長，米穀改良組合長，銀行頭取など，遠州地方の範囲を超えて政治，経済両面に渡って組織の中核を担うようになっていった。一方で大橋は，県議会議員となった明治21年に，臨時天竜川東縁豊田山名二郡内八七ヵ村水利土功会議長（明治22年の町村合併以降は十ヵ村），寺谷用水改良工事委員，天竜川東縁堤塘保護組合議員，西部悪水組合会議員などを歴任し，治水・利水に関して天竜川の東縁堤防，すなわち，左岸一帯の村々の利害を代表する立場となっていった。明治22年には小立野村人民惣代として，他の16ヵ村人民惣代と連署した「天竜川東縁池田村以南堤防工事之儀ニ付上申」を県に提出し，左岸の村々の河川改修工事に関する意見を取りまとめた。県議会においても，明治27年（1894）11月に富士・天竜・大井三大河川改修工事に関する建議[35]を行うなど，治水問題に関して積極的に活動した。

彼の政治活動は，これら天竜川左岸地域の支援を基盤としていたが，単に名主の家柄の名誉職的なものに留まらなかったことが特徴であった。すなわち，彼は県議会議員となった後に，自由党静岡支部幹事（後に憲政党静岡支部幹事）

表4-7 大橋頼模年譜

年月日（括弧内は年齢）			事項
文久元年	1861	(0) 2月9日	豊田郡小立野村大橋又兵衛の長子として誕生
明治12年	1879	(18) 4月	浜松中学校内師範速養科入学
		12月	西之島小学校3級訓導補
明治14年	1881	(20) 6月	豊田・山名・磐田郡役所用係に任命
明治15年	1882	(21) 1月	豊田・山名・磐田郡役所書記に任命
明治18年	1885	(24) 12月	山名郡川井村他11ヵ宿村戸長に任命
明治21年	1888	(27) 4月	静岡県議会議員に当選
明治22年	1889	(28) 3月	中遠倶楽部を結成
		4月	豊田郡井通村村会議員に当選
明治25年	1892	(31) 10月	中遠農会長に当選
明治26年	1893	(32) 11月	自由党静岡支部幹事に当選
明治28年	1895	(34) 1月	『静岡新報』発刊
		8月	井通村名誉職村長に当選（明治31年(1898)12月まで）
		10月	豊田・山名・磐田郡米穀改良組合長に当選
明治29年	1896	(35) 7月	中遠日進社取締役
		11月	磐田郡参事会員に選任
明治32年	1899	(38) 4月	憲政党静岡支部幹事に当選
		10月	静岡県議会参事会員に当選
明治33年	1900	(39) 4月	遠州共同銀行頭取に就任
明治34年	1901	(40) 5月	静岡県農会長に当選
明治35年	1902	(41) 1月	中遠疑獄事件が発覚（2月に収監される）
		11月	警察電話架設事件により収監
明治36年	1903	(42) 6月	小学校文部省令違反事件（教科書事件）により有罪
明治37年	1904	(43) 3月	東京控訴院中遠事件判決で無罪
明治40年	1907	(46) 6月	静岡印刷株式会社取締役・社長に就任
明治41年	1908	(47) 5月	衆議院議員に当選
明治42年	1909	(48) 10月	静岡市営電灯問題が起こる
明治43年	1910	(49) 4月	静岡市会議員に当選
明治45年	1912	(51) 5月	衆議院議員に再選
大正元年	1912	11月5日	心臓麻痺により死去

(『近代静岡の先駆者』94頁を使用)

を務め，静岡新報社を設立，『静岡新報[36]』を発刊し，党の見解を広く社会に伝える広報紙としての役割を持たせるなど，積極的に地域の利害を守り自己主張を行う，いわば「ものを言う」政治家として活動を展開していく。その頂点

として，彼は明治41年（1908）に衆議院に当選，以後は国政の場においてその手腕を発揮することとなる。一方で，生家のある井通村小立野を離れ，政治，経済両面の活動拠点を静岡市内に移しており，実質的な本拠地としては市街に所在する静岡新報社事務所が機能していた。明治43年（1910）には静岡市会議員[37]にも当選し，代議士と兼任で職務にあたっていた。遠州地方での活動拠点は小立野の自宅のほか，見付町に所在する，彼の設立した新聞・広告取次事務所である「日進社」と，旧見付宿以来の由緒を持つ料亭「大孫」が，様々な打ち合わせや来客の対応に利用されていた。大橋は，当時の東海道本線の所要時間で2時間ほどかけて，自宅や見付の最寄り駅である中泉（後の磐田駅）と静岡の間を，多いときには1日で1.5往復と頻繁に行き来していた。

ところで，このころの治水に関する国内の動きに目を転じると，政府は明治43年（1910）1，2月の帝国議会において，直轄第2次工事を施工する河川の選定を開始する[38]。いずれの河川が選定されるのかについては，当然のことながら全国において大きな関心事となっていたが，そのような状況下で同年8月に，東日本一帯で大きな水害が発生した。なかでも関東地方の被害は甚大であり，利根川，荒川流域，東京下町低地一帯では，広範囲に浸水被害が発生した。首都東京での大きな被害を見せつけられたこともあり，政府の善後策対応は迅速なものとなった。8月18日には帝国議会衆貴両院議員によって構成された治水会が，23，24日の両日には臨時治水調査会がそれぞれ開催された。このうち治水調査会では，会合発起人として黒田侯爵（長成），渋沢男爵（栄一）らに交り，大橋も推挙されている[39]。そして明治44年（1911）1月に招集された帝国議会において，内務省直轄第2次工事65河川と，その中の第1期着工20河川が決定する。静岡県では，前年の水害で大きな被害が発生した富士川が第1期に選定されたものの，天竜川は第2期河川への編入となる。これにより各地で，第1期河川への繰り上げ編入を要望する政府への陳情，請願が開始されていく。次項において検討する大橋の行動は，これら背景が交錯する中で進められていた。

b. 日記に見られる水防組合長の行動

　日記に記載された明治44年（1910）7月1日以降の大橋頼模の行動について，

第 4 章　河川改修工事と天竜川下流域への影響　173

治水事業に関する活動を中心に追ってみたい（表 4-8）。

　7 月 1 日，大橋は静岡市内に滞在していた。興味深いのはその日の市役所での用件で，大橋は自身が組合長を勤める天竜川ではなく，静岡市街に近接して流れる安倍川の改修工事と，それに向けた現地の視察の計画を協議している。一方，彼の長年の本職である天竜川東縁水防組合長としての職務は，7 月 20 日，21 日に組合規約や，堤防に関する法規定の草案作成という形でようやく登場する。しかし，この間も大橋は静岡に滞在中であり，頻繁に協議や陳情を行っているのは安倍川に関してであった。このことは，当時の大橋が天竜川東縁水防組合長としての役割と並んで，静岡県全体の治水についてその調整を行う立場にあったことを示している。これは，当時の事業の拠点であった静岡市内においても，大橋の天竜川での経験が重視され安倍川に関する協議に参加することになったものであろう。しかも安倍川改修工事は同年の 3 月に帝国議会において承認された事業となっていた。いずれにせよ大橋の「治水事業の専門家」としての技量が，安倍川問題を抱える静岡においても期待されていたのである。

　天竜川における水防組合関係の業務では，25 日，26 日に再び法規定について，村政の代表者である助役や郡書記と打ち合わせを行っている。この当時，水防組合を管轄するのは郡長であり，郡書記はその代理として水防組合の協議に参加したのであろう。この打ち合わせの内容は明らかではないが，8 月 7 日に，池田村の東縁水防組合事務所において開催された組合会において同じ内容が審議されており，打ち合わせはこのときの組合会に向けた準備と思われる。天竜川東縁水防組合長としての行動を知る上で注目されるのは，8 月 8 日である。この日，大橋も協議に参加していた静岡県西部地方の宅地価修正問題に関して，それらを調査する委員の選挙が見付の税務署で行われていた。大橋は，この問題の調整役として税務署や各町村長と協議を繰り返し，選挙の当日の 8 日を迎えた。しかしこの選挙には，投票者 400 人のうち 60 人あまりが磐田郡東部での水害とそれによる交通路の寸断を理由に棄権した。この水害では，第 5 章において後述するように天竜川下流域では堤防の決壊，東海道本線の不通区間発生など，大きな被害が発生した。しかし，この時の大橋は水防組合長であるにもかかわらず水防活動については何ら行動をしていない。大橋が水防組合事務

表 4-8 日記より見た大橋頼模の行動－明治 44 年（1911）－

年月日	場所	用件	会合者
明治 44 年 7. 1	県庁	戸数割制度	江田
	市役所	市税制調査会	10 数名
		安倍川踏査打ち合わせ	土木調査員諸氏
7. 2	県庁	久能街道・安倍川改修陳情	中村, 田中, 鈴清, 鈴政, 佐々木, 杉本, 大石, 伊東助役, 小島部長, 上原, 野中
		安倍川踏査打ち合わせ	
7. 6	現地踏査	安倍川実地視察牛妻→藁科	伊藤助役, 管理区, 主管, 郡役所郡属, 技手, 市会議員, 土木員 20 名, 賎機村長, 字惣代, 治河村長, 助役, 惣代
7.13	安倍郡役所	久能街道・安倍川改修協議	大沢郡長, 伊藤助役
7.15	県庁	安倍川改修	野中, 神原, 小島部長
7.19	市役所	安倍川改修問題	金原
7.20		東縁堤防に関する規定草案	
7.21	市役所	安倍川改修方針の陳情	伊藤助役, 青木松蔵, 県庁小島部長, 上原, 野中県属, 大島保安課長
	会社	東縁組合の法規定を起案	
7.25	大孫	東縁堤防規約の協議	山田助役, 大杉郡書記
7.26	大孫	水防組合規約	内山, 鈴源, 恒松, 田辺
7.28	市役所	安倍川出張の旅費清算	
8. 1	静岡県会議事堂	三大川・箱根・本坂道路工事国庫補助を建議	鈴辰, 済, 県会議員 20 余名
8. 6	林昌寺	施餓鬼	
8. 7	池田堤防事務所	組合規約諸規定協議	山田助役, 鈴文, 石川, 長谷川, 青島, 新村, 金原, 斉藤
8. 8	税務署		鈴源, 鈴鼎, 榑松, 内山
	大孫	山林所有問題	周知郡以北, 磐田郡二俣以北町村長
		宅地価格修正問題, 調査委員選挙	400 人中 60 人棄権, 磐田郡東部は水害
	大孫		鈴源, 鈴鼎, 榑松, 内山
8.17	静岡駅	水害地視察者の出迎え	元田, 岡村, 高橋, ●井清
	千鳥座	明日の視察行路打ち合わせ	寺崎
8.18	藤枝	瀬戸川破堤場所, 河口視察	鈴木代議士, 飯塚県属, 町長, 区長, 郡長, 警察署長, 巡査
	島田・金谷	被害状況視察	
	掛川陳列館	小笠郡の被害状況聞き取り	富田氏案内, 掛川警察署長

表 4-8　日記より見た大橋頼模の行動－明治 44 年（1911）－（続き）

年月日	場所	用件	会合者
	中泉見付郡役所	磐田管内状況聞き取り	平野，鈴重，町村長，大杉郡書記
	浜松	工場見学	浜松市長
8.19	県庁参事会	土木費提出	鈴木辰次郎，松永，松城，平野，富田，森，田中
8.20	富士	各地被害視察日程 富士川被害視察	松浦，森田代議士，石井県参事議員，平野，松城，加島村長，田子浦村長，その他有志
8.21	安倍川	安倍川被害視察	松城，田中，県参事会員，市長，助役，村長，有志者
8.23	市役所	安倍川改修協議	市長，助役
8.24	県庁	三大鉄橋架橋費，安倍川富士川陳情	石原知事，野中
8.27	東京政友会本部	静岡県における水害状況を述べる	松田，伊藤幹事長

（「大橋頼模日記」より作成）
注）「●」は判別不能を示す。

所に現れたのは，7 日に開催された組合会の場においてのみである。このように，大橋は東縁水防組合長の肩書を持ちつつも，その職務は本来水防組合長が務める非常時における天竜川堤防上での指示や活動といった，いわゆる現場監督として陣頭指揮を執る立場とは切り離されて存在していたのであった。むしろ大橋は，静岡県全域に関わる治水や，行政の調整役としての活動が顕著であった。このような役割は，8 月中旬以降さらに大きくなっている。すなわち，8 月中には 2 度にわたって，水害の被災地を視察することとなる。1 回目の 18 日は，大橋が県属，郡長，町長，区長，警察署長と鈴木代議士を伴って静岡を出発し，藤枝で下車，町内を流れる静岡県管轄の二等河川[40]，瀬戸川の破堤個所などを視察している。この日はその後も東海道本線を西進して，島田，金谷，掛川と小刻みに下車して視察を続けている。2 回目の視察は 8 月 21 日に行われ，静岡県東部の富士川と，静岡市内および近隣村の安倍川の沿岸を巡視している。このことから，7 月の水害は県全域に及んでいたこと，その後行われた被害視

察には大橋が全てに同行し，関係する行政の長と頻繁に顔を合わせていたことがわかる。この視察から2日後の8月23日には，現地での巡視をふまえて静岡市長，助役と安倍川改修について協議し，翌24日には県知事に安倍川，富士川の改修について陳情を行っている。そして27日は東京に出張し，政友会本部において静岡県の水害状況を報告したのであった。現地視察以降の大橋の動きには，河川政策に携わる行政機関との対応順序が示されており興味深い。すなわち，まず現地の市町村長，郡の代表者らと被災地を視察して現状を把握した上で県知事と会見し，最後に中央の政党を通して政府に働きかける準備を行っていたことが判明するのである。

c．中央政府との利害調整

　大橋の行動のうち，ここでは明治44年（1911）9月以降の，天竜川に関連した活動に絞って，それらを抜き出してみよう（表4-9）。なお，この年の8月に発生した水害の後，天竜川では安倍川などと異なり現地視察が計画されておらず，一見すると行政の対応が出遅れていたように見受けられるが，大橋が東京出張を終えた9月に入ると視察実現に向けた動きが活発になる。まず1日に静岡県庁において，県会を傍聴し終えた大橋と磐田郡内の町村長らが会談し，4日には東縁水防組合の組合会が，大橋も出席して池田村の水防事務所で開かれた。そして翌5日に天竜川左岸，すなわち東縁水防組合の管轄する堤防の被害視察が行われた。そしてこの際に同行した村長2名と，水害地調査に関する善後策を協議している。16日になると，大橋は静岡の新報社において県会議員平野政五郎[41]と天竜川視察の件を相談し，18日には見付の大孫において山田松一と天竜川堤防の件を協議している。山田松一は，留守の多い組合長の代理として池田の水防組合事務所に詰めている人物で，組合長の大橋に代わり東縁組合の実質的な指揮をとっていた人物である。換言するなら，大橋は，この山田松一がいるからこそ，天竜川流域を離れて静岡や東京を行き来することが可能なのであった。9月23日には天竜川堤防の件で県知事や県幹部とも協議が続けられた。このうち小島部長との協議では，具体的に天竜川堤防のうち中島および匂坂地区といった具体的な地名が取りざたされている。10月1日，2日には，代議士や両岸の水防組合幹部などが参加し，2回目の天竜川下流域両

岸の視察が行われた。このことから，先に実施した1回目の視察は下見としての意味があり，この2回目の視察こそが，天竜川の被害状況を他の代議士や対外的にアピールする場として位置づけられたのであろう。また，当然のことながら大橋の政治活動の「お膝元」の住民に対しても，自身の活動を印象付ける機会として捉えていたと思われる。その後11日に組合会で審議する内容の確認を参事諸氏と行い，14日に池田の事務所で組合会が開催された。このときは，匂坂西，源兵衛新田，中島地区の堤防工事に関する件が議題として登場しており，去る9月23日に県知事や県幹部と協議した内容が組合会で取り上げられたことが確認できる。組合会協議の終了後には池田の料亭，浮影楼に場所を移し，水防組合の歳入の基本となる加入町村への賦課算定のための，反別戸数割調査の件で打ち合わせが続けられた。

　10月の中旬から下旬にかけては，天竜川に関係した動きは一段落し，再び安倍川改修問題について市と県のレベルで頻繁に協議が行われている。大橋はそのどちらにも参加しているが，これは換言するなら，安倍川，天竜川の各関係者の活動が，同時に重ならないように配慮されたものとも捉えることができる。

　天竜川ではようやく10月30日になって，大橋の井通村の自宅に西之島と源兵衛新田（ともに井通村）の惣代が訪問し，改修工事について何事か陳情を行っている。大橋は，市や県，時には政府への陳情を自らが代表者となって行う一方で，天竜川下流域内において利害調整が必要な際には，その地区の惣代などから陳情を受ける立場にあり，このような場で「地元の声」を収集していたのであった。11月24日の県議会では，これまでに行った大橋の陳情や県幹部との被災地巡視の結果，県の方針が政策としてまとまり，県内の四大河川（富士・安倍・大井・天竜川）の改修に国庫支弁を要望すること，そして，同河川の架橋工事を推進する事などが審議された。大橋はこの県会を傍聴に訪れている。また，この日の県会終了後に静岡から中泉に移動し，25日には組合の参事会に出席，組合の予算追加や掛塚町の東縁組合編入の件が話し合われた。ここでは，大橋が傍聴した県会での審議の様子も伝えられたことであろう。12月13日には池田で組合の会合が開かれ，改修工事の国庫支弁を組合においても請願

表 4-9　天竜川第 2 次改修決定期における関係者の動き－明治 44, 45 年（1911, 1912）－

年月日	場所	用件	出席者など
明治 44 年 9. 1	静岡	県議会の後，水害の件について来談	磐田郡町村長
9. 4	池田	東縁水防組合組合会規約他数件審議	出席議員 21 名
9. 5	天竜川左岸	東縁堤塘巡視	鈴久，平作，長谷川助役，大庭助役，地元惣代，斉藤善八（船頭）
	袖浦村	巡視	本間，石川，平六
		水害地調査の善後策協議	鈴清町長，鈴信町長，20 余名
9. 8		各地河川増水の報告あり	
9.16	静岡新報社	天竜川視察の件	平野政五郎
	静岡知事官邸	天竜川堤防の件	石原知事
	静岡県庁	天竜川堤防（中島，匂坂）の件	小島郡長，野中
9.18	大孫	天竜川堤防の件	山田松一
9.23	静岡知事官邸	天竜川堤防の件	石原知事
	静岡県庁	天竜川堤防（中島，匂坂）の件	小島郡長，野中
10. 1	中泉友愛館	駅で出迎え	東縁組合参事員諸氏，池田権太郎，松城，富田，田中，森田県参事会員，鈴木代議士，寺崎
	大孫	歓迎会	
10. 2		町村長参事会員と面会	県参事会委員 5 人，田中，鈴辰，午前 9 時帰郷
		神田より両岸視察	東縁組合参事会員鈴木議長，見付町長，西縁組合大塚卓一，20 余名
	大孫	築堤その他の協議	山田代理者，左口会計係，鈴久，金原，斉藤，青島半三郎
10. 3	井通村自宅	中島堤防の件	長谷川猪太郎，大庭浦太郎，茂野
10.11	大孫	堤防及び参事会開会の件	山田代理者，長谷川，松本八郎
10.14	池田	水防組合参事会（匂坂西，源兵衛新田，中島工事）	鈴久，斉藤，金原，長谷川，石川，山田代理者，左口会計
		その他組合協議	笹倉主幹，駒場相場長年，高木大庭浦次郎，井通松本八郎，立野・森本・西之島・源兵衛惣代
	浮影楼	組合内反別戸数割調査の件	参事員諸氏
10.19	静岡県庁	安倍川改修工事の協議	市の委員，伊藤助役，県参事会員
10.22	静岡市役所	安倍川改修問題	松城，長島市長，山田

表 4-9 天竜川第 2 次改修決定期における関係者の動き－明治 44, 45 年（1911, 1912）－（続き）

年月日	場所	用件	出席者など
10.23	静岡新報社	安倍川問題	伊藤助役
	佐之や	安倍川改修工事	山田，池田，平野，森
10.27	静岡県庁	安倍川官地使用の件	土木課野中県属，山田
		県参事会安倍川改修工事	松城
10.30		改修工事陳情（西之島，源兵衛新田惣代）	平野
11. 9	佐之や	天竜川視察の日程相談	平野政五郎
11.10	大孫	参事会開会の件，掛塚などへ連絡	山田代理者，委員諸氏
11.11	大孫	東縁水防組合組合参事会，視察，各村負担反別調査報告	吉田氏以外全員出席
11.12	天竜川	天竜川視察	鈴木県会議長，平野県参事会員，笹合主幹，組合役員一同
	天竜川	池田，半場，鶴見輪中，掛塚西縁堤	松下家宿泊，掛塚町長，助役，町会議員
11.13	大孫	港湾，福田，中泉	袖浦村長，相場，石川，浜口，山田代理者
11.14	井通村自宅	水防組合打ち合わせ	山田氏
11.22		東縁組合に統合の件	掛塚池田藤七，左口
11.24	県会議事堂	傍聴，四大川国庫支弁，五大橋架橋	
11.25	東縁組合参事会	丈夫付，予算追加更正，掛塚町加入の件	
11.26	見付税務署	宅地価修正委員会	鈴清，富田以外出席
	大孫	東縁組合参事会反別調査	山田代理者が出席
12. 5	大孫	東縁各村の絵図面書き写し	左口，山田，長谷川
12. 6	大孫	東縁組合加入立件	掛塚袴田助役，山田代理者
	見付税務署	組合村の絵図面書き写し	長谷川
12.13	池田水防組合役場	組合内町村及び参事会掛塚町編入の件協議	村長 8 名（池田村は欠席）鈴●，青島平，青島●，斉藤，石川，金原，新村，長谷川
		改修工事請願，架橋請願	
明治 45 年 1.14	静岡新報社	天竜川改修工事，総堤防保護を県当局に陳情打ち合わせ	西縁組合水防委員 2 名，東縁山田代理者，長谷川，金原
1.24	帝国議会	請願委員会第二分科会	

表4-9 天竜川第2次改修決定期における関係者の動き－明治44,45年(1911,1912)－(続き)

年月日	場所	用件	出席者など
1.28	帝国議会	天竜橋架設，天竜川国庫支弁決議 静岡県における治水問題陳述	鈴木，大野，伊平代議士，一木次官，水の土木局長
2. 8	東京政友会本部	大井天竜安倍改修工事に関する建議案について，党員の賛成を得る	
2. 9	帝国議会	本会議，三川改修工事案の質問をする	
2.10	帝国議会	請願委員会	
2.11	井通村自宅		
	井通村役場	掛塚町編入，天竜川改修工事説明	
2.12	井通村自宅	小立野耕地整理，池田井通改修工事の件	野原平作，山田和一
		河原地開墾の件	九平他数名
2.13	静岡県庁	大井安倍川治水上の調査依頼	小島内務部長，六名土木課長
2.14	帝国議会	請願第二分会	
2.16	帝国議会	本会議，治水政策に対する演説をする	
		治水問題相談	元田
2.18	帝国議会	請願委員会	鈴辰，大野
		本会議天竜大井安倍川改修建議案委員付	
2.27		三大川改修	石原知事，小島部長
		大井安倍，流域平面地質説明	土谷課長，高野村長
		天竜大井安倍川改修建議案について質問会	土木局長，近藤，鈴辰，長，森田，高柳，田中法
3.12	池田水防事務所	組合参事会，工事速成問題，掛塚編入の件	
		当局大臣議員へ陳情書の件	両縁組合，大塚
		改修工事の件協議	西之島，立野，森本区長，有志者
	浮影楼	陳情上京者決定	平野，青島，石川，袖浦村長高安同伴
3.13	帝国議会	請願委員会，天竜川東縁水防組合委員と会見	10名

表4-9 天竜川第2次改修決定期における関係者の動き－明治44,45年(1911,1912)－(続き)

年月日	場所	用件	出席者など
3.14	帝国議会	天竜大井安倍改修問題可決	
3.17		平●治水会長へ天竜川代表者を紹介	平野政三郎他5名
3.18	内務省	天竜川東西両縁委員を一木次官に紹介	両縁委員，一木次官

(「大橋頼模日記」より作成)
注)「●」は判別不能を示す。

することが確認された。このように水防組合は，増水時の水防活動や，堤防工事の差配，仲介者といった，いわゆる堤防の維持・補修に関する実務だけではなく，治水請願などの政治的な働きかけにも参加していたことが確認できる。
　年が明けて明治45年（1912）1月に入ると国会が招集され，大橋は上京して本会議や請願委員会第二分科会[42]に出席しつつ，今度は静岡県当局と政府との調整役として立ち回るようになる。まず1月14日には，西縁水防組合の委員と合同で，県当局に天竜川改修工事と，総堤防保護，すなわち堤防のかさ上げと補強に関する陳情の打ち合わせを行っている。その後再び上京した大橋は，24日の請願委員会第二分科会に出席する。委員会で決議された議案の中には，「第323号天竜川改修工事国庫支弁ノ件」，「第324号大井川改修工事国庫支弁ノ件」，「第352号安倍川改修工事速成ノ件」があり[43]，これら議案の決議には当然のことながら大橋の主導が考えられよう。この委員会の後，議案は本会議に掛けられることが決定された。大橋は28日に国会内において内務省の一木次官[44]，水野土木局長らを前に，静岡県における治水問題について陳述した。
　2月6日には，衆議院において治水政策に関する建議書の委員会採択と，治水法案に関する特別委員を決定し，大橋を含む9名が選出された。この中には，大阪府の淀川改修で中心的な役割を果たした植場平[45]の名前もあり，特別委員は各河川流域において治水問題を重点的に扱ってきた人物たちによって組織されていたのであった。
　一方，政友会は，2月8日の本部における会合において，議案「大井天竜安倍川改修工事ニ関スル件」に党として賛成する方針を確認している。与党政友

会の方針はすなわち，本会議での可決を意味していた。この段階で 3 川の工事着工が内定したといえる。

ところで，本来大橋や静岡県当局が意図していたのは「四大河川」の改修であった。しかし，「三川改修」，「大井天竜安倍」という名称からも明らかなように，国との折衝の中で「富士川」が欠落しているのであるが，それに至った経緯については明らかにしえない。おそらく，四川全てを同時に改修することは予算などの関係で困難となり，何らかの政治的な妥協が探られた結果が「三川改修」になったのであろう。しかし，静岡県が 4 大河川と認識する富士・安倍・大井・天竜の各河川のうち，当初直轄工事河川とされたのは富士川のみであり，大井・天竜両川は後回しに，安倍川に至っては選定から漏れた河川であった。安倍川は静岡市街に水害を及ぼす可能性があるものの延長距離が 100km に満たず，しかも直轄第 1 次工事さえも未施工の河川である。大橋は当初から安倍川の改修工事実現に積極的に動いていたことからも明らかな通り，この河川選定に当たっては彼の意向が相当含まれていたことが予想される。

この後，大橋の調整役としての役割はさらに大きくなり，まず 2 月 10 日の国会で委員会に出席した後，11 日以降，井通村役場，静岡県庁などにおいて打ち合わせを繰り返した。14 日には再び上京し，16 日の国会で治水政策について発言を行った。そして 18 日の本会議において，天竜大井安倍川改修建議案が委員会に付託されることが決定した[46]。改修工事の開始が現実のものとなったためか，27 日は静岡県庁において知事や県幹部，流域村長らと会談し，流域の地質や図面について打ち合わせを行っている。3 月 4 日に国会の専門委員会での質問会を終え，5 日に静岡市内に戻った大橋は，天竜川改修工事の件について沿岸の町村長や西縁組合への伝言を託している。そして 3 月 8 日に，付託された委員会で天竜・大井・安倍川の国費改修工事が決定となり，これ以降，天竜川では昭和戦前期まで続く内務省直轄第 2 次河川改修工事が本格的に始動することとなるのである。3 月 12 日にはそのことを報告する水防組合の臨時組合会が池田の水防事務所で開催され，内務省の担当者と委細の打ち合わせや陳情を行う「上京委員」を決定した。14 日には東京において合流した委員一行を大橋が案内し，まず河川改修の問題が最初に審議された所願委員会に

出向き挨拶を行っている。一行はその日の本会議で改修問題の可決を見届けた後，内務省に移動し土木局長などと面会している。18日には国会内において内務省の一木次官に面会し，その後次々と政府の治水事業担当者と顔合わせを行っている。

　一方，大橋頼模自身は，この期間を通して，治水関係の法案可決とそれに関連した関係各所との連絡調整のみを行っていたのではない。自身の事業をはじめとし，電灯会社の静岡市営事業化問題，磐田郡内の宅地価修正に関する件でも各地を奔走し，静岡県西部と中部，東京，そして，宅地価問題では名古屋にまで出張することもあった。

　このように，大橋は，天竜川東縁水防組合長としての職務に留まらず，治水政策そのものについて静岡県や中央政府にまで働きかけを行う存在であった。そして，ついには静岡県と政府を結ぶ調整役として機能することとなった。他方で大橋は，国会議員，新聞社社主，農村の地主としての側面も持ち合わせていた。大橋は自身が持つ，いわゆる地域の名望家としての地位を大いに発揮して，天竜川下流域の意思統一を，治水請願と法案の成立という形で成し遂げていった。そして，その構造の頂点に，政治家としての大橋自身を位置づけた。その一方で，大橋は水防組合長でありながら，実際の水防活動など，現場に出動して行う業務については一切の指揮を代理人に任せていた。そして，大橋を組織の長とするこの頃の水防組合は，前節で見たような増水現場や堤防補修の工事に関する実務とならんで，政府への請願のため地域の意見を収斂し，治水の機運を高めるための「機能集団」としての役割をも担うこととなった。この水防組合のいわば行政への「圧力団体」的な活動は，本来組合が行なってきた現場での活動とは著しくかけ離れた目的を持つものであることに注目する必要があろう。

　大橋はこのような地元の要望を汲み取り，政治活動において一定の成果を上げることで，さらに地域の人々の賛同を集めていった。政策面で地元に利益誘導を行う人物が，天竜川下流域の場合，それが治水と直結する水防組合長の職にあった大橋であったことが象徴的である。

注

1) この規則は，その公布に前後して，内務省に河川管轄が移された時であったため，「大蔵省番外」となり，法令番号を持っていない。
2) 土木用語辞典編集委員会（1971）：『土木用語辞典』コロナ社・技報堂，によると，「渇水期など，低水時でも船舶が安全・自由に航行できるような水深と上流から下流への水面勾配の確保を目的とする河川工法で，河川の流路の整備，浅瀬の浚渫，要所での水流制御の施設や護岸の施工などを主な目的とする。」としている。
3) 「預防ノ工」の施策として，山間部における植生の保護と水路，堰の整備，平野部での遊水地の設置を挙げており，雨水が河川に流れ込む速さや度合いを調節することで下流部の氾濫を防ぎ，山間部の土砂の流出を防いで河床の上昇を抑える効果を狙っている。
4) 「防禦ノ工」では，本支流の堤防と護岸，堤外地の保護整備とされた。
5) 明治11年（1878）太政官布告第十九号「地方税規則」のうち，第三條による。
6) 河川管理について明記した第六條，第八條，河川に関する費用の負担を明記した第二十六條，第二十七條によると，河川の利害が複数府県に及び工事が困難で財政の負担を賄いきれない場合，そして複数の府県を統括しつつ工事を進める方が有効である場合には，内務省による直轄工事を施行するとしている。
7) 内務省第四区土木監督署編（1898）：『天竜川流域調査書』内務省第四区土木監督署が原典。ただし，本書では，復刻版の建設省中部地方建設局編（1989）：『天竜川流域調査書』建設省中部地方建設局，を使用した。
8) 「大正12年度（1923）以降10カ年内改修河川」に指定され，大正7年（1918）より測量開始。
9) 建設省中部地方浜松工事事務所編（1990），131頁
10) 前掲9），132頁
11) 国土交通省中部地方建設局浜松工事事務所蔵文書のうち，「鈴木治三郎氏収集明治改修関係」と一括された文書群のコピーにあり，「天龍川治水沿革調書」の表題がある手書き原稿に記述がある。
12) 国土交通省中部地方建設局浜松工事事務所蔵文書，天竜川西縁水防組合「明治三十年一月二十七日決議書」
13) 十束尋常小学校編（1913）：『十束村誌』十束尋常小学校
14) 堤防の上面（馬踏）だけでなく，中段にも地面と水平部分を作り，堤防を補強するやり方。川側につける場合を表小段，堤内地（人家側）を補強する場合を裏小段と呼ぶ。
15) 現地調査による。なお，中町付近には江戸時代以来の旧本堤が，町内の道路として現存している。
16) 国土交通省中部地方建設局浜松工事事務所蔵文書，天竜川西縁水防組合「明治二十六年七月改修工事請渡金高帳」による。
17) 居所は天王村下堀で，この時は村長も兼任している。
18) 天竜建設業協会30周年記念誌編集委員会編（1983），24-25頁。また，浜名郡竜池村（1912）：『竜池村誌』浜名郡竜池村，によると，長谷川は明治22年5月8日から24年12月2日まで，

竜池村の初代村長を勤めている。
19） 神田は野部村神田（右岸北部），和田は和田村和田（右岸中央部）に存在。
20） 堀内平四郎の居所は掛塚村豊岡51番地，堀之内集落。
21） 国土交通省中部地方建設局浜松工事事務所所蔵文書「約定証書」。
22） 国土交通省中部地方建設局浜松工事事務所所蔵文書「明治二十六年十二月改定土木工事及土用品受負規則」。
23） 国土交通省中部地方建設局浜松工事事務所所蔵文書「工事心得書」。
24） 国土交通省中部地方建設局浜松工事事務所所蔵文書「表題欠」。
25） 国土交通省中部地方建設局浜松工事事務所所蔵文書「領収書」，「催促状」などがある。これは明治27年頃に，水防倉庫に納入する分の丸太について，山本が納期に間に合わなかったことを示す一連のやりとりである。
26） 国土交通省中部地方建設局浜松工事事務所所蔵文書，「天竜川西縁水防組合明治二十五年十二月起天竜川西縁水利土功集会決議書綴込」。
27） 磐田市史編さん委員会編（1991）:『磐田市史資料編2』磐田市史編さん委員会，によると，明治20年（1887）に東縁水防組合が発足した際には掛塚輪中，広瀬村共に同組合に参加していたが，防御上の不都合から明治23年（1890）に脱退したといわれている。
28） 国土交通省中部地方建設局浜松工事事務所所蔵文書「天竜川西縁水防組合明治二十六年日誌」。
29） 水防組合に加入する町村から選挙により選出され，組合会の議決権を持ち，組織の運営を行った。
30） 樹木の枝や樹皮のことで，応急的な水制工作成の資材に用いられる。
31） 水制の一種で，丸太を組み合わせて河床の根固めに用いられる。
32） （著者・編集者・発行所名記載なし）（1912）:『下阿多古村誌』によると，明治末年頃の材木の販売額として，杉・檜6000円，松・雑木5000円，竹1000円とあり，多くの需要があった。
33） 磐田市匂坂中での聞き取りによる。
34） 一貫地村では切り出した竹を仲買人などに入札させ，そこから得た売却費を村入用に当てており，明治時代にはその金銭出入を記した「竹勘定帳」が残されている。
35） 天竜川東縁水防組合編・発行（1938），454頁
36） 静岡新報は，明治28年（1895）1月4日，「東海公論」（それまで沼津で発刊していた自由党系の「岳南新聞」を改題し，明治27年6月15日東海公論社から創刊）を再改題し，静岡新報社から創刊。1941（昭和16）年12月1日，一県一紙とする新聞統制により，静岡新聞に統合。
37） 当時の市会選挙制度によると，大橋は静岡市会三級選出議員であった。
38）『静岡民有新聞』明治43年（1910）1月9日による。
39）『静岡民有新聞』明治43年（1910）8月24日，25日による。
40） 前掲1）によると，河川を一等から三等まで分類したうち，流域が府県内に収まり，複数の市町村にまたがって流れる川を指す。
41） 平野は，この時天竜川東縁水防組合の加入村である冨岡村の村長を務め，大橋と同じ政

友会所属の静岡県会議員。
42) 請願委員会は貴族院常任委員会の一つで，内務省関連の請願を審議するのが第二分科会であった。
43)『帝国議会貴族院委員会議事録』による。
44) 一木喜徳郎 1867 － 1944。国史大辞典編集委員会編（1979），633 頁，によると，明治から昭和初期にかけての法学者，官僚政治家。遠江国佐野郡倉真村（静岡県掛川市）の出身。明治43年（1910）には第二次桂内閣の元で内務次官を務め,地方改良運動などに尽力した。
45) 大阪府島上郡大冠村（現高槻市）出身で，大阪府会議員，高槻町長，淀川治水対策同盟会委員などで淀川治水運動に活躍，明治35年（1902）より衆議院議員を8期務めた。
46) 天竜川東縁水防組合編（1911）:『治水彙報』天竜川東縁水防組合，によると，これは第25回帝国議会衆議院「天竜，大井，安倍三大川改修工事ニ関スル建議案委員会」で，3月1日に開かれた委員会では，出席委員は大橋のほか5名と政府委員2名であった。

第5章
水害減少期における天竜川下流域の地域構造

第1節　農業生産と村落構造

（1）農業生産の特徴
a．遠州4品の栽培

　第3章において検討したように，元来から商品作物栽培が盛んであったこの地域において，水害の減少は農業生産の安定を意味することとなる。ここでは，まず明治中期頃から始まった主要農作物の変化について概観し，その後この地域において主要な作物となっていく蔬菜栽培について検討を行う。なお本節においては，本書において中心的に論述する明治末期の状況より若干時代が下るが，大正期以降の農業に関する史料を含めて考察を進めていく。

　江戸時代以来続けられてきた自然堤防上の畑での綿作は，明治20年代後半になるとインドなどから安価な輸入綿が入るようになり衰退していった。しかし，綿作に付随して発達した綿織物は，従来からの高い技術を維持していた。この地域で生産された綿織物は，江戸時代から「河西木綿」と呼ばれブランド力を有していた。それゆえ，綿，藍生産が衰退し原料を他所から調達するようになってからも，綿製品は「遠州木綿」と名称は変わったものの引き続き存在していた。これらを基盤とし，第二次世界大戦前には「別珍・コール天」の生産で日本有数の産地となっていく[1]。

　一方で，藍が衰退しはじめる明治30年代になると，それまで藍を補完する存在であった蔬菜が，栽培の中心となった。そしてそれらに混じり，ヘチマ，ショウガ，トウガラシ，ラッカセイの4品が盛んに栽培されるようになっていった。これらの作物は，主として輸出を目的とするという販路の特徴から「遠州4品[2]」として総称されていた。本書においても特別な事情がない限り，これら4品を

総称する場合は遠州4品と記述することとする。

　ところで蔬菜類のうち，江戸時代末期から「継ぎ牛蒡」の一件などですでに浜松城下に知られていた根菜類は，畑地の深耕を必要とするため大規模に栽培を行うのは容易ではなかった。根菜類栽培が盛んであったのは天竜川に比較的近接した地域であり，詳しくは後述するが，自然条件と密接に関係していた。それに比べ遠州4品は容易に栽培が可能であったため，下流域に広く普及した。これら4品のうちヘチマは，食器の洗浄用や緩衝材など，現在スポンジが使用される用途全般に需要があった。緩衝材では特に紳士用帽子の内張として重宝され，アメリカやヨーロッパに輸出されていた。また，特産のヘチマが容易に手に入る環境が従来の繊維産業とも結びつき，帽子生産は天竜川下流域においても行われた。明治29年（1896）には浜松市街，向宿町に帝国製帽株式会社が設立され，以降昭和30年代まで高級ソフト帽の生産が行われていた[3]。

　一方，ショウガは根の部分を乾燥させたものを「ハジカミ」と呼び，江戸時代より漢方薬の原料として高価で取引されていた。その需要は日本国内にとどまらず中国大陸にも輸出された。ショウガが輸出品として数えられているのもこのことに由来する。ラッカセイは，食用，搾油用に大きな需要があり，天竜川の沖積平野から三方原台地にかけて広範囲に栽培が盛んになった。ところで搾油に関して，綿栽培が盛んな時代にはその副産物である綿実油の生産も盛んに行われていた。その技術がラッカセイ導入に応用されているであろうことは想像に難くない。一方でラッカセイの栽培や施肥，搾油から販路等に至るまでの農業経営全般は，すでに明治20年代後半から農会を中心に研究が進められており，盛んに一般向けに普及させようとしていたことが確認できる[4]。またラッカセイはマメ科であるため，輪作体系の一つとして普及した面もあった。沖積平野上の村々にとって，自然条件の異なる台地上の農村と同じ作物を栽培し，時として情報の交換や出荷組合を組織することは，これまでの天竜川下流域ではほとんどみられなかったものであった。

　ヘチマの生産量とその額や栽培面積は，栽培が本格的に開始された当初期にあたると思われる，明治20年（1887）から，3～5年間隔で判明する（図5-1）。なお，この数値は浜名郡全体のものであるため，天竜川下流域での生産

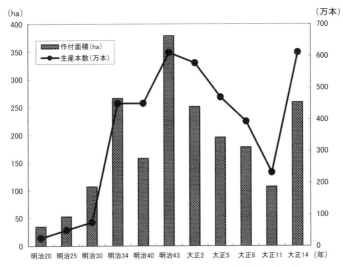

図 5-1　浜名郡におけるヘチマ生産の推移－明治中期～大正期－
（『浜名郡史』より作成）

だけを抽出することはできないが，浜名郡の動向は，当然天竜川下流域とも連動していたと考えられよう。

　本図のうち，作付面積の推移を見ると，ヘチマは明治30年（1897）頃から郡全体で100haを超える。それ以降は，明治40年（1907）や大正11年（1922）に面積が減少するものの，大正時代の終わりまで100haを割り込むことはなかった。次に生産量をみると，明治30年頃までは，100万本に満たない生産量であり，ヘチマが導入されて間もない頃は栽培も試行錯誤の段階で，まだ販路も十分に開拓されていなかったのであろう。ところが明治34年（1901）になると，面積，生産量共，飛躍的に増加する。しかも，明治40年に至るまでに栽培面積が100haほど減少するのに対して，生産量は明治34年の値を維持している。詳しい原因は不明であるが，おそらくこの時に，何らかの栽培技術や，方法の革新があったのではないだろうか。ヘチマ栽培は，次の明治43年（1910）にひとつのピークを迎えることとなる。一方で，大正期に入ると徐々に面積，生産量共に減少し，大正11年（1922）に最も低い値となる。大正初年からの

減少には，第一次世界大戦が影響していると考えられる。このように，輸出を主目的とした農産物は，市場が世界へと広がったため，国際的な社会情勢に出荷量や産額が影響を受けることとなった。これは，従来までのこの地域の農業では考えられなかった事象であった。

　ところで，ラッカセイをのぞいた3品は，反当の収支と収量等が明らかとなる（表5-1）。以下，表に即して，遠州4品に代表される商品作物の特徴を検討してみたい。

　はじめにヘチマでは，収入の欄に1番成から4番成までがあり，それぞれ見積もられる価格が異なっている。収量を見ると，1～3番成までは反当り800～1,000本ほどであるが，4番成は150本のみで，この年は3番成までで収入のほとんどを占めていた。ヘチマ1本あたりの買い取り額は，1番成が6銭で，以下2番成5銭，3番成4銭，数が少ない4番成は3銭となっており，最初にできたヘチマが最も値が高く，それ以降のものは順々に安く設定されていた。特に4番成に至っては1本あたりの買い取り額が1番成の半額であり，ヘチマは収穫時期が遅くなるに従って品質が劣化していくものであったことがわかる。4番成りの収量が低いのもこのことに由来しよう。一方，支出に注目すると，全支出の半分ほどは耕作人夫への賃金となっている。これらは，ヘチマの収穫時や，棚の作成時に必要とされる人員と考えられる。人夫は男29人，女13人が動員されているが，人夫賃の総額68円10銭を1人当たりの日給で割ると，男女とも1人当たり2，3回という，短い日数でのみ労働に従事していたことがわかる。それゆえ，ヘチマ栽培は多くが家族労働を基本としており，収穫期になると人々が一斉に集まって収穫を行ったのであろう。この人数は，後述するトウガラシとショウガにも共通しており，いずれも短期間に集中的に人員を集めるのが特徴的である。

　トウガラシは，品質によって1等から3等までの区分がされており，出荷品のほとんどは1等品であった。トウガラシの等級はヘチマのそれとは異なり，収穫期のずれによって生じるものではない。また，基幹の部分も3等より額は少ないが，販売用として出荷されている。これは，いわゆる「葉トウガラシ」などであり，佃煮や漬け物として用途があったのであろう。ところで，本表で

表 5-1　遠州 4 品のうちヘチマ・トウガラシ・ショウガの収支および反当収量
　　　　－大正 9 年（1920）－

ヘチマ

支出	133 円	90 銭	
内訳	68	10	耕作人夫　男 29 人，女 13 人　　男 1 円，女 70 銭
	38	10	肥料代
	15	70	棚代見積　棚は細丸太 300 本，竹 30 束，縄，針金等を使用
			（3 ヵ年継続使用と見越し，計上額は総計の 3 分の 1）
	12		小作料
収入	140 円	50 銭	
内訳	54		1 番成 900 本
	50		2 番成 1,000 本
	32		3 番成 800 本
	4	50	4 番成 150 本
利益	6 円	60 銭	

トウガラシ

支出	98 円	40 銭	
内訳	48		人夫賃　男 16 人，女 17 人
	24	70	肥料代
	20		小作料
	7	70	種子，苗床材料，農具，その他
収入	161 円	70 銭	
内訳	153		1 等 600 斤
	6		2 等 50 斤
	1	5	3 等 30 斤
	2	20	基幹 120 斤
利益	61 円	30 銭	

ショウガ

支出	124 円	50 銭	
内訳	50		人夫賃　男 25 人，女 25 人　　男 1 円 20 銭，女 80 銭
	40		種子代 80 貫
	30		肥料代（金肥のみ）
	2	50	乾燥器具代
	2		公課
収入	156 円	50 銭	
内訳	155		生産量 387 貫 500 匁，製造高 96 貫 880 匁
			1 斤は 250 匁，1 円につき 2 斤 5 分
	1	50	茎葉を肥料として見積，150 貫
利益	32 円		

（『浜名郡史』より作成）

はヘチマとトウガラシ栽培の支出として小作料が記載されている。すなわち，この事例農家は畑を地主から借り受けていたことが明らかである。それでも，人夫賃の支出が示すように，農繁期には家族以外の人手を必要としていたのであり，この地域での蔬菜栽培の特徴が見出せる。また，ショウガは400貫近い生産量に対して製造高が100貫未満と，4分の1に目減りしているため，多くが乾燥させたもの，すなわち漢方薬の原料として出荷していたものと思われる。

　一方で，水田の反当収入はどれほどだったのであろうか。最後に稲作と遠州4品の比較を行い，これら輸出作物の相対的な優位性を概観してみたい。遠州4品の反当収量調査が行われたのと同じ頃の調査である「静岡県農業経営事例[5)]」では，芳川村において9反の水田単作経営を行っていた事例農家，中津川家の反当収量と，同調査によって収集したその他の事例農家を合わせた地域の平均値が示されている。それによると，中津川家の稲作1反当の純益は101円44銭であった。同様に平均値は98円60銭ほどであり，およそ1反につき100円の純益があったことが明らかである。他方で，ヘチマ，トウガラシ，ショウガの反当純益だけを見るなら，それぞれ140円，161円，156円と，稲作を大きく上回っている。しかし3品の場合は，人夫賃や，おそらく稲作よりも大量に使用されているであろう肥料代など，支出の分を考慮する必要がある。しかし，自然堤防が卓越し，元来水田の少ない自然条件である下流域においては，純益において稲作を上回る遠州4品の栽培は，極めて重要な意味を持つものであったと考えられる。天竜川下流域では，これら商品作物や，蔬菜栽培を組み合わせた農業が展開されており，これは水害頻発期より引き続き畑を重要視していたことを示している。

b. 一般蔬菜の生産拡大

　一般の蔬菜類の栽培については，『中ノ町村誌[6)]』により明治34年（1901）とその10年後の明治44年（1911）における農作物の作付け面積を比較することが可能である。また，同種の史料から明治44年における，隣接する和田村，飯田村の農作物とその作付け面積も明らかとなる[7)]。これらは，村ごとに調査基準が異なるため，3村の状況を単純に比較出来ないことを考慮する必要はあるが，農作物の概要を知る上では貴重な史料となろう。

作成した一覧表では（表5-2），中ノ町村の10年間の農作物と，その栽培面積の変化を知ることができる。一方，和田村，飯田村の作物は，調査項目が少ないが，中ノ町村と共通するものがいくつか見られるため，下流域平野の客観的な指標として見ることが出来る。栽培作物は，遠州4品も見られるが，これらは村によってその作付けの規模が異なり，どの村も4品すべてを大規模に生産していたのではなかったことがわかる。明治44年(1911)では，和田村がショウガ，ヘチマ，飯田村はショウガの植え付けが盛んであった。中ノ町村のショウガ，ヘチマは10年間で減少したが，その代わりトウガラシ，ラッカセイが増加している。また，飯田村はコラフ[8]，ゴボウなどの根菜類や，サトイモの作付けが目立っている。中ノ町村は，他村よりも調査項目が多いという特殊な事情があるものの，10年間で実綿と葉藍の作付けが皆無になり，その代わりナス，キュウリ，蕪青[9]などの蔬菜類が急速に面積を増加させていた。

このように，明治末期頃の天竜川下流域では，遠州4品のうちのどれかと，イモ類や蔬菜類に生産の比重を置き，農業を展開していたことがわかる。また，この他にも『大正十二年農業調査報告[10]』によると，芳川村金折では明治中期に初めて「人ノ喜バザリシ土地」においてレンコン栽培が開始された。蔬菜需要が増加している状況において，土地条件に見合う新たな作物を導入したり，需要に合わせて様々な作物を模索していた様が想像される。

ところで，根菜類のよく育つ自然条件は，天竜川の洪水がもたらす土砂の堆積が関係しており[11]，とくにこの地域で行われていた畑の深耕法には，天竜川の洪水との関連が明瞭に残されている。古くから度重なる水害を受けたこの地域では，復旧作業として田畑に流入した土砂を起返する際に，流入した分の土砂を取り除いて水害前の耕土面を地表に出した後，さらに地面を5尺ほど掘り下げ，そこに流入した土砂を埋め込んだ。そして最後に表土をかぶせ直して元の耕地に復旧していたという[12]。数年単位で繰り返される洪水の復旧作業を行うたびに，地味の肥えた土が表土の下に取り込まれていたことなり，結果的に水害が根菜栽培に適した土壌を作っていったと言えよう。第3章において農地復旧率の低さを検討したが，中にはこのように入念な手入れを施す畑が存在したために他の復旧が遅くなった可能性も考慮する必要があろう。そうであ

表 5-2　天竜川下流域における農産物とその作付面積－明治末期－

農産物	中ノ町村		和田村	飯田村
	明治 34 年	明治 44 年	明治 44 年	明治 44 年
	作付（反）	作付（反）	作付（反）	作付（反）
米	1,377	1,355	1,600	1,125
陸稲	－	－	200	300
麦	856	900	1,330	1,595
甘藷	370	150	－	220
葉藍	200	－	－	－
大豆	160	20	100	－
桑	73	－	220	－
○ショウガ	60	15	230	188
ソバ	60	－	－	－
小豆	50	20	35	－
黍	50	40	－	－
○ヘチマ	50	3	180	10
蘿蔔	38	20	－	10
粟	20	23	10	－
実綿	20	－	－	－
葉煙草	19	2	130	210
ゴボウ	19	－	－	155
コラフ	18	－	－	150
トウモロコシ	15	1	－	－
ソラ豆	12	12	－	－
サトイモ	12	30	－	100
○落花生	6	45	－	－
馬鈴薯	5	5	－	－
白瓜	5	－	－	－
ナス	3	180	－	－
エンドウ	3	20	－	－
カボチャ	2	5	－	－
茶	2	－	－	－
キュウリ	1	106	－	－
菜種	－	90	－	50
○トウガラシ	－	20	－	－
蕪青	－	150	－	－
（桑収量）	－	－	(311 石)	(218 石)

（『中ノ町村誌』，『和田村誌』，『飯田村誌』より作成）
注）「○」は遠州 4 品を示す。
　　桑収量のみ石高のため，カッコで示した。

るならば流入した土砂を取り除き農地として復旧させる起返とは，特定の農地を根菜類の栽培に適するように下ごしらえをすることを含んでいたこととなり興味深い。また，昭和30年代まで，10年に1回の割合で表土とその下の土を入れ替える「天地おこし」を行っていたといい，水害の危険がなくなった後も表土の入れ替えと深耕の習慣が残っていた。一方で根菜栽培のうち，ゴボウやナガイモは収穫に手間と時間がかかるため，家族労働で行う農業形態では1反5畝以上の栽培は不可能であったという[13]。

　大正初年になると芳川村に浜名郡農事試験場蔬菜部[14]が設置され，郡内の蔬菜類に関する栽培法や品種の研究に関する拠点が整備された。この設置は，この地域が蔬菜生産地としての性格が強かったことも要因となっていたことが考えられる。昭和初期頃になると，芳川村は施設園芸農業の先進地となっていくが，これには，試験場の農業技術者からの教示も大きく影響をしていたという[15]。

　ところで，天竜川下流域では，平野内部における微少な自然条件の違いから，栽培作物の違いも生まれている。以下の2つの作物は，ともに1つの集落でしか生産，加工されていない特殊な作物であった。それがスゲ（菅）とフトイ（太藺）で，前者は鶴見輪中最南端の老間，後者は左岸南部の大柳が産地となっていた。老間におけるスゲ栽培は，個人が，所有する水田の一角をスゲ田として利用しており，刈り取り後に乾燥させ，農閑期の副業として笠を編んだ。スゲ田は，家屋や屋敷林に近接し，日当たりに難のある水田を利用しており，その規模はほとんどが1畝程度で，大きな所でも2畝以上の規模を持つものはなかった。1畝から刈り取ったスゲからおよそ200個の笠が作られ，完成したスゲ笠は1軒の家に集められ，そこに浜松などから来た仲買人が一括して買い上げていたという[16]。笠の販路は近郷の農村をはじめ，浜名湖北岸地域にまで広がっていた。遠州地方のなかでも広範囲に需要がありながら，スゲ笠は老間以外の集落では製造されておらず，例えば北隣の西大塚集落においてはスゲ田は全く存在していなかった。他方で，笠と並んで夏季や雨天時の農作業に不可欠な蓑や各種藁細工などは，老間では作られておらず，スゲ笠の生産に特化した状況であった。また，老間は天竜川に面した深耕地帯であり，畑では根菜類の栽培

も盛んな所であった。

次にフトイの場合を検討してみよう。大柳では，江戸時代以来，天竜川の旧低水路である芳川の水の淀みや湿地に自生しているフトイを刈り取り，筵に加工することを慣習として行ってきた。明治時代に入ると，芳川の河川改修が行われ，大柳地籍の流作地が永続的に使用可能な水田として整備された。しかし，予想以上に地下水位が高かったため，この新たな農地も結局は生産性の低い湿田とならざるを得なかった。その後，それまで川などに自生していたフトイを，この湿田に持ち込むことに成功したため，それ以降は大規模な栽培が可能となった[17]。フトイで作られた筵は，周辺農家の板の間に敷くために使用され，多くの需要があった。

（2）集約的土地利用と輪作体系

遠州4品と並び蔬菜需要の増加に対応した天竜川下流域の農家が，畑をいかに利用していたのかについて，農事暦を元に明らかにしていく。ここでは，その栽培体系が一応の完成をみたと思われる大正期の蔬菜栽培について検討を行う。

図5-2は，『静岡県農業経営事例[18]』に登場する飯田村渡瀬に居住する水谷熊吉家の蔬菜輪栽法である。大正10年（1921）当時，水谷家では1町5反の農地を所有し，このうち6反4畝が蔬菜栽培に利用されていた。畑は8筆からなり，面積は最小で3畝，最大で2反5畝となっている。本来は輪作されている土地であるが，調査時の時点で畑に植えられている作物が書き上げられているので，便宜上区画を第1区から第8区と番号で示している。例えば第1区とされる畑では，一年間に麦，水菜，キュウリ，ササゲ，ネギ，抜菜[19]を栽培し，翌年には図中2段目の葱頭からはじまる作物を栽培する。このように，以下7年半かけて作物の組み合わせを変え，8年目に11月の麦，12月の水菜を植えつけて年が変わると，調査時と同じ一年目の組み合わせに戻ることとなる。この輪作体系は，従来からあるものを改良して調査時の大正期に至っているので，以前からの伝統的な体系と土地利用を踏襲しているものと考えられる[20]。

以下，注目される作物について見ていこう。8区画ある畑の中で，最も作付

第 5 章　水害減少期における天竜川下流域の地域構造　197

区画	作物	1	2	3	4	5	6	7	8	9	10	11	12	収量	金額(円)	1畝あたり金額(円)
第1区	小麦													1石	5	1
	水菜													625貫	10	2
	キュウリ													5,000本	40	8
(5畝)	ササゲ													7,000本	20	4
	ネギ													500貫	40	8
	抜菜													－	3	0.6
第2区	ネギ													373貫	20	4
	サトイモ													325貫	25	5
(5畝)	ダイコン													750	15	3
	大麦													第3区大麦へ移行		
第3区	大麦													2石	15	1.5
	甘藷													500貫	35	3.5
(1反)	コラフ													400	50	5
	ダイコン													第4区ダイコンへ移行		
第4区	ダイコン													300貫	12	4
	ショウガ													180	24	8
(3畝)	ハクサイ													50	13.5	4.5
第5区	カンラン													－	42	6
	ネギ													－	56	8
(7畝)	抜菜													－	14	2
	ホウレンソウ													第6区ホウレンソウへ移行		
	小麦													第6区小麦へ移行		
第6区	ホウレンソウ													60貫	3	1
	小麦													6斗	6	2
	ナス													15,000	30	10
(3畝)	山東菜													－	9	3
	小麦													第7区小麦へ移行		
	水菜													第7区水菜へ移行		
第7区	小麦													325斤	25	1
	水菜													875貫	50	2
(2反5畝)	カボチャ													1,500	125	5
	ネギ													2,500	200	8
第8区	体菜													360	18	3
	ネギ													360	18	3
	ササゲ													480	24	4
(6畝)	ダイコン													900	18	3
	小麦													第1区小麦へ移行		
	水菜													第1区水菜へ移行		

図 5-2　飯田村における専業農家の畑作物農事暦－大正 10 年（1921）－
（「静岡県農業経営事例」より作成）

注）●は播種，植付等の栽培開始を，▲は収穫を示す。
　　「－」は，収穫量不明。
　　年を越して栽培される作物は，下の区画の農事暦に移動する。

け回数が多いのが麦類であり，秋から冬にかけてほぼ毎年栽培されている。越年して栽培される冬作物を挙げると，第 1 区から順に小麦と水菜，第 2 〜 3 区の大麦とダイコン，以下，小麦とホウレンソウ（第 5 〜 6 区），小麦と水菜（第 6 〜 7 区）となっており，麦を中心としつつも，ダイコンや葉菜類などを輪作

体系に組み込んでいたことが明らかとなる。一方,夏作の組み合わせについて,ここでは4月から8月の4ヶ月間に播種が行われた作物を抜き出してみると,キュウリ,ササゲ,ネギが該当し,各圃場において,毎年作付けが確認できる。農事暦から明らかなように,例えば第1区の場合では,4月に水菜を収穫した場所は2ヶ月の間をおいてササゲに,6月に小麦を収穫した後同じく2ヶ月をおいてネギ,抜菜の栽培に当てられている。さらに,冬作である水菜の収穫が終わるとすぐにキュウリが植えられ,麦の収穫後にはネギが,そして,8月になるとネギと抜菜が植えられるというように,1つの圃場ではその場所をいくつかに区切り,場所をずらしながら1年中常に何かしらの作物が植えられている状態にあったことがわかる。生産額を見てみると,1畝当たりの生産金額が高い作物には,ナスの10円,ネギ,ショウガ,キュウリの8円などがある。

また,冬作の小麦,水菜の生産額は,それぞれ順に第1区で5円と10円,第7区で25円と50円となっている。このように,冬季の水菜生産は,小麦の2倍の産額を上げており,おそらく関西に向けた需要が大きかったことが考えられる。一方,この年一年間の畑からの収入合計は1,001.5円となっており,作物ごとの合計が高いものではネギ類の334円,カボチャ125円,ササゲ80円などとなっている。これは8区画中最大の面積を持つ2反5畝の畑にどの作物が作付けられるかによって,若干順位が変わってくる。生産額1,001.5円のうち支出は374.33円であり,最も高い項目は肥料代で242.6円となっている。支出の3分の2を肥料代が占めるところに,蔬菜栽培地域の特徴が現れている。

ところで,水谷家は畑のうち1反9畝を小作に出し,残り4反4畝を自作地としていた。農作業は家族3人の労働が中心で人を雇うことはしていないが,蔬菜栽培農家の中には臨時雇いをおくところもあった。臨時雇いは,主に播種期や収穫期の補助であり,遠州4品栽培の頃と比べても大きな変化は見られない。ただし,中には魚肥などの購入時に,拳大ほどの塊となっているものを小槌で割りほぐして畑に撒ける状態にするためだけに雇われる者も存在した[21]。

この他盛んであったものとして,タバコ栽培と養蚕があげられる。タバコは永島種という品種が作られたが,これは竜池村永島の地名が由来となっており,古くから栽培が盛んであった様子が知られよう。一方の養蚕は,特に中瀬,竜

池村など，平野北部において行われていた。竜池村では，タバコ畑の近くにある桑畑の桑を食べた蚕の成育が悪くなるので，なるべく桑の近くにタバコを植えないように喚起する注意書が村役場から伝達されることもあった[22]。

蔬菜の生産は，冬作は麦と，冬季でも栽培可能な蔬菜を組み合わせ，夏作には単価の高いナス，カボチャ，キュウリなどの果菜類とネギを中心とし，これに豆類を加えた輪作体系を作り上げていた。

(3) 温室による蔬菜促成栽培の発展
a．温室の導入

江戸時代の綿作以来，作物を変えつつ発展を遂げてきた天竜川下流域での集約的農業は，大正末期になると施設園芸である温室を導入し，蔬菜の促成栽培を行うまでに発展していく。促成栽培は，大消費地に向けた蔬菜の販売を，他の産地と競合しないように出荷期をずらすために行うものである。大正末期以降になると，東京に向けた遠郊農業地域としての性格が大きくなり，地域もそれに向けた対応をみせている。

本項では，温室園芸が特に盛んであった芳川村都盛地区を中心に，営農組織と蔬菜促成栽培の実態に注目し，地域におけるその意味を検討する。都盛が温室園芸の中心地となった経緯については不明な点が多いが，この集落の北部に位置する西伝寺地区に，先述した浜名郡農事試験場蔬菜部が設置されていたことが影響しているといわれている。そして大正5年（1916）頃には，都盛において3人が温室を導入し始めた。これら篤農家と芳川村農会などが，試験場の技術員から促成栽培の技術指導を受けたことがあったという。一方農会も，大正初期に当時すでに先進的な温室，温床を導入していた静岡，清水地区の久能山石垣イチゴ栽培の見学を主催しており，新たな農作物や技術の導入に力を入れていたようである[23]。

大正10年（1921）頃の温室は試験的な導入期であり，いわば，従来までの蔬菜栽培の合間に副業的に行われていた時代であった。この導入期には，ナス・カボチャ・キュウリ・メロン・ブドウや，花卉類など，おそらく農事試験場で栽培されたものを何でも持ち込んでいたと思われるが，大正末期から昭和初期

にかけての温室拡大期になると，ほとんどがキュウリとメロンの栽培に統合されていった。このほかに，バラなどの花卉のみを扱う温室も存在した。

温室園芸を導入していた農家の農事暦をみると[24]，昭和10年（1935）頃の温室園芸最盛期には，9月から12月までがナスの作付け，12月から翌年3月までがキュウリとナス，3月から6月までがメロンを中心に若干のキュウリ，6月から9月までがメロンを栽培しており，1年間休むことなしに温室を利用した。これらは，ほとんどが東京と大阪に出荷され，特に大阪向けのメロンは「阪急メロン[25]」という商標を持つ高級品であった。温室は1年を通して休みなく作付けされるため，年に2回ほど殺菌と地味回復を目的とした土壌の入れ替えを必要とした。また温室は石炭ボイラーによって温度管理を行っていたが，自動で温度調節する機能はなく，冬季には人が深夜に温度調節を行う必要があった。このため生活が不規則になることがあり，しかも温度の上昇した温室内での作業となるため，体を壊す者も少なくなかった。温室園芸は高収入ではあるが，身近に体調を壊すものが出て温室の規模を縮小する家もあったという[26]。温室の管理は家族経営では限界があることも事実であり，それを大規模に行える農家は，常雇をおいて企業的な経営を行っていたのである。温室は木の外枠にガラスをはめ込んだもので，1棟の規模は20坪前後，高さは最も高い部分で2mほどであった。ガラスはこの当時貴重品であったが，温室導入の試行段階からガラス店が資材提供を協力していたようである。同様に，石炭ボイラーも農機具店などが試行錯誤を繰り返しながら温室用に改良を行っていった。ガラス店は，温室ガラス用に大きさの異なる数段階のガラス規格を作成しており，新たに温室を作る際にはその規格に合わせて柱の間隔を調整していったという[27]。

温室の最盛期は昭和10年代前半までであり，それ以降は戦時体制の強化により，メロンなどの贅沢品は衰退した。また，第二次世界大戦中は，温室の形が工場の建物に似ているため頻繁に爆撃に遭い，温室園芸は壊滅的な打撃を受けた。

b．組合事業に見られる集落構造の変容

温室園芸は，施設の導入や栽培中の作物の管理や技術の向上など，個人の営

農活動だけでは到底対応し得ないものであり，先に見たガラスやボイラーの搬入を含めて，共同の組合組織が統括を行うことで初めて成り立つものであった。そこで，本項では，温室園芸に主導的な役割を果たし，加入者は遠州地方の西部に広範囲に存在した「静岡県丸浜温室園芸組合[28]」に注目し，組合の業務内容から組織の特徴について明らかにしていく。

はじめに，組合の活動を，組合規約[29]に書かれた内容から見てみよう。規約では，第1条に「温室園芸ノ改良発達ヲ図リ組合員相互ノ福利ヲ増進スルヲ以テ目的トスル」とあり，具体的に行う事業として，1．生産品の共同出荷，2．必需品の共同購入，3．荷造りの改善統一，4．販路の拡張，5．生産販売に関する研究調査，が挙げられている。このうち，1の共同出荷と3の荷造りの統一が組合にとって重要な事業であった。そのことは，組合規約の中に「丸浜温室園芸組合共同荷造共同販売事業」という細則を設けていたことからもうかがえる。共同出荷に関して組合は芳川村内に専用の集荷所を有し，収穫された作物の選別と箱詰めに当たった。2の共同購入では，ガラスなど温室設営時に必要とされる資材のほかに，消耗品として温室で使用する石炭の購入が重要であった。石炭は昭和10年（1935）には240万斤（単位不明）の取扱量が記録されている。規約に示された組合での共同事業のいくつかは，作物の値段に諸経費として上乗せされる形で13項目にわたり計上されている[30]。その内訳は，箱代，釘縄代，木毛代，ラベル代，鉄道納金，馬力運送代，積込並送荷案内，人件費，荷札伝票・材木・墨・その他，事務諸費，共済部掛金，会議費，販路拡張予備費からなる。このうち，木毛は材木を繊維状に細かくした，メロンの箱に詰める緩衝材である。また，大正初期頃には，近隣製材工場で大量に発生するおがくずに蔬菜栽培農家が注目し，苗床や温床として利用したこともあるという[31]。この地域には温室が作られる以前から促成栽培を導入する基礎が存在していたのであり，そのきっかけとして同じ地域内で発展を続けていた材木産業の，しかも廃棄物に相当する木くずやおがくずが関連していたことは非常に興味深い。

再び諸経費の検討に戻ろう。項目のうち人件費は各農家がメロンを栽培する際の人手のことではなく，共同出荷の際に組合で必要となる人件費のことであ

る。このように組合費は，出荷には箱の組み立てやその材料費，輸送にかかわる費用，そして会議や販売促進にかかわる人件費などからなっており，これらが重要な業務となっていたことがわかる。同様にキュウリの諸経費をみると，その内訳はほとんどがメロンと同様であるが，諸材料値上見込額，パラフィン紙代，チャリローズ紙代の3つ項目で金額が多い。これら紙類は表面に防湿効果のある薬品を塗ったもので，出荷の際はこれらにくるんだ形で箱に詰められた。諸材料値上見込額というのをあらかじめ経費に見込んでいるのも興味深い。これはおそらく，組合の予算額が確定した後に材料の高騰が見込まれることとなり，諸経費の中にその差額分を組み込んでいるのであろう。ここにも，共同で事業を行う組合の特徴が見出せる。

　また，メロン，キュウリともに，出荷に関しては以下のような規格[32]が存在していた。メロンは，

　　　顆ノ大キサハ三百匁ヲ標準トシ（11月ヨリ3月迄ニ収穫ノモノハ二百五十匁ヲ標準トス）ネット，顆形，重量，色澤，香気，甘味等ニヨリ撰顆格付ス

とされ，キュウリは

　　　特5寸3分以上ノ形状ヨリ真直ナルモノ

　　　松4寸5分以上5寸2分迄ノ形状ヨリ真直ナルモノ

　　　竹3寸8分以上4寸4分迄ノ形状ヨリ真直ナルモノ

　　　梅特松竹ノ寸法ニシテ形状稍悪シキモノ及少曲リシモノ

　　　桃3寸7分以下ノモノ及曲リ又ハ特ニ大ニ過ギルモノ

となっている。そしてメロンは通年で，キュウリの場合は10月1日から翌年の5月15日までを共同荷造，共同販売期間とし，その時間は午前10時から午後2時までとなっていた。

このように，すでに昭和初期の段階において，キュウリでは長さに合わせた等級が厳密に決められており，しかも大きくて「真直」なものほど等級が高かった。協同組合の性質から，規格にあったメロンやキュウリを栽培すれば，後は組合の販路を利用することが可能であった。しかし出荷には，それに向けた共同作業を必要とするため，栽培するのは農家個人であっても，それを時間通りに共同の選果場に持ち込み，他の農家と一緒に出荷用に箱詰めする必要があった。このことは，組合に加入する農家が共同での出荷を第一義的に考え，自分達の栽培サイクルや生活そのものを変化させていたことを意味する。それゆえ同じ集落に居住していても，組合加入者同士の結びつきが優先されることとなり，同じ農業を生業活動の中心におきながらも，組合未加入者との間には，属性の異なる集団としての意識が生じていたことが予想される。すなわち，温室園芸にまで行き着いた天竜川下流域の集約的農業は，盛んに高品質の農産物を作り出して行くことと引き替えに，従来までの農村における村落構造までも変えてしまうほどの影響力を有していたのである。

ところで，出荷組合に見られるような強固な機能集団は，なぜこの地域において展開することが可能だったのであろうか。前述したように，温室園芸そのものは大正初期に試験的に導入されて以降急速に広まったものである。組合組織はそれに併せて結成されたのであるが，これら組織は，ゼロから突然作られたものではない。それ以前の時代，例えば，遠州4品の時代にも，出荷されるヘチマは4つに等級分けされ，買い取り金額に差が生じていたことが明らかであった。他の輸出作物についても貿易商を仲介するという性格上，個人での出荷ではなく，共同出荷によって対処していたであろう。すなわち，このような農家の生活リズムそのものを変えうる農業生産の萌芽は，すでに明治時代中期には存在していたのである。しかも農家は4品を均等に栽培したのではなく，ある者はヘチマ，ある者はショウガとラッカセイというように，各自が4品の中から作物を選択していた事例も見られた。すなわち，4品のうちいずれの作

物を選択するかによって、共通の栽培者とそれを取り巻く環境までもが選択されていく状況があったのである。

　この明治時代の状況は、以下の史料からも明らかとなる。これは、明治29年（1896）に遠州地方中部において、当時の農会が肥料の共同購入を函館の魚肥商人から行うことになり、仲介者として東京市深川区小松町の肥料問屋染谷濱七を特約店として指定する際に作成された契約書である[33]。なお明治29年当時に豊田郡・山名郡を範囲とする中遠農会の会長を務めているのは、前章でみた大橋頼模である。「肥料売買約定書」は全部で22条からなるが、そのうち第二条に現品の受け渡しに関する取り決めがある。これによると「肥料現品の受渡は静岡県豊田郡中泉及山名郡袋井両停車場に於て之れを為すべし但し本農会の承諾を経たるときは静岡県清水港又は東京市深川に於て受渡することを得」となっている。すなわち、肥料の移入は鉄道の存在を前提にしていることが知られ、さらに東京深川や清水港での肥料受け渡しについては、遠州4品の出荷経由地との関連が想像される。このように、明治中期には選択した作物とその出荷は、肥料の受け取り方とも関連して、すでに一連の経路が完成していたのであった。

　このような関係は温室園芸の時代にも引き継がれており、それらは丸浜温室園芸組合への加入者の分布からも跡づけることが出来る。図5-3は、組合への加入者と、町村ごとの温室坪数を示したものである。中心となるのは芳川村であるが、この頃には温室栽培が遠州地方南西部に拡大していたことがわかる。温室園芸の発展期には、自然堤防の卓越という自然条件の一致に起因する作物の選択や栽培暦の共通性よりも、むしろそれを超えた遠州地方の農業地帯という大きな枠組みが存在し、その中の一つに天竜川下流域が位置づけられており、これまでと比べてより大きな地域的結合が必要とされるようになっていたことがわかる。

　一方で、組合参加者が集中する芳川村周辺においては、共同作業を中心とし、その出荷に合わせた形態を取る農家と、そうではない農家との間で、栽培のペースや生活サイクルにまで差が生じることとなった。丸浜出荷組合は、共同選別・共同出荷を目的とした組合であったため、集荷場までの距離が遠い農家は出荷

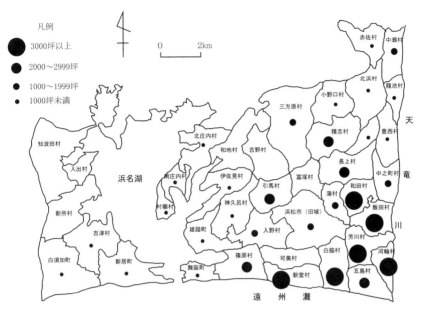

図 5-3　丸浜温室園芸組合加入者の市町村別所有温室坪数－昭和10年（1935）代－
（「丸浜温室園芸組合関係文書」より作成）
注）凡例のない町村には温室がない。

時間に間に合わすために，収穫時間が限定されるという不都合があった。それゆえ，個人選別・個人出荷を掲げた西遠出荷組合[34]が丸浜出荷組合から分離することとなった。両組合は，分離の理由が利益の不平等から出発しているため対抗意識が強く，互いを誹謗中傷する広告が取引先である東京や大阪に出回り，問題化することもあった[35]。

　このように，出荷形態の違いが，地域内の対立を生じさせる事態まで確認できるのである。それゆえ，同規模の耕地面積を所有し，自然堤防上の畑を有効に活用しているように見える農家においても，組合加入者と未加入者との間には一般的な階層分化とは異なった，所属組織による分化が集落の中で起こっていたことが明らかである。

第2節 材木流通と天竜川の機能

(1) 天竜川における材木流通の推移

　天竜川は長野県の諏訪湖から伊那谷を流れた後，天竜峡一帯から狭窄部に入る。天竜川流域は江戸時代以来，この狭窄部南部を中心とする標高300～1,000mにかけての山地から木材を産出してきた（藤田 1984:149-188）。切り出された材木は，沢を管流しされ，各地の天竜川本流との合流地点において一時的に貯木された。天竜川本流では，享保10年（1725）以降材木の管流しが中止されていたため，材木は合流地点において筏に組まれ，下流に流送された[36]。貯木と筏組を行うこのような場所を「土場」といい，天竜川本支流の合流点に多く存在していた（写真5-1）。鉄道開通以前には，材木は天竜川河口の港である掛塚まで運ばれ，多くは東京に向けて海路運搬された[37]。明治9年（1876）に東京に運搬された材木の地方別移入量によると，遠州材は紀州材に次いで第2位の地位にあり，鉄道開通以前から東京との材木取引が盛んであったことが知られる[38]。鉄道開通以前の明治12年（1879）に，掛塚から海路出荷された物資を挙げてみると（表5-3），材木関係の金額が約26万円であるのに対し，それ以外の物資はおよそ8分の1と少額である。掛塚において最も重要な移出品は，中流域から産出される材木とその加工品であったことがわかる。これら材木出荷の内訳を詳しくみると，金額の上でもっとも多いものが「杉大貫」といわれる杉の板材であり，二番目に高額なのは屋根材として利用された「柿板（こけらいた）」となっている。この他に金額上位のものとしては各種の「角材」がみられる。このように，天竜川を通じて掛塚から出荷される材木は，ほとんどが板材，柿板，角材を中心とした加工品であり，伐採後に流域において付加価値が付けられた後に出荷される形態となっていた。また，東京の材木集散地である木場では昭和初期の頃においても，遠州地方の地名に関しては，当時から人口第一の都市である「浜松」よりも，材木の積出港であった「掛塚」の認識度の方が高かったという[39]。かつての地域間関係が，地名のイメージとして残存している例として興味深い。

　ところで，明治22年（1889）に金谷・浜松間の開通をもって東海道本線，

写真 5-1　水窪川・天竜川合流地点の土場－昭和初期－
（『佐久間町史 下』491 頁を使用）

　新橋・神戸間が全通すると，筏送された材木は，鉄道の橋梁から至近の中ノ町村，和田村と，その対岸の池田村付近で陸揚げされるようになった[40]。明治 31 年（1898）には天竜川橋梁から約 1km 西側の和田村半場付近に天竜川駅が開設され[41]，筏の荷揚げ場との間に引き込み線が敷設された。対岸の池田からは，明治 42 年（1909）に中泉駅（現磐田駅）までの約 4km の区間に軽便鉄道が敷設され，材木の輸送が行われた[42]。

　次に天竜川流域の材木加工場の立地に注目する（図 5-4）。流域に存在した製材工場の分布をみると，明治 10 ～ 20 年代までの製材工場は，小規模な工場が山間部の中流域に存在している。その中でもとくに，明治 20 年代における工場数の増加が顕著である。明治 30 年代になると，それまで機械製材のほとんどなかった下流域において，大規模な製材所が出現してくる。さらに明治 40 年代になると，下流域には 50 人以上の規模を有する製材所が 3 工場，11 ～ 49 人規模の製材所が 5 工場増加しており，とくに東海道本線に近接した右岸の和田村付近にその集中が著しくなっている。写真 5-2 は，大正初年頃の，和田村付近の様子である。写真の右側に天竜川の水面が映っており，背後に見える鉄橋は東海道本線である。この写真で最も目を引くのは，材木の夥しい数で

表5-3　掛塚港より移出された物品－明治12年（1879）－

品名（材木関係）	数量	金額(円)	品名(材木以外)	数量	金額(円)
杉大貫	2,409,723挺	92,681	操綿	941個	12,703
柿板	215,616個	53,904	米	1,769俵	5,133
杉中貫	1,661,895挺	33,237	石灰生石	349,186〆	2,530
杉四分板	2間入 52,971束	21,188	石灰	11,733俵	1,466
雑木	尺〆 13,733本	19,617	葉煙草	75個	1,340
桧角	尺〆 12,565本	12,565	砂糖	607個	1,214
杉角	尺〆 9,865本	7,588	綿香	1,370個	1,170
松角	尺〆 2,781本	3,436	炭	2,929俵	878
杉板子	1,721本	2,458	芋麻	4,142〆	828
桧板子	尺〆 1,121本	2,242	串柿	322個	483
桧四分板	2間入 1,983束	1,322	製茶	78個	468
桧一六分板	1間入 1,788束	1,192	青石	1,392〆	417
椴四分板	2間入 2,950束	1,180	艫腕	1,751挺	375
槻角	尺〆 441本	1,103	藍玉	46個	276
桧八分板	1間半入 1,349束	1,011	太藺筵	102個	204
椴板子	670本	831	竹皮	61個	183
栂角	尺〆 481本	819	粉糖	373俵	171
椴一六分板	1間入 2,015束	806	竹	3836本	153
杉皮	3間入 2,109束	790	干薑	95俵	142
松敷居	8,643挺	576	焼酎	7石5斗	128
椴角	尺〆 584本	450	種油	17樽	119
槻板子	131本	439	椎	17個	102
杉六分板	1間半入 709束	354	茶実	46俵	80
桧丸太	尺〆 81本	271	蜜柑	63個	31
杉五分板	2間入 510束	255	ボロ	26個	26
椴六分板	1間半入 593束	254	香実	10俵	16
桧敷居	1,945束	243	古綿	11個	16
背板	4,750束	237	醤油	12樽	9
朴板子	82本	164	小計		30,661
楠板子	78本	156			
椴八分板	1間入 300束	150			
姫子	尺〆 68本	114			
茶箱板	455個	81			
桜板子	25本	64			
小計		261,778			

（『金原明善』より作成）

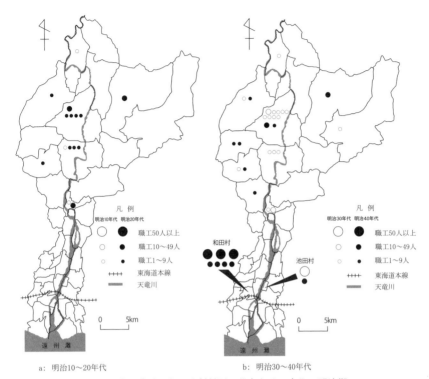

図 5-4 天竜川流域における製材所の分布とその変化－明治期－
(『静岡県木材史』より作成)

あろう。その様子をみると，川の中に浮いている丸太は，天竜川を流れ下ってきた筏の状態で一まとまりにされ接岸している。石垣で組まれた護岸の上や，材木が積まれた広い土地の奥にも小屋があり，これらが製材所であると思われる。

(2) 天竜川における材木流通の特徴

明治中期における，中流域の材木問屋と，掛塚の廻船問屋兼材木問屋に交わされた流通資金の流れからは（表 5-4），中流域の問屋が，掛塚の問屋から資金を得ることで成立していたことが明らかとなる。この借用金の用途は，山林

写真5-2　和田村半場付近の製材所と貯木の様子－大正期－
(『天竜川流域の林業』口絵ページを使用)

地主から立木を買い付ける際の資金や，伐採，搬出等の諸経費となっている。そして借用の担保には，下流に流送される予定の角材や板材が設定されており，資金の返済は担保である材木が下流に到着し，売却した代金の中から支払われていた。このほか，別の「山林立木売渡証文[43]」においても，山林所有者が立木を「売渡代金三百円」とし，うち「金二百円」は「内金」として既に中流域問屋からの受け取りを確認している。残金100円は，中流域問屋が下流域問屋に「借用」し，この立木が下流域問屋に流送され，売却された代金から返済されるとしている。中流域の材木問屋は，伐採・出荷された材木が無事に下流域まで到着するという仮定のもと，資金を下流域に立地する材木問屋や廻船問屋に依存し次の伐採を可能にしていた。それゆえ担保である材木が風水害等に巻き込まれ，遭難などにより届けられない状況になると，先に調達していた資金が負債となってしまう危険性もはらんでいた。中流域の材木問屋にとっては，材木が迅速に下流域や東京の問屋に運ばれ，伐採資金の仕切を完了させることが，材木流通を円滑に行う上で最も重要なことであった。

第5章 水害減少期における天竜川下流域の地域構造　211

表5-4　天竜川における材木流通資金の流れ―明治期―

年月日	借用金	用途	担保	返済方法	借用者居住地	貸し人居住地	その他
明治10.11.11	30円	材木山出諸経費	杉角材尺〆250本	担保貨物が掛塚に川下げ完了後の売却金より	早瀬村	掛塚村	
明治10.11.28	50円	立木買い付け 山出諸経費	杉角尺〆240本	担保貨物が掛塚に川下げ完了後の売却金より	早瀬村	掛塚村	
明治10.12.28	30円	材木伐出入用	桧角材	来年1月、担保貨物の掛塚川下げ完了後の売却金より	早瀬村	掛塚村	
明治11.1.23	50円	商方入用金	川下げ予定の柿板280個	柿板売却代金にて	横山村	掛塚村	
明治11.1.28	50円	立木買い付け	松山立木7～800本（尺〆1500本相当）	7月に半分、10月に残りを川下げした売却金にて	早瀬村	掛塚村	立木は長太郎から買う
明治11.1.28	10円	山出諸経費	松角材尺〆80本	担保貨物が掛塚に川下げ完了後の売却金より	早瀬村	掛塚村	
明治12.1.16	25円	前金	1月20日までに川下げされる柿板140個分	東京問屋への御積為替金の中から	横山村	掛塚村	
明治18.10.12	30円	材木伐出諸賄金	杉角材尺〆200本 杉挽材尺〆250本	11月10日、掛塚へ川下げ予定その売却金を充てる	早瀬村	掛塚村	
明治25.4.30	40円	山林支払	杉尺〆419本 松角尺〆256本	掛塚川下げ後、東京問屋に売った残金より	瀬尻村	掛塚村	松は6月、杉は8月に川下げ予定 三州滝原村より伐り出し
明治25.6	30円	—	松角尺〆60本	6月20日に川下げし、東京問屋へ運んだ仕込金の残金より	掛塚村	掛塚村	
明治25.7.18	30円	山林買入代金	北遠会社で挽立の中質30以上	川下げ後東京に売った残金より	瀬尻村	掛塚村	横山銀行の入れで買い入れた山林

表5-4 天竜川における材木流通資金の流れ―明治期―（続き）

年月日	借用金	用途	担保	返済方法	借用者居住地	貸し人居住地	その他
明治27.8.22	35円	抵当山林の立木買い取り金	杉・桧の中貫200束・桧角材尺〆25本	12月掛塚到着後、東京へ運搬する荷物内金と仕切残金より	瀬尻村	掛塚村	山林は永源寺住職から買う

(『津倉家文書3』より作成)

　次に流送される筏の実態について検討を行う。筏の回漕問屋であった平賀家が筏として扱った材木については，大正7年（1918）7月から12月の約半年間に限定したものであるが，この間に送り出した筏の数と，切り出された材木の種類と産出地，そして送出先などが明らかとなる（表5-5）。本表から，筏は水量の多い夏から秋だけでなく，渇水期の冬であっても流されていたことがわかる。平賀回漕店が扱った材木の産地は，菌目山，豊根山，出馬山などが頻繁に登場している。これらは，奥三河に位置する標高1,000m程度の山々で，いずれも谷筋から天竜川支流の大千瀬川に合流する同じ水系に属している。そして大千瀬川は，平賀回漕店の所在する川合土場において天竜川に合流する。このように筏の回漕問屋は，それぞれの支流が天竜川に合流する土場に点在し，背後に抱える山々から切り出された材木を扱っていた。一方，送出先をみると，略称の印で記載されているものもあるが，いくつかは地名が判明する。このうち，多く見られるのが，中野町（中ノ町），半場，国吉といった地名である。半場，国吉ともに東海道本線の天竜川駅と引き込み線で結ばれた製材所の林立する地点である。また材木の種類は，そのほとんどが杉，桧，松であり，一部には12月初旬に取り扱った「諸木」や，12月19日の「竹」などもみられる。これらの送出先は，鉱山や焼津港の漁業者に向けられたものであり，特殊な用途が想像される。なかには，10月26日のように，豊根山で切り出されたものの増水等により流出してしまった「流材集木」が含まれている。また，12月28日

第 5 章　水害減少期における天竜川下流域の地域構造　213

表 5-5　川合渡場平賀回漕店が扱った筏の状況－大正 7 年 (1918) 7 月～12 月－

年月日	筏数	材種	産出地等	送出先等
大正 7 年 7. 6	23	杉桧松	赤柴山　菌目山　豊根山 夏目山	中野町　㊅　半場　㊉ 中ノ町飯田合名会社
7.11	4	杉	日原山	半場　㊉
7.24	6	黒木　松	設楽郡三輪村	半場　㊎　運送　①
7.25	2	杉	日原山　豊根山	半場　㊉
8.14	3	杉桧樫板	三州鳳来寺・大野町	中野町　㊍　木炭, 半場 ㊎　輸送
8.24	5	杉松	赤柴山	中野町　㊅
8.28	1	付木	豊根山	半場　㊉　②
9. 3	4	杉桧松	高林重作	中ノ町飯田合名会社
9. 4	6	杉桧松	高林重作	中ノ町飯田合名会社
9. 6	8	杉桧松	永原和市出　赤柴山	中野町　㊅
9. 8	13	杉桧	永原出　赤柴山　深造山	中野町　㊅　半場　㊉
9. 9	11	杉桧松	高林重作出　赤羽根山	㊆　竜西材木, 中ノ町飯田 合名会社
9.11	8	杉桧	夏目山	半場　㊉, 中ノ町飯田合名 会社
9.11	2	挽角		平沢峰ノ沢鉱山, 西渡大井 鉱山
9.18	9	杉桧松	赤柴山　永原市出	中野町　㊅
10. 5	3	杉	豊根山	半場　㊉
10. 9	5	杉	豊根山　夏目山	半場　㊉
10.16	9	杉桧黒木	菌目山　高林重作出	中ノ町飯田合名会社
10.20	36	杉従	豊根山　金越山　兎ヶ島山	半場　㊉, 中野町　㊎
10.26	4	杉	豊根山　流材集木	中野町　㊍　木炭 中ノ町飯田合名会社
11. 6	2	杉丸太	出馬山	中野町　㊖
11. 7	5	杉丸太	出馬山	中野町　㊖, 国吉　㊋
11. 8	4	杉桧丸太	菌目山	国吉竜西
11. 9	2	杉桧丸太		国吉竜西
11.10	4	杉桧丸太	菌目山	国吉竜西
11.11	8	杉桧丸太	竹森長七出	鹿島　Ⓢ　製材
11.18	4	杉丸太	神妻渡　坪井喜一郎出	中野町　㊖
12. 2	2	諸木	坪井喜一郎出	中野町　㊋
12. 3	2	黒木	坪井喜一郎出	峰ノ沢鉱山

表 5-5　川合渡場平賀回漕店が扱った筏の状況－大正 7 年（1918）7 月～12 月－（続き）

年月日	筏数	材種	産出地等	送出先等
12. 5	3	諸木	坪井喜一郎出	中野町 薬，大井鉱山事務所
12.10	1	兎ヶ島山集木	兎ヶ島山	半場 天
12.19	1	竹	山香村	焼津 共 運送，田中漁業会社
12.25	2	杉丸太	神妻山	中野町 彩
12.25	2	杉松	出馬山	中野町 彩
12.26	6	杉松	出馬山	中野町 彩
12.28	8	杉松	出馬山	中野町 彩　　③
12.29	3	杉松	出馬山	中野町 彩

（『佐久間町史 下巻』より作成）
注）① 7 月 1 日から全 54 双流したうち平賀の扱いが 6 双
　　② 8 月 1 日～31 日までに全 6 双流したうちの平賀扱いが 1 双
　　③ 他に筏の上に積木あり

には筏の上に中流域で加工を終えた，なんらかの「積木」を載せて中野町まで流送されている。このように，筏回漕店をはじめとする流域の材木流通業者は，上流の山から切り出されてくる針葉樹を東海道本線至近の製材所に送ることを最大の目的とし，時折需要がある特殊な用途にも対応していた。

　明治から大正期にかけて，天竜川において切り出され，筏送りされた材木の流下量と，増水時に土場から流出し，漂流した後拾い上げられた流出材との比率をみると（図 5-5），流出材は明治 30 年（1897）前後からその量が増加していることがわかる。また，大正中期に材木の総出量が最も大きくなるのに比例して流出材の量も増加している。しかし，総出量がピークである大正中期のおよそ半分しかない明治後期の方が，流出材の量が多いのも特徴的である。材木流下量に占める流出材の割合が最も高かったのは明治 41 年（1908）であり，天竜川を流下した材木のおよそ 4 分の 1 が筏組される前に増水等によって流出し，漂流した後に収集されたことになる。第 2 章で見た天竜川の水害年表（表 2-1）によると，明治 41 年は特に大規模な水害が発生した年ではない。天竜川においては，むしろ明治 44 年（1911）の方が，後述するように山間部におけ

第 5 章　水害減少期における天竜川下流域の地域構造　215

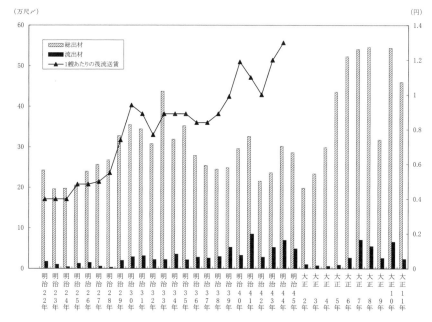

図 5-5　天竜川における流出材の割合と流筏費との関係
－明治 22 年～大正 11 年（1899 ～ 1922）－
（『浜名郡史』より作成）

る土砂崩れと，下流域での堤防決壊を伴う浸水とが重なり，中・下流域に大きな被害をもたらしていた。すなわち，洪水被害の大きかった年が，必ずしも流出材の発生が最も多かった年とならないことが特徴である。この要因として，材木の輸送費など中流域の経済的事情が考えられるため，再び図 5-5 のうち流出材の発生と筏流送賃の推移を比較してみる。筏流送賃は，明治 28，29 年や，37 ～ 40 年にかけて大きく上昇し，その後一度値下げされるものの，42 年から再び上昇している。一方，明治 41 年以外の年で流出材の本数が増加する年をみると，明治 29 ～ 31 年や，明治 39，43，44 年が挙げられ，多くが筏運賃の値上げされた年に一致している。このように流出材は，原因は特定できないが水害という不可抗力によって発生するのではなく，それ以外の要因も絡み合って発生する傾向にあったことが注目される[44]。一方で流出材は，増水時の水

流に乗じて堤防や水制工といった治水施設，あるいは橋桁に損傷を与えたり，大量に漂着した場所では水勢そのものに変化を与えるなど，洪水被害を助長する危険性を有するものであった。しかも，材木流通においては，「商品」であるため，その取扱いには権利関係が発生し，対応に苦慮する「厄介」な存在であった[45]。

　先に見たように材木流通は，中流域の材木問屋が材木を下流域の問屋に届けることで仕切が完了し，その材木の伐採に必要となった諸経費の前借りを返済することによって成り立つものであった。そのため，材木の流出は，場合によっては材木問屋としての存立を揺るがしかねない事態につながる恐れがあった。それゆえ流出材の処理は，中流域問屋のみの責任で行われるのではなく，天竜川材木商同業組合（以下，材木商組合と記載）という組合組織を通じて対処されていた。これは，明治7（1874）年に組織された天竜川材木商会を母体とし，以後数回組織を再編しつつ，明治34（1901）年の重要物産同業組合法の制定に伴い法人組織化されたもので，当初は517人が加入した[46]。この内訳は，中流域に居住する山林地主と材木問屋，回漕問屋と筏師，下流域の材木問屋と製材業者から成り，天竜川の材木流通にかかわる全ての業種が加入していた。組合内には流出した材木の処理を専門的に扱う部署「流材課」が設置されており，流出材の発生とその対応が，組合業務の大きな比重を占めていたことがわかる[47]。

　材木商組合の流出材に対する位置付けは，明治44年（1911）4月に発生した流出材の対応を記した「漂流材調査決議書[48]」から明らかとなる。この増水が起きた際，東海道本線の天竜川橋梁が複線化の工事中であったため，橋桁や工事の足場に280本の材木が漂着し，工事の足場や建築資材の一部を損害させる事態となった。しかし材木商組合は，流出材の発生を「大災ニ起因スル不可抗力ニ出シモノ」とし，「損害負担ノ責任ナク従テ受負人ノ要求ハ全テ此ヲ拒絶スルコト」を決定している。このように組合は，流出材の発生者である中流域を擁護し，架橋工事の保証に関する一切の要求を受け入れない姿勢を明らかにしていたのであった。

(3) 天竜川における流出材の処理とその帰属
a. 流出材の実態と回収の行程

　河川沿岸への材木の漂着は，その量や角度によっては堤防や水制工に過度な水圧をかけるものとなり，二次的な水害の要因になる恐れもあった。それゆえ天竜川下流域の水防組合においては，水防活動中に堤防や水制工に漂着した材木を発見した場合，ただちに引き上げるように規定がなされており，材木の除去が水防活動の中でも重要な任務であった[49]。明治期になると，材木所有者である材木商組合と，流出材の拾得者となる下流域沿岸村との間で明確な取り決めが交わされるようになった。以下，明治23年（1890）に作成された「天竜川流材取扱ニ関スル事項契約[50]」に従い，流出材の発生から荷主へ材木が返還されるまでの流域の対応を追っていく。そして，材木商組合と共に流出材の収集に関与する下流域住民の役割を検討する。本節では，下流域住民を構成するものとして，水防人夫，収集請負人，筏師，農民の4者に注目していく。

　天竜川本・支流に増水があり，仮の貯木場である土場からの材木流出が確認されると，二俣町に所在する材木商組合の事務所に，中流域からその旨が電報で届けられる。組合は，それらの情報から流出材の合計数を見積もりし，おおよその到達時間を下流域沿岸村に伝達する。その頃下流域の堤防上では，水防組合が増水の警戒に当たっており，堤防や水制工に漂着した材木は水防人夫によって即座に引き上げられる体制となっている。天竜川が減水すると，今度は中州や水制工の下部に残った材木の収集が開始される。上流で切り出された材木には，材木取引の目印として所有者がわかるようにあらかじめ登録がなされた焼き印や墨印などが付けられている。この印は沿岸町村にも届け出がされており，材木が流出したとしても，持ち主を特定できる仕組みとなっていた。

　この所有者の印が持つ機能の具体例を，前述した明治44年（1911）4月に天竜川の東海道線鉄橋に漂着した材木280本の内訳から見ると（表5-6），拾い上げられた材木は有印・無印の検分がなされ，275本についてはその所有者が判明した。残る5本については，印はあるものの，該当者が存在せず不明の扱いとなっている。不明の材木は増水時の激しい流れによって材木の表面が削れたり破損し，本来の印が判別できなくなったものである。このように材木問

表 5-6　漂着した有印材とその所有者－明治 44 年（1911）4 月 11 日－

印		本数	所有者	
			居所	会社名・氏名
◎		128	磐田郡佐久間村中部	王子製紙株式会社中部分社
リウア	㊂	88	磐田郡池田村	龍東材木株式会社
スヒサ	㊁	11	周知郡奥山村奥領家	鈴木定蔵
サニ	㊥	10	三重県桑名町桑名	佐々部材木店
大		7	浜名郡芳川村老間	横山仙吉
ヨコ山	㊀	6	浜名郡芳川村金折	横山庄太郎
メ	㊇	5	浜名郡河輪村芋瀬	合資明治会社
テ	㊁	5	浜名郡和田村半場	天龍木材株式会社
エ	㊉	3	磐田郡掛塚町掛塚	津倉亀作
ナヒラ	㊞	2	－	仲平角太郎
イソタ		2	－	磯田伊三郎
X		1	周知郡熊切村長蔵寺	尾上清次
一	㊀	1	磐田郡浦川村浦川	長原和一
一ノ	㊃	1	磐田郡山香村大井	小沢清吉
エ	く	1	河輪村芋瀬・掛塚町掛塚	合資明治会社・津倉亀作
※		1	磐田郡龍山村下平山	遠山又蔵
㊀		1	周知郡犬井村堀之内	村松兵次
㊅		1	磐田郡二俣町鹿島	坪井喜一郎
ケセ一		1	周知郡気田村気田	王子製紙株式会社気田分社
ニ		2	不明	不明
サ		1	不明	不明
ハタ		1	不明	不明
カマ		1	不明	不明
合計		280		

（天竜川材木商協同組合「流材関係決議書」より作成）
注）「－」は居所の記載なし

屋は商取引の必要性という理由の他に，流出材が発生することを前提としてこのような印を活用していたのである。流出材の扱いはこの「有印材」と，流出中に印が判別不能となったり，印を押す前に流出してしまった「無印材」とで処理の方法が異なっていた。有印材の場合は，漂着した地点の町村長から嘱託を受けた流材保管人が大字ごとにおり，保管人が収集された本数とその拾得者を確定した。一方，天竜川材木商同業組合は，代表者として流材担当係と荷主

第5章　水害減少期における天竜川下流域の地域構造　219

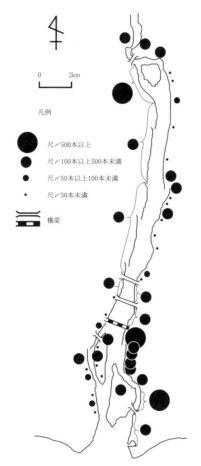

図5-6　天竜川下流域に漂着した流出材数－大正3年（1914）－
（天竜市立内山真龍資料館所蔵「漂流材調査決議書」より作成）
注）カッコつきの流出材数は，当該区間での合計数を示す。

総代を派遣し，流材保管人とともに数量の点検と，収集した現物の再出荷を差配した。この際，実際に流出材を拾い上げた個人に対して，定められた金額の謝礼が保安料という名目で支払われた。これは流出材1本では微々たる金額であるが，増水時には数千本という単位で流出材が発生することもあり，これを

表 5-7　天竜川における流出材の収集請負人－大正 3 年（1914）－

区域	流材数 (尺〆)	収集請負人	居所
奥 3	400	坪井清次郎	上島
下 1	430	鈴木亀十郎	二俣
下 2	150	西組筏世話人	西鹿島
下 3	350	山下善之助	北鹿島
下 4	250	鹿島筏世話人	北鹿島
下 5	400	伊藤源次	三家
下 6	100	(係争中)	
下 7	280	西組筏世話人	西鹿島
下 8	800	皆久保政吉	二俣
下 9	600	大城広平	中瀬
下別 1	250	寺田次郎八・髙田甚吉	池田・七蔵新田
下別 2	300	鈴木清次郎	新野
下別 3	650	石川伝六外 3 人	掛塚
下別 4	100	石川伝六外 3 人	掛塚

（天竜川材木商協同組合「漂流材調査決議書」より作成）
注）各区域は，図 5-7 に対応する。

　拾い集めることは現金収入を得る機会でもあった。増水時に堤防の警戒にあたる水防人夫も，流出材を拾い上げれば保安料を受け取ることができた。また材木の利用価値が高かったため，転売などを目的とした流出材の不正拾得や，隠匿事件もたびたび発生した[51]。一方，無印材は，材木商組合の入札によって収集請負人を決定し，その収集人によって回収された後，希望者に払い下げが行われた。

　次に，流出材発生の具体例を検討する。大正 3 年（1914）4 月に，沿岸の各村々に漂着した流出材の数量は（図 5-6），上島輪中右岸の大平と東海道本線橋梁下流付近で特にその数が多いことがわかる。各大字で流出材の本数に差が生じるのは，当日の風向きや，増水時間，地形など，自然的要因に影響されているものと思われる。この流出材処理のために，材木商組合は下流域沿岸を 15 の区域に分割し，区域ごとに流出材の収集請負人を決定している（表 5-7）。図 5-7 にはそれぞれの区域を担当する請負者の居住地とその担当区域を示した。これによると流出材処理は，西鹿島，北鹿島に居住する筏師が，多くの区域を

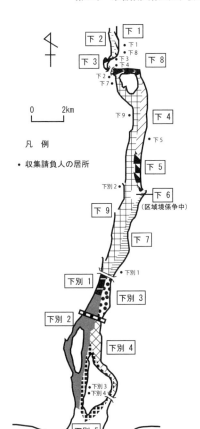

図 5-7 天竜川下流域における流出材の担当区域と収集請負人の居所
－大正 3 年（1914）－
（天竜市立内山真龍資料館所蔵「漂流材調査決議書」より作成）
注）四角で囲った番号は区域名を表す。
　　収集請負人の居所にある番号は，その請負区域を表す。

請け負っていたことがわかる。収集された流出材は，「請負区域内流材木ノ所在現場ヨリ搬出筏組トシ[52]」という規定にあるように，再び筏に組まれ本来の目的地である東海道本線付近の製材所へと送られていった。それゆえ筏師は，下流域の各地で流出材の再出荷に中心的な役割を担っていたのである。

表 5-8 天竜川における流出材の請負区間と収集請負人 — 明治 37 年 (1904) —

区域	区間	見積尺〆	請負賃 (尺〆1本:円)	収集請負人
奥1	—	100	0.45	新間重吉
奥2	—	200	—	—
奥3	船明を除く	300	0.32	青柳周吉
奥3	船明	300	0.30	森川百次吉
下1	二俣・渡ヶ島・水神	500	0.13	岡部儀平
下2	野部〜松ノ木島上	300	0.11	大沢善平
下3	松ノ木島下	1,600	0.29	松ノ木島区
下4	掛下	1,600	0.28	掛下区
下5	寺谷新田	1,000	0.28	寺谷新田区
下6	匂坂上〜池田橋	600	0.16	高田龍吉
下7	鹿島渡船場〜蝋燭	800	0.39	高田龍吉
下8	蝋燭〜中野町	300	0.33	鈴木米蔵
下9	池田橋下西岸	2,000	0.09	大沢善平
海岸西	五島〜舞阪	3,500	0.32	高橋権兵衛
海岸東	—	2,500	—	—

(天竜川材木商協同組合「漂流材木調査決議書」より作成)
注) 奥1区, 奥2区は, 担当区間の記載なし。
　　海岸東区は設定されているが, 請負人は不明。

次に, 収集請負人の性格を検討するため, これより古い年次のものと比較する。明治37年 (1904) に行われた流出材処理では, 沿岸がそれぞれ14の区域に分割された[53]。このうち下3, 4, 5区に注目すると, 収集請負人の中にその区間の大字である松ノ木島・掛下・寺谷新田という集落名が記載されており, その見積もり数は尺〆換算で1,000〜1,600本となっている (表5-8)。この他にも明治中期の流出材処理には, 落札するまでには至っていないが, 請負を希望する者の中に村域と同一の区間の入札に参加している村が数多くみられる[54]。このことから明治中期以前における流出材処理は, 材木が漂着した集落ごとに行われていたものと推測される。これは, 江戸時代においても, 流出材が発生すると沿岸村に対してその収集と保管を徹底する旨の触書[55]が回状として出されていることからも明らかである。しかし, 明治中期以降材木の流下量が増加し, それに付随して流出材の量も多くなってくると, 集落のみでは増加

する流出材の処理に対応できなくなっていったことが考えられる。そして，明治後期以降の入札にみられるように，流出材処理そのものがある種の「権利」として確立し，漂着地点に関係なくその処理を行おうとする者が現れていることがわかる。一方，無印材は天竜川材木商同業組合に引き渡された後，入札による払い下げが行われた。明治37年（1904）の材木払い下げの落札者のうち，居所のわかるものは，池田村の「マル龍（龍東木材）」，掛塚村の「カギ庄（回船問屋兼材木問屋の庄古北蔵）」などが挙げられる[56]。このように払い下げ材の落札者は，下流域沿岸で操業を行う製材業者や材木問屋を中心にしていたことがわかる。

b. 沿岸村が有する権利と流出材との関係

　天竜川下流域沿岸の住民は，降雨によって増水していた天竜川が減水し始めると，競って堤防へ出かけ漂着した材木を拾い集めた[57]。流出材は，河川工作物に多く漂着する。そのため橋桁や大聖牛のような大規模な水制工には，多くの人が集まって流出材を収集した。なかには橋の上から流れていく流出材をモリで突き上げる者もあった[58]。また，舟を所有する農民は，天竜川が減水する前から危険を顧みず中州に乗り付け，材木を収集していたという[59]。その一方で，流出材の収集とそれらの帰属をめぐって，天竜川の対岸同士の村が訴訟を起こすという事態も発生した。以下，訴訟の内容を記した「漂着材木所得権確認事件中間判決[60]」から，村内における流木取扱の意味を検討していく。

　大正元年（1912）9月22，23日にかけて天竜川では増水が発生し下流域の沿岸には大量の流出材が漂着した。このとき，左岸の広瀬村松ノ木島地区と，対岸の竜池村高薗・新野両地区の住民は，堤防とその地先から流出材の収集を開始し，減水とともに中州付近に取り残された材木の処理に着手した。この際，両村の境界付近に漂着した有印材を，両村共に自村分として検知し，天竜川材木商同業組合に提出する帳簿に記載してしまった。村境付近の材木の本数は，尺〆数で約8,000本という厖大なものであった（表5-9）。尺〆1本当たりの拾得報酬は21～23銭と設定されており，中州の流出材は最低でも1,600円の価値があったことになる。この金額は，大正3年（1914）における竜池村の歳入4,806円[61]と比較しても，相当な金額であったことがわかる。この他に無印材

表 5-9　竜池村新野・高薗に漂着した材木と報酬額－大正元年（1912）－

材種	本数	尺〆換算	尺〆1本当たり報酬	報酬合計（円）
杉・桧・椹	1,494	232	21銭	48.72
椴・栂	9,127	6,800	22銭	1,496.00
松・黒木	1,137	515	23銭	118.45
無印材	1,108	442	－	－
合計	12,866	7,989	－	1,663.17

（『豊岡村史』より作成）
注）無印材の収集には報酬が設定されていない。

を加えると，その数はさらに増えることとなった。原告である竜池村2地区の申し出によれば，これらの流出材は竜池村の村域内に漂着したものと認識されている。そのため増水が収まった翌9月24日に，規約に従い漂着本数を取調べ，所轄である自村村長に届け出を行った。その後，拾得材の保管人を定め，材木商同業組合の流材係や荷主と，報酬及び無印材の処理について協議をした。ところがこの段階になって，対岸広瀬村の松ノ木島地区が，既に協議中であった流出材について，報酬及び無印材の処分権を主張し始めた。しかも流出材処理の規約通りに，自村村長への拾得の届け出と保管人の決定も済ませてしまった。広瀬村に提出された拾得の届け出は竜池村が申し出た数量と同数であり，両村の主張は真っ向から対立することとなった。有印材の収得者に対して報酬を支払う義務のある材木商同業組合と荷主側は，訴訟が終了し報酬を得る村がどちらかに決定するまで支払いを凍結することとした。訴訟が結審するまでの2年間にも[62]，天竜川の増水によって材木の流出が数回発生しており，両村が村域として主張する係争地点にも多くの流出材が漂着していた。原告側の訴状の中には，材木の所有者が「原被両村ノ何レカ正当ノ権利者ナルニヤ付疑ヲ起シ」ているため，訴訟が続く限り「木材所有者ヨリ報酬請求権等ノ実行」が停滞してしまうこと，そして，その現金収入が普段の生活の一部となっており，早期に自村宛に支払いを行ってもらわないと困窮してしまうという旨が加えられている。

　江戸時代以来，天竜川沿岸の村々では，増水による流路の移動によりそれま

で村の秣場として利用していた河川敷が流出したり，反対に大きな中州となって隣村の秣場と陸続きになってしまった場合などに，しばしば境界論争が持ち上がっていた[63]。ところが，明治時代以降になると，流出材の帰属が境界訴訟の原因として新たに加わることとなった。しかもそれは，明治時代に入り天竜川を流下する材木の量が増えるにしたがって，流出材処理の帰属を訴訟によって確認する必要が生じるほど，経済的な意味を持つものとなっていた。

流出材は，筏を組む土場付近が増水に見舞われた時だけでなく，その複雑な材木流通の構造そのものに発生の要因が存在していた。しかし，山林地主や材木問屋，筏師，製材業者といった，いわゆる材木関連産業の従事者だけでは，増加する流出材に到底対応しきれず，沿岸に居住する農民の存在なしにこれらに対処することは不可能であった。すなわち，材木関連業者は，普段は材木とは無関係に存在する沿岸の住民を取り込むことで流出材に対応し，材木流通を維持させていたのである。

第3節　水防組合の活動と村落組織

(1) 明治44年の水害とその実態

これまでに見たような，地域の変容が次第に明確になってきた明治44年（1911）8月，天竜川では過去50年で最大規模の洪水被害が発生する。この水害では，左岸岩田村において2ヶ所の堤防が決壊し，洪水流は井通村において沖積平野を東西に横切る東海道本線の線路を破壊し，最下流部にまで到達した。一方，右岸においても中瀬村内で破堤があった。この他にも右岸では，堤防は持ちこたえたものの各地で堤防を溢流する増水に見舞われ，浸水被害が相次いだ。この時の洪水は，前後の暴風の状況から中部地方を通過した台風によるものであったと考えられるが，下流域の被害を大きくした要因は先に発生した中流域での被害と関連していた。中流域では，天竜川本流に面した急傾斜の山が土砂崩れを起こし，天然のダムのように川を堰きとめてしまった。天竜川はそれ以降も増水を続けたため，堰き止められた大量の水が土砂とともに一気に下流に向けて流れ出すこととなった。下流域の堤防は，この急激な増水に持ちこ

表 5-10 明治 44 年（1911）水害における岩田村の被害状況 （単位：軒）

大字	流出	全壊	半壊	床上浸水	床下浸水	被害合計
匂坂中	7	1	3	64	28	103
寺谷新田	7	1	1	10	0	19
匂坂上	6	3	8	34	12	63
寺谷	5	1	8	51	1	66
匂坂新	0	*1	0	12	7	20
治郎作新田	0	0	0	12	0	12
伝右衛門新田	0	0	1	9	0	10
寺谷沖新田	0	0	1	0	0	1
合計	25	7	22	192	48	294

(『岩田村誌』より作成)
注）＊は，土砂崩れによる家屋の倒壊を示す。

たえることができず破堤してしまったのである。

a. 左岸岩田村における家屋の浸水状況

　この時の洪水で最も被害の大きかった左岸の状況から見ていくこととしよう。特に堤防決壊地点である岩田村では，集落が洪水流の直撃を受けたため多くの被害が出た。大字ごとの家屋の被害状況によると（表5-10），被害は流出，全壊，半壊，床上浸水，床下浸水の5つに区分されている。このうち流出は，家屋のある場所が洪水流の通り道となり，まさに跡形もなく流されてしまったものをいう。それだけ，この時の洪水流が激しかったことがうかがえる。流出，全壊，半壊の軒数は，堤防の破堤地点である寺谷新田と寺谷で多くみられる。一方で，最も被害軒数の多かったのは破堤地点から南に下った匂坂中であり，ここでは床上・床下浸水までを含めると103軒の被害が確認できる。これは二ヶ所で破堤し堤内に入り込んだ洪水流が，匂坂中やこの地区よりひとつ北側の匂坂上付近で合流したために被害が大きくなったことが考えられる。このことは，流出家屋の軒数からも明らかである。すなわち，最大の流出家屋数である7軒の被害を出しているのは，決壊地点の寺谷新田と，この匂坂中の2大字であった。流出家屋は匂坂上と寺谷においても確認でき，これらはいずれも洪水流が通過していった大字である。

　一方で，被害が少なかったのは治郎作新田，伝右衛門新田，寺谷沖新田の新

田集落である。これらの大字は，家屋数が少ないため相対的な被害も少ないことを考慮する必要があるが，本来ならば生産活動の条件が不利なこのような新田集落が，真っ先に洪水流の直撃を受けたり被害が大きくなったりすることが予想されよう。しかしながらこの水害では，古くから居住と開発が進み，自然堤防や田畑の配置からある程度の洪水流を防御できるように立地しているはずの集落が最も被害を受けたのである。しかも洪水流は，家屋が立ち並ぶ，集落の中心部分を貫いて流れていった。すなわち，岩田村の場合，本来最小限の被害に抑えられるはずの場所が最も被害が大きいという，これまでの水害では考えられなかった状況が発生していたのである。

b. 右岸中瀬村・竜池村における被害の実態

　右岸では，平野最北部の中瀬村において破堤被害が発生した。この中瀬村と南に隣接する竜池村については被害の集計が存在する[64]（表5-11）。表中の項目「堤防決壊箇所」によると，このときの増水により中瀬村では堤防が3ヶ所，総延長にして389間が決壊した。一方，竜池村内の堤防は決壊しておらず，このときの右岸北部の被害は中瀬村の決壊地点から押し寄せた洪水流が，南接する竜池村に流れ下ってきたために発生したものであった。中瀬村と竜池村の被害を比較してみると，当然のことながら激しい洪水流に襲われた中瀬村の方が被害の程度が大きい。そのことを考慮しつつ，被害の状況を見ていくこととしよう。

　中瀬村は，被害前における田畑の比率が1対51と畑が大きく卓越している。これは第2章において検討したように，中瀬村付近が扇頂となる扇状地性平野の自然的特徴を示すものである。一方の竜池村では水田面積の比率が増加し，田畑の比率はおよそ1対2となっている。浸水反別をみると，中瀬村の水田合計7町1反5畝のうち7町までが浸水しているのに対して，竜池村では27町の浸水で，これは竜池村の水田面積全体の3分の1に相当する。水田は比高の低い位置に存在するためより浸水被害を受けやすいが，竜池村では水田全面積のうち3分の2は被害を免れていたことになる。これは中瀬村からの洪水流が網状に存在する旧低水路を満遍なく浸水させたのではなく，一ヶ所ないし二ヶ所の旧低水路に集中的に流れ込んできたことを示している。

表5-11 中瀬村・竜池村における洪水被害－明治44年（1911）－

項目	中瀬村	竜池村
総戸数	689戸	395戸
総人口	4,398人	3,766人
水田	7町1反5畝	80町9反4畝
畑	367町	161町3反7畝
宅地	45町9反2畝	29町5反4畝
浸水家屋	468戸	120戸
避難戸数，人数	16戸，80人	2戸，12人
被災者収容場所	中瀬尋常小学校	民家
炊出し実施日時	8月5日7時～7日午後	8月5日5時～17時
炊出し救護戸数，人員	133戸，665人	111戸，518人
炊事米石数，費用	白米5石7斗7升，金250円	白米1石6升，金45円
流出橋梁	県道1，里道5	里道6
流出及被害家屋数	流失6，全壊7，半壊21	流失0，全壊2，半壊2
道路決壊箇所	県道3町，里道50ヶ所	ナシ
水田浸水面積	7町	27町2畝
畑浸水面積	285町	72町8反6畝
宅地浸水面積	42町	10町3畝
堤防決壊箇所	3ヶ所，389間	ナシ
堤防破損箇所	2ヶ所，43間	2ヶ所，18間
水制工破損箇所	3ヶ所，50間	ナシ
家畜被害	豚15頭　鶏5羽	豚1頭
救護に関する寄贈金品	金5円，手拭い300枚，味噌1樽	金3円
荒蕪地面積（水田）	4町	30町
（畑）	20町	5反
（宅地）	2町	ナシ
被害作物の主なる物	タバコ，ヘチマ，桑，ラッカセイ	タバコ，ヘチマ，稲，ラッカセイ

（「浜名郡洪水状況調」より作成）

　本表では，洪水により避難した戸数とその人数，そして避難中に行われた炊出しや届けられた救護物資の内容も明らかとなる。このうち中瀬村では16戸80人が村内の尋常高等小学校に避難している。中瀬村では，流失及び全壊の被害家屋が13戸発生しており，おそらくは家を失った村民と，半壊21戸のうち程度の大きかったものが小学校に避難したのであろう。また，炊出しを受け

た戸数，人員は133戸，665人を数える。この人数は延べ数か実数であるのかは判別しないが，少なくとも小学校に避難した戸数よりも多くの人々が，炊出しの恩恵を受けていたことになる。この炊出しは5日の朝7時から7日の午後まで，3日間に渡って続けられた。

　他方で竜池村の被害の少なさは，避難戸数や炊出しの回数にも現れている。すなわち，家を離れて避難した戸数は2戸に止まっており，その場所も小学校などの公共施設ではなく，同じ村内の民家が受け入れ先となっている。炊出しは111戸518人が利用しており，中瀬村の133戸と比べて大きな差は見受けられないが，その期間は水害の発生した5日の日中で終了しており2日目以降は実施されていない。この他，救護品として中瀬村に届いた寄付の品物の中には手拭い300枚などもあり，当時の救援物資として必要とされていたものが知られ興味深い。

　最後に被害作物をみると，畑では中瀬村の78％，竜池村の45％で浸水被害が発生した。被害にあった主要な畑作物は，両村ともに，タバコ，ヘチマ，ラッカセイなど，本章第1節で検討した作物を中心としていた。浸水被害のうち完全に農地として使用できなくなった，いわゆる荒蕪地化した土地は，中瀬村で畑反別総計のうち5％，竜池村ではわずか0.3％ほどであった。これはすなわち，天竜川が平水に戻り，堤内に入ってきた洪水流の排水と決壊した堤防の仮〆切が順調に進めば，迅速に畑の復旧を行い得たことを示している。また，水害によって混乱した状況から，地域がある程度落ち着いた状況に戻っていく様子は，炊出しの長さにも反映されていると思われる。すなわち，多くの被害を出した中瀬村においても，村民のために炊出しが実施されたのは3日間であり，それ以降は被災者への組織だった救援は見られなかった。

c．右岸南部における農地の浸水状況

　右岸では南部においても浸水被害がみられ，飯田村，芳川村，河輪村の3ヶ村に関しては，浸水と農作物被害の状況を知ることができる。ここで考慮を必要とするのは，先に見た中瀬・竜池両村における堤防決壊の被害と，これら3ヶ村の被害は，直接的には関連がないことである。中瀬・竜池村を流れた洪水流は，竜池村の最南部に達したところで霞堤によってその方向が変わり，新野地

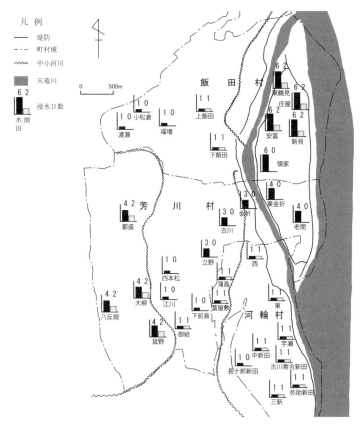

図 5-8　明治 44 年（1911）水害における飯田・芳川・河輪各村の浸水被害
（『明治四十四年水害調査書』より作成）
注）数字は田・畑の浸水日数を示す。

区において天竜川本流に戻るようになっている．この堤防は，江戸時代中期に存在していた流路を締め切るために築かれた「彦助堤」を延長し，幾度も改築を重ねてきた堤防である．明治 44 年水害時にはこの霞堤は決壊していないため，右岸南部における浸水は霞堤以南の豊西村から下流の複数の地点で天竜川堤防を乗り越えてきた洪水流や，中小河川として残存する，天竜川の旧低水路が氾濫したことに起因すると考えられる．

図5-8は，飯田，芳川，河輪3ヶ村のうち，大字ごとの水田，畑の浸水日数を示したものである。ここに挙げられていない大字については，被害が軽微であったと考えられ，資料とした「明治44年水害調査書[65)]」にその報告はない。記載のある中で，最も被害の少ないのは飯田村の小松倉，渡瀬，福増の3大字と，芳川村の四本松，江川，下前島，河輪村の長十郎新田などであり，これらの大字では水田の浸水が1日，畑に至っては水に浸かることがなかった。つぎに浸水程度の軽いのは，水田，畑ともに「1日浸水」の大字である。河輪村の大字は，すべてがこの被害程度の範疇に収まっている。河輪村内には，天竜川の本流に直接面している大字も存在するが，この時の増水では河輪村内の天竜川堤防に破堤被害が発生しなかったため，この程度の被害で難を逃れることができたと考えられる。

　一方で，本図からは天竜川との距離では河輪村の各大字よりも遠距離となる，芳川村西部において浸水日数が長くなる状況が見て取れる。例えば，都盛，大柳，八反畑，鼠野の大字では，水田4日，畑2日の浸水被害が発生している。これは豊西村以南において堤防を溢流した洪水流が旧低水路を伝って流れ下り，図中芳川村の中央を北から南に流下する小河川（芳川）に達し，この川が氾濫したために発生したものと考えられる。また同様に，水田1日浸水の被害のみであった芳川村四本松などの北東側には，金折，古川，立野の3大字で水田3日浸水となっているのが確認できる。これには，金折から南流する小河川の影響が考えられ，同じ村内であっても旧低水路や中小河川の存在により洪水流下に差違が生じ，そのことが浸水状況の差となって現れるのであろう。

　このように，明治20年代に改修堤防が築かれ，水害の発生は相対的に減少していたにもかかわらず，ひとたび堤防が破堤した場合には，これまでと同様にどの旧低水路に洪水流が流下するか，予測できないという状況が残存していた。明治末期の天竜川下流域では，農業や諸産業が発展を続けていたが，その基盤である足元，すなわち平野の自然条件に関しては，なんらこれまでと変わることはなかったのである。農業，材木流通などにおいて，地域的結合の形や意味が変化しつつあったこの時代に，天竜川下流域で発生したこの水害は，おそらくこのことを流域住民に久しぶりに思い起こさせることとなったであろう。

その一方で，第一次改修以降の河川工事の継続により連続堤防化が進んだことは，次のような被害の拡大を引き起こす要因ともなった。すなわち，これまでの治水方法では，流域住民の経験によって認識された「危険個所」が少なからず存在していた。人々は，このような場所を「急所」として重点的に防御したり，それが困難である場合には最初から無堤部分を作って遊水地とし，その周辺には人家や高度な土地利用を行なわないことで被害を最小限に食い止める工夫をしてきた。しかし，第一次改修の段階で高水工事に対応しつつ断続的に築堤が進んだ改修堤防は，工事施工区間すべてにおいて同じ規格によって，画一的に築かれていった。その結果，かつての危険個所とそうでない個所の区別はなくなったが，反対に今度は「どこの堤防が切れてもおかしくない」という状況を作り出した。岩田村において次々と家屋を流失させた洪水流は，まさに「これまで決壊しなかった」地点において堤防が決壊したことも要因の一つであった。

(2) 水防組合の活動と復旧工事の特徴
a. 右岸中ノ町村での水防活動

北部の両岸で破堤被害を出し，さらに沿岸各地で浸水被害をもたらした明治44年（1911）8月の洪水では，両岸の各地で堤防の防御や被害を最小限に食い止めるための水防活動が行われた。

はじめに，右岸の水防活動について『中ノ町村誌[66]』の記載から明らかにする。なお，本史料は，次項で取り上げる左岸の増水とその後の復旧工事を詳細に記録した『治水彙報[67]』の内容と一部重複するが，同じ洪水に対する両岸の対応が判明する事例であるため，少し長くなるがその記載を要約しつつ実際の水防活動がどのようなものであったのか記述してみたい。

明治44年8月4日の降雨により，天竜川では当日正午12時ころより増水が顕著となり，午後2時には中ノ町村地先に設置された量水標が12尺（3.6m）に，午後4時には12尺5寸（3.75m）に達した。天竜川は，なおも増水する見込みとなったため，西縁水防組合は中ノ町村駐在所の巡査に協力を仰ぎ，まずは水防組合の小頭を招集し，堤防警戒について協議を行った。その結果，午後4時

30分に半鐘を鳴らし組合員に招集がかけられた。小頭は中ノ町村の天竜川堤防を水防活動の受け持ち区間とする各大字の代表者である。水防組合の組合員は消防の火の見やぐら前に集合し，中ノ町村が防御を担当する堤防区間での指揮系統のトップ，頭取の冨田秀太郎より簡単な訓辞が行われている。この中では，「本日ノ洪水ハ普通ナラズ，明治37年洪水ノ経験ニ依ルモ，今ヨリ充分警戒ノ必要アル」こと，「夜間ニ至リ倍々増水シ危険ハ極度ニ達スルモ，自家ヲ顧慮ツツ先ヅ極力水防ニ従事ス可キ」ことが述べられている。このことから，西縁水防組合のうち，中ノ町村に非常呼集がかかったのは，大きな増水を見た明治37年（1904）以来であったことがわかる。そして，自分の家のことを気にかけつつも，まずは水防活動を優先するよう，組員に徹底を図っている。

この後水防組合は，組員を4隊（第一区隊～第四区隊）にわけ，小頭をそれぞれの監督とし，平素から危険と認識されている場所において警戒を開始した。午後6時頃に第二区隊の警戒場所が危険という通報が入り，堤防を保護する水防活動が展開される。午後6時30分に，この危険箇所から約10間（18m）上流側の堤防斜面から激しい漏水が発生したため，4隊すべてを集結させてこの区間の応急工事が行われた。この漏水は無事に止めることができたが，午後10時を過ぎると，今度はさらに増水した天竜川の流れが堤防を乗り越えて中ノ町村の堤内地にまで溢れ出すようになってきた。水防組合は，「急連ノ増水ニテ水防用材料ノ準備シアラザル」ため，「止ムヲ得ズ各人ノ畳，若クハ重量アルモノハ貴重ヲ顧ミズ水防ニ使用」し，かろうじて堤防を乗り越えてくる溢流を食い止めている状況であった。このように，数年前の洪水時の経験を大いに生かしつつ，さらなる用心を徹底して開始した今回の水防活動ではあったが，増水のペースが予想外に速く，水防資材の追加分を準備する時間的余裕がなかったことが明らかとなる。

この後，対応の遅れはさらに顕著となっていく。午後11時になると水防組合員の疲労も濃くなってきており，「到底防止スル能ワザル事トナリタル」状況であった。そのため，笠井村の警察分署から派遣されてきていた2人の巡査と，中ノ町駐在所の巡査1名の計3名は，笠井の消防組に応援を頼むため水防組合員2名とともに現地に赴いたものの，笠井地区においても危険箇所がある

ので応援を仰ぐことはできなかった。そこで西縁水防事務所に戻り，詰めていた所員から組合加入の村に対して追加人夫の召集を要求したが，「多クハ各人ノ避難ニ忙殺サレ」，「途中道路皆浸水シ行動自由ナラザル」ので，人を集めることができなかった。

　江戸時代には，堤防を村域として持たない浜部村のような内郷村でさえも水防活動のために人員を確保し，川附村からの指示があれば即座に対応できるよう準備を整えていたものであった。しかし，明治44年水害では，水防活動の応援要員が容易に召集されず，すでに流域に居住する住民自身が堤防を守るという本来あるべき意識が薄れていることがうかがえる。

　この後も水防活動は続けられるが，「偶ク少数ノ人夫来ルモ以外ノ大水ニ恐レテ直チニ避難」(ママ)してしまい，まったく役に立たない状態であった。しかも，本来率先して水防組合を補助し，且つ求めに応じて人員を出す立場にあるはずの中ノ町村の住民であっても，「破堤ノ免ガレザルト思料シ何レモ家族家財ノ避難ヲ為シ水防ニ従事スルモノナシ」というありさまであった。組合は現在いる人員を再び分割し各危険箇所へ配置したが人員不足は解消せず，今度は川下に位置する和田村の橋場消防組に応援を要請し，幸いにも人員の手配がついた。橋場からの応援が到着すると，はじめに中ノ町の消防組と合流し，不足している水防資材を調達しながら防御活動を行うこととなった。これにより，堤防側面から噴出するように激しく漏水していた2ヶ所，増水が堤防を溢流していた1ヶ所，溢流と堤防の陥没が同時に発生した1ヶ所，堤防に亀裂の入った1ヶ所の合計5ヶ所に，石俵，杭，畳など，手元にある資材を用いた防御活動が辛うじて行われた。溢流箇所には，上流からの流れに乗って勢いのついた，材木などの大きな漂流物が時々堤防上に飛び込んでくるため，防御活動自体が非常に危険な状況であった。堤防の警戒はなおも続いたが，日付の変わった午前0時半ころから少しずつ減水し始め，午前1時を過ぎると暴風が収まってきたため，炊出しをして休憩となった。そして明け方まで警戒を続けた後に，ようやく解散となった。中ノ町村付近で天竜川が減水し始めたのは，皮肉にも平野北部の対岸，広瀬村・岩田村付近において堤防が決壊し，その地点から左岸一帯に洪水流が侵入したことが原因である。しかし破堤は免れたとはいえ，中ノ町

村においても相当深刻な堤防の損傷が発生していた。しかもそれを防御した人員は最初に集合した規定人数最低限の水防人夫と村の消防組員，そして応援要請により途中から駆けつけた隣村の消防組員のみであった。かろうじて防御は完了したものの，その活動は人員不足のまま進められ，組織的にも非常に脆い活動であった。しかもこの間，本来は非常召集のため待機しているはずの中ノ町村村住民は各自がそれぞれに避難行動を開始しており，水防組合の人員召集に関する指揮系統と実際の活動は最低限機能したのみであった。

　このように明治44年の時点では，恒常的に水防組合や消防組に参加している者でない限り，「自分たちの地域を水害からどう守るか」という主体としての意識が完全に薄れていることがわかる。西縁水防組合事務所が所在し，日常的に水防関係の業務が行われ，住民にとっても水防組合は近しい存在であったであろう中ノ町村においても人員調達が機能せず，水防資材も急な増水に対応できないなど，組織の弱体化が顕著に認められた。これが他の水防組合加入村においても同様に組織の求心力が弱っていたことは想像に難くない。しかも中ノ町村は最初の小頭の訓示から察するに，これより7年前の明治37年の増水時に大規模な活動があったと認識されていた。しかしそれ以降，水防組合の人夫が総出動し水防活動を展開するような増水は，この村に関してはなかったことになる。天竜川では明治中期以降，水防組合が賦課人員の全てを動員するような水防活動の機会が急速に減少していたが，それはひとえに内務省直轄による河川改修により河床の状況が改善し，堤防に害が及ぶような大きな洪水が発生しなくなってきたことと関連があろう。しかし一方で洪水の減少は，水防組合を弱体化させる要因にもなっていった。明治中期には堤防や水制工の補修に関しては地域の業者との仲介者へとその役割を変えていた水防組合は，明治末期になると増水時の水防活動においても安定性を欠いており，水防組合を形成する村々が，天竜川の治水に関するすべての活動に対して消極的なかかわりを有するのみとなっていた。

b. 左岸の被害状況と復旧工事

　次に左岸での水害と，その後に行われた復旧に至るまでの流域住民の対応を，東縁水防組合の活動を報告した『治水彙報』の記述からみていくこととする。

本史料によると，東縁水防組合は堤防が決壊した原因として「天竜川ハ明治十九年度ヨリ改修工事ニ着手シ堅牢ナル築堤ヲ為」したため，「水下人民亦多少堵ニ安シ，改修堤ニ重キヲ措キ旧式堤防ハ殆ント度外視」する傾向が強く，「田畑開墾ヲ目的トシ旧式堤防ヲ侵害」しようとしていたことを挙げている。さらに，「寺谷新田堤防接続地ハ地元村ヨリ曩日ニ廃堤ヲ出願」していた事実があり，第一次改修以降に流域住民の堤防に対する意識が変化し，堤防を取り払った跡地を耕地化しようとする動きが生じていた。しかも，その場所は「寺谷新田堤防接続地」という言葉で表されているように，かつての寺谷用水の取水口を防御していた霞堤と，天竜川本流に沿った連続堤防とが接続する，いわば水防の重要地点に相当する。このような場所でさえも耕地化が推し進められていたことになり，住民の水防に対する意識の変化を裏付けることが出来る。この頃の景観を復原するため，「天龍川台帳附図[68]」から堤防決壊地点周辺の土地利用を示してみたい（図 5-9）。最も川に近い西側の直線的な堤防は，明治 18 年（1885）の内務省直轄第 1 次工事以来，県営事業として工事が進捗していた改修堤防である。「天龍川台帳附図」の作成当時，改修堤防はまだ築堤中であったため，中央部付近（A 地点）で途切れており，その周辺は広大な河川敷となっていた。改修堤防築堤以前は，A 地点周辺の空白部は天竜川の堤外地であり，川が増水すると流路の一部となる場合もあった。改修堤防が完成すると，このような旧堤外地は徐々に耕地化され，大正中期頃には桑畑として利用されることが多かった。改修堤防が途切れる南側には，堤外地の耕地を囲っている小規模な輪中堤が残存している。このうち，2 ヶ所の堤防は，川上にあたる北側の堤防が存在していない（C 地点北西付近）。輪中のような囲い堤の場合，川上側に無堤部分を作ることは通常考えられない。それゆえ，この場所では改修堤防の延長に従い増水時に流路となることが無くなったため，廃堤となった部分を示していると考えられる。かつての流路に沿って築かれた堤防のうち，B 地点では堤防が一部崩され，畑地化していることもわかる。『治水彙報』の記述は，このような状況を伝えているのである。内堤は相当の規模を持ったもので，上流部では改修堤防と接続しない霞堤となっている。内堤の堤内地は宅地と水田が卓越しており，ここを流れる寺谷用水に関連して古くから開発が進んでいた。

第 5 章 水害減少期における天竜川下流域の地域構造 237

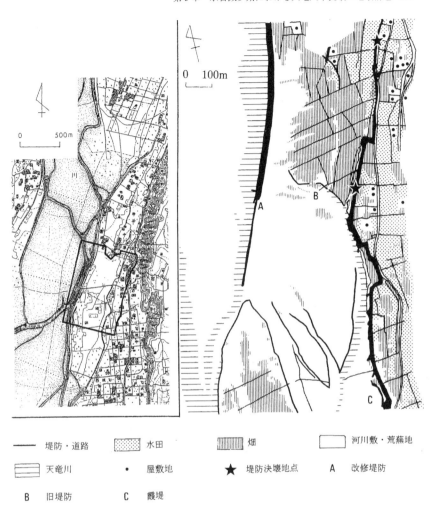

― 堤防・道路　　▨ 水田　　▨ 畑　　▨ 河川敷・荒蕪地
▨ 天竜川　　・ 屋敷地　　★ 堤防決壊地点　　A 改修堤防
B 旧堤防　　C 霞堤

図 5-9　岩田村における堤防決壊地点と周辺の土地利用－明治 40 年（1907）頃－
（大正 9 年測図 2 万 5 千分の 1 地形図「笠井」，「天龍川河川台帳附図」により作成）

　岩田村における 2 ヶ所の破堤地点の東側は，いわば村内で最も重要な土地生産基盤を有する一帯であり，この堤防が決壊することは村の存亡に係わるといえるほどの場所である．すなわち，「最も切れてはいけない場所」で，堤防が切

れてしまったことが，この明治44年水害の特徴である。しかも本図から明らかなように，決壊地点は住居と極めて近接した場所である。岩田村の家屋が壊滅的な被害を受けた原因は先節において検討を行ったが，その状況が地図からも跡付けられるのである。

　堤防が決壊した3ヶ所のうち，1ヶ所は県営工事により連続堤防化の工事が進行中であった広瀬村一貫地地内の本堤[69]であり，残りの2ヶ所は前項でみた岩田村の寺谷新田地内と寺谷地内における内堤であった。東縁水防組合は，堤防決壊から3日後の8月7日から堤防復旧に向けた活動を開始し，はじめに静岡県と復旧の進め方について折衝を行なった。水防組合は復旧工事に際し，岩田村内の2ヶ所の同時着工を望んだが，県は予算の関係と，決壊した寺谷新田附近の水深が5m以上あり，即座に工事を開始することが困難という技術的な理由から，1ヶ所ずつの工事を決定した。県の計画は，はじめに寺谷の堤防復旧工事から着工しようとするものであった。しかし，2ヶ所の内堤を同時に着工しないと，後回しになる寺谷新田地先から堤内への氾濫を防止できず，下流域の被害をさらに大きくしかねない状況が予想された。そこで組合では，決壊地点での水深が浅い寺谷での工事を組合の自普請として暫定的に着工し，寺谷新田の工事を水深が減り次第，県が即座に着工することで，両地点の着工の時間差を可能な限り短くする様に計画の変更を要請した。県はこれを了承し，2ヶ所の工事が着工されることとなった。ここでは着工された順に，水防組合の自普請となった寺谷での応急工事からその状況をみていく。

　水防組合は，工事決定後の会合で組合加入村から2,000人の非常人夫を強制的に招集し，2日間で堤防の仮締め切りを完成させる計画を策定した。そして8月7日の22時から23時の間に，加入村役場に向けてその旨を通達し，翌8日の朝6時から招集された人夫により工事を開始した。この人夫の内訳をみると（表5-12），招集される人夫は最終的に2,573人となっており，井通，富岡，天竜の各村では出役者数と村の賦課戸数とが一致している。しかし，実際に加入村内から出役した人夫は1,653人と，招集人員より900人ほど少ない状況であり，不足分は各村とも買い上げ人夫として組合加入村外から雇い入れるか，人夫の代わりに不足金を納めることで対応していた。買い上げ人夫の出役が特

表 5-12　寺谷村自普請における水防組合加入村の人夫内訳－明治 44 年（1911）－

	賦課戸数 （戸）	人夫割当 （人）	村内出役 （人）	買上げ人夫 （人）	不足金 （円）
袖浦村	527	252	252	–	–
井通村	520	520	26	494	–
長野村	510	450	450	–	30
富岡村	349	349	117	232	–
十束村	326	323	323	–	1.5
池田村	290	86	86	–	102
天竜村	284	284	249	35	–
岩田村	268	268	109	159	–
於保村	172	41	41	–	65.5
合計	3,246	2,573	1,653	920	199

（『治水彙報』より作成）
注）不足金は，不足人夫 1 人につき 50 銭で換算する。

に多い村は井通，富岡，岩田の 3 ヶ村である。これらの村は決壊地点に近く，洪水被害が大きかったために一時的に村外に避難した者などがあり，自村内のみでは人夫を調達できなかったものと考えられる。招集された人夫による堤防の応急工事の様子について『治水彙報』は，「午前六時頃ヨリ続々出夫セル正人夫ハ数百名ニ達セル」も，「規律無ク自身勝手ノ行動ヲ執リ更ニ統一スルコトヲ得ズ」と報告している。しかも出役する予定になっていた人夫が来ていなかったり，引率するはずの村長，区長がおらず，どこの村からきた人夫なのか水防組合役員が把握できていないなど，現場では指揮系統が混乱していた。そのため水防組合は人夫の統率がとれず，計画通りに工事が進捗しなかった。人夫の行動も，「熱心ニ水防ニ従事スル誠実者」もいるが，「冷淡ニシテ利害ヲ感セサルモノ」，「数里ノ往復徒歩ニ疲レ出役ニ堪ヘサルモノ」，「現場ニ出夫セルモ渦巻ク水勢ヲ看テ已ニ心胆ヲ奪ハレ戦慄シテ水中ニ入ルコトヲ得サル人夫」などが少なからず存在しており，出役して来たもののあまり役に立たない者が出る始末であった。前項では増水時に機能する水防活動において，西縁水防組合が人員と資材が不十分のまま対応していたことを見たが，強制的に人夫招集可能な大規模復旧工事においても，水防組合とその加入村が組織として効果的

に機能していなかったことがわかる。

　水防組合の自普請による復旧工事は，完成予定の8月9日にようやく7割が完了したが，同日の降雨により天竜川が増水し，水流が仮締め切り堤を乗り越えたため工事中断となった。『治水彙報』によると，工事の遅延により水防組合では「多数ノ正人夫ヲ招集セシモ比較的其ノ効果ナキ而已ナラズ義務的人夫ハ実際ニ於テ適応セサルヲ認メ熟練者ヲ選択シ臨時買上人夫ヲ以テ従事セシメ速ニ成功セシムルノ適当ナルヲ認ム」という意見が出はじめたことを述べている。水防組合は，加入村に「数合わせ的」な人夫招集の義務を負わせるよりも，請負業者などに頼り，熟練工をあらかじめ選抜する『買い上げ人夫』の方が作業効率が良いことをすでに自覚していたのであった。

　寺谷での工事は8月10日に県営工事に移管され，12日に仮締め切り堤が完成した。水防組合は，江戸時代にみられたような人夫を加入村から召集するやり方で復旧工事を進めようとした。しかし，前章において見たように，内務省直轄による河川改修の堤防築堤や通常の増水後の水制工搬入工事でさえも，すでに請負人による施工が一般的となっていた明治時代中期以降にあって，水防組合が工事施工者として現場のすべてを取り仕切ることは，到底不可能な事であった。水防組合と招集人夫の工事に関する機能性は，著しく低下していたのである。

　一方で加入町村に義務の生じない県主導の寺谷新田堤はどのように復旧を進展させたのであろうか。寺谷新田の決壊地点は水深が深く様子見が続いたため，工事が開始されたのは8月12日であった。着工後は，必要な人夫数や資材の指示が，県から水防組合を経て組合加入村へ次々と伝達された（表5-13）。工事は8月12日から18日まで行われ，14日からは昼夜に交代による突貫工事の体制となった。12日，18日の工事には舟および舟夫も動員されており，特に12日の場合，東縁水防組合には加入していない掛塚村からも舟を徴用した。掛塚は，天竜川から遠州灘へと繋がる河口港でもあり，川舟を数多く所有していた[70]。この水害では，輪中堤に決壊被害が出なかったため，掛塚では他の被害地域に救援用の舟を貸し出せる体制にあったものと思われる。招集人夫の数は，最大で8月13日の330人であり，工事を通して常時200人前後が動員

表5-13 寺谷新田堤復旧工事における周辺各村の人夫出役状況－明治44年（1911）－

月日	集合時刻	井通	富岡	十束	池田	岩田	袖浦	掛塚	長野	天竜	備考
8.12	6:00	60 鶴嘴5, 鋤20	50 鮪2, 鍬10, 鋤・鶴嘴20	40	30 鮪3						
	9:00	○	○	○	○	○	○	○			鵜飼舟七分ザッパ舟, 舟夫付
8.13	6:00	100		100					80	50	追ッテ人夫二ハ相当賃金県庁ヨリ支払
8.14	6:00（夜）	60 ○	50 ○	50		○					弁当3食持参 3ヶ村の青年団250人
	18:00						200				土持ち篭1人1つ, 弁当3食, 土工器具持参
8.15	（朝）	○	○			○					3ヶ村の青年団250人
	6:00	50	50	50					100		土持ち篭1人1つ, 弁当3食, 土工器具持参
	18:00										（合計250人）
8.16	5:30										（合計250人）
	18:00	100	70			30					土工器具持参
8.17	18:00			40			50		80	30	篭, 弁当3食持参
8.18	6:00	50	50		50						篭, 弁当3食持参
	6:00	舟5	舟12	舟3	舟5	舟5					鵜飼舟七分ザッパ舟, 舟夫付

（『治水彙報』より作成）
注）「○」は，人数が不明ながら割り当てがあったことを示す。

されている。県営工事への出役人夫や資材提供も，水防組合が試みたものと同様，流域の村々からの派遣を前提として指示が出されている。同じ人夫の調達方法を採りながら，機能しなかった組合の工事と，この県営工事との差は，どこにあるのであろうか。

　県営復旧工事は組合の自普請と異なり，人夫への賃金を含む工事予算を事前に策定し，工事の進捗に合わせて出役人夫数を調整するため，作業効率が上がると考えられる。さらに，県営工事には青年団の参加など，村内の組合員だけではない別組織が率先して活動していることも注目されよう。この工事にかかわる指示系統では，水防組合は県が必要な人員，資材を加入村に通達するのみで，工事の実務に果たす役割はほとんどなかった。水防組合のように賦課戸数から割当の人夫数を算出し，それを割り振っていくという面倒な行程を必要とせずに，「この村から何人」と県が直接村々に指示できることは大きい。すなわち，組合主導の場合は工事自体が機能しなかったと同時に，加入村への賦課人数という工事の前提となる取り決めが足かせとなり，逆に融通の利く人員調達が出来なかったことも工事の失敗に拍車をかける結果となったのである。

　仮締め切り堤が完成した後，堤塘の本格的な復旧工事が開始されることとなった。これらの工事は，山田竹治郎，秋山錠治郎，鈴木宇吉，長谷川栄三郎らの請負によって着工されることが県と水防組合によって了承された。堤防工事は，前章においてその存在を確認した長谷川や秋山の「東海組」をはじめとする，第一次改修以来の専門業者の手に再び委ねられたのである。

第4節　水害減少期における地域構造

　本章では，明治時代中期以降における農業生産，材木流通，水害の状況と水防組合活動について，それぞれの側面から検討してきた。ここでは本章の小括として，それらを水害頻発期の状況と対応させながら，水害減少期における地域構造として提示してみたい。

　農業生産に注目すると，明治時代初期に綿作は衰退したが，土地生産性の高い自然堤防上の畑では商品作物生産の重要性は持続しており，輸出を目的とす

る「遠州4品」や蔬菜栽培が行われていた。これら農業生産は，大正末期の温室園芸導入試行期を経て，昭和初期にはキュウリやメロン等の促成栽培の先進地として発展するに至った。

　明治22年（1889）の東海道本線開通によってその移出が容易となった天竜川中流域からの材木輸送は，天竜川を筏流しの輸送路とすることで成り立っていた。この際発生する流出材は，普段は材木流通に関与していない，下流域の農民によって収拾された。流出材は，その収拾者に報酬金が支払われるため，収拾活動自体が経済活動の側面をも有していた。さらに明治中期は，大都市の需要が重なったこともあり，材木輸送は盛況であった。それゆえ，発生する流出材の数量も相対的に多く，流出材収拾による経済的な還元は，下流域住民にとっては大きな意味を有していたものと考えられる。

　このような状況の下，明治44年に下流域では過去50年間で最大級の洪水が発生した。この時の水防組合の活動では非常時の人員招集に支障をきたしたため，結果的に増水時の防御，破堤した堤防の応急工事ともに，かつてのように機能することができなかった。そして，そのことが堤防の決壊被害を大きくし，その後の浸水期間を長引かせる遠因ともなった。決壊した堤防の応急締め切り工事は県が主導し，その後行われた本格的な復旧工事には，第一次直轄工事において現場で中心的な役割を担っていた土木請負業者が携わることとなった。明治中期以降，水防組合の役割として堤防の土木工事を主導することは，すでにその意味を持たなくなっていたのであった。

　以上の諸要素について，水害減少期におけるそれぞれの連関と，それより前の時代，すなわち，水害頻発期の地域構造からの変容を模式的に表したのが，図5-10である。水害減少期の地域構造を論じる前提として，水害頻発期のそれを大まかに説明してみたい。人々の自然条件への働きかけが水害を克服するまでには及んでいない時代には，洪水流の浸水程度が低い，中州状に広がる自然堤防上の土地利用を重点的に行っていた。すなわち，それは住居と畑であり，浸水の危険が大きい網状の旧低水路には水田が存在した。住民は畑において商品作物を栽培し，それが平時には重要な収入源となっていた。一方で，収穫が期待できない水害時には，堤防の維持・補修を通じた水防組合活動から還元さ

水害頻発期における天竜川下流域の地域構造

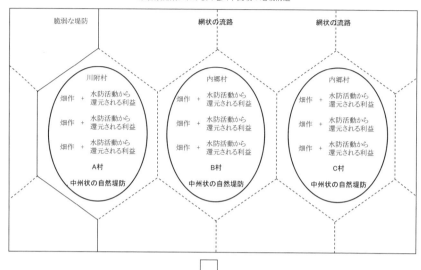

水害減少期における天竜川下流域の地域構造

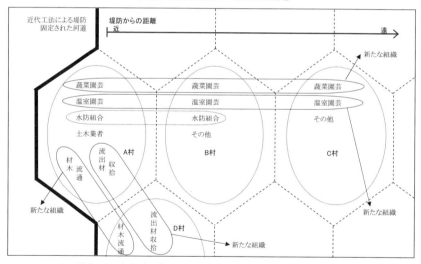

図5-10　水害減少期における天竜川下流域の地域構造概念図

れる利益が存在し，水害時，平時両面において天竜川下流域の存立基盤となる構造が存在していた。

水害減少期に至っても，網状の乱流路と中州状の自然堤防という自然条件はそのまま維持された。しかし，第一次改修によって近代工法による堤防が築堤され，それまでの「流路の統合は進んだものの，依然としてどの旧低水路が主流路になるかはわからない」という状況を脱し，初めて天竜川の河道が固定された。

　農業生産に注目すると，水害の減少により自然堤防上の肥沃な畑地がいよいよその潜在的な農業生産力を発揮した。遠州4品をはじめとし，蔬菜生産の特化に向かう過程は，同時に強固な農業組織の発達を推し進めることとなった。輸出を前提とする遠州4品はいずれも出荷組合が存在しており，肥料の購入，品質向上の取り組みや仲買，貿易商とのやりとりなど，その栽培には組織的な対応が必要とされたことは想像に難くない。蔬菜栽培においても，東京・大阪への出荷を目的とする場合には貨物列車の発車時刻に合わせて出荷時間を調整したり，共同選果を行う必要が生じた。それゆえ，以前は天竜川下流域という自然条件を前提に，地域で広く共有されていた生活サイクルよりも，流域住民の個々が選択した農作物や農業形態ごとに，所属する組織内での連帯に重点が置かれるようになっていった。このことは，温室園芸の導入以降さらに顕著なものとなり，一時は出荷時の利害対立から組合組織が分裂し，双方を誹謗中傷する騒ぎも発生するほどであった。

　流域共通を前提とする生活サイクルの分解は，天竜川を輸送路として利用する材木流通からも明らかなものとなった。大都市の旺盛な需要による明治中期以降の材木流通発展期は，天竜川下流域で河川改修が進展し流路の固定化が一応の成果を上げていた時期と重なっている。流出材発生時にそれらを収集するのは，連続堤防によって新たに固定された流路に沿って居住する住民であった。流路の固定化は，それ以前までの「同じ自然条件を持つ下流域全体」という構図から切り離されて，河道と堤防からの距離に応じた天竜川との関わり方を生じさせた。材木流通においては，堤防付近とその周辺だけが，天竜川の上になぞられる「帯状」に機能集団を形成しはじめたのである。それゆえ，村域に天竜川堤防を持たない村は，流出材木拾得の権利が発生せず，したがって材木流

通によって結ばれる，天竜川中・下流域の関係にも関与する余地がないことを意味した。そして水害そのものの減少により，水防組合を介した経済的還元がほとんど意味をなさなくなっていたことも，下流域全体の生活サイクル再編を加速させ，水防組合の形骸化が進む要因の一つになっていた。

注

1) 藤田錦司（1954），47-50頁，によると，遠州地方での別珍（ベルベット），コール天（コーデュロイ），加工前の生地（ブロック）を合わせた生産額は，昭和5年に全国合計値の64.5%，同9年には83.8%に達した。
2) 浜名郡編（1926），333頁，によると，組合組織は，はじめ明治34年（1901）遠江生姜・糸瓜同業組合として設立され，明治37年（1904）に静岡県生姜・糸瓜・蕃椒・落花生同業組合となった，とある。
3) 帝国制帽株式会社編（1936），によると，会社は明治29年（1896）に創立，明治32年（1899）には第二工場も稼働し，3年後の明治35年（1902）には両工場で299人の職工がいたという。
4) 大日本農会報事務所編（1909）：大日本農会報，第333号，60-63頁，②矢崎亥八（1913）：貿易作物としての落花生の趨勢，大日本農会報第381号，56-59③同，第382号，64-68頁，④同，第383号，61-64頁（3号に渡る連載記事）
5) 静岡県農会事務所編（1917），54-55頁
6) 浜名郡中ノ町村役場編（1913）：『中ノ町村誌』浜名郡中ノ町村役場
7) ①和田村役場編（1913）：『和田村誌』和田村役場。原本は便せんに和綴じでページ番号がない。農産物の項目は，「第二章地理八，物産」と，「第七章産業一，農業」によった。②飯田尋常小学校編（1913），54頁。
8) 貝原益軒（1714）：「諸菜譜」，では「胡羅蔔」とあり，セリニンジンのこと。
9) 前掲8）によると，カブラナ，カブのこと。
10) 静岡県農会編（1924），146頁
11) 浜松市老間町，西大塚，四本松町（いずれも旧芳川村）での聞き取りによる。
12) 前掲11）。
13) 浜松市老間町，西大塚での聞き取りによる。
14) 浜名郡農会編（1916），35-36頁
15) 芳川尋常高等小学校編（1932），59頁
16) 浜松市老間町での聞き取りによる。
17) 前掲15），54頁
18) 前掲5），443-451頁
19) 一般的には「間引き菜」のことを示すが，遠州地方ではとくに，ダイコンを植え付けて一ヶ月ほど経過したものを，葉を食用にするため収穫するものをいう。以上は，浜松市西

大塚，磐田市掛塚での聞き取りによる．
20）浜松市老間町，西大塚，四本松町（いずれも旧芳川村）での聞き取りによる．
21）前掲5），には，飯田村の長芋栽培の事例の中で，「菜種粕粗砕キ人夫二人」とある．
22）浜北市編（1999），228頁，「蚕飼育法改良結果申告書」による．
23）前掲15），57-58頁
24）芳川村尋常小学校（1913），8-12頁による．
25）浜松市安松町西尾氏所蔵文書「昭和五年出荷台帳」による．
26）浜松市西大塚，福田町清庵新田（現磐田市）での聞き取りによる．
27）前掲26）．
28）丸浜温室園芸組合．組合は，組合長，副組合長各1名，理事9名，代議員22名からなる役員が選ばれ，運営に当たっていた．
29）浜松市安松町西尾氏所蔵文書，「静岡県丸浜温室園芸組合規約」による，
30）浜松市安松町西尾氏所蔵文書，「昭和十年度丸浜温室園芸組合経費歳入歳出予算」のうち，「昭和七年負担金額産出参考資料」の項目．これらは，組合の経費として販売額に上乗せする13の項目を，この年の5月26日から9月25日までの，5ヶ月間の出荷箱数である44,100で割って算出したものである．金額として最も高いのはメロンの箱代7銭5厘で，最も少ないものでは僅か2厘2毛となっている．それゆえ金額的には微々たるものであるが，諸経費に挙げられた項目は，そのまま組合が共同出荷を行う際に必要とされた支出を伴う諸業務の内容を示している．
31）前掲15），57頁
32）前掲25）．
33）大日本農会事務所編（1896），47-49頁
34）浜松市役所編（1981），451-452頁
35）浜松市安松町西尾氏所蔵文書「丸浜農事実行組合事業状況」による．
36）飯岡正毅（1977）頁，によると，本流の管流しは享保10年（1725）に中止となり，以降はすべて筏による川下げに変更されている．
37）静岡県木材協同組合連合会編（1968），224頁
38）前掲37），148-149頁
39）竜洋町掛塚（現磐田市）での聞き取りによる．
40）荻野敏雄（1975），43頁
41）明治29年（1896）に，鉄橋下からの材木輸送用軌道との結節点に天竜川貨物取扱所として開設し，2年後の明治31年（1898）に天竜川駅となった．
42）前掲37），225頁
43）前掲37），187-191頁
44）流出材の大量に発生する年が水害の年とは一致せず，筏運送料の値上げの年に一致していることから，その背景には故意を含む人為的要素が関係している可能性がある．
45）前掲40），6-7頁
46）静岡県内務部編（1929），148-151頁

47）佐久間町編（1982），490-492 頁
48）天竜川材木商協同組合文書「漂流材調査決議書」（天竜市内山真龍資料館所蔵）による。
49）豊岡村史編さん委員会編（1993），272-275 頁
50）豊岡村一貫地（現磐田市）河合家文書（豊岡村教育委員会コピー所蔵）。
51）明治 35 年（1902）には，警察署が隠匿材の検挙を行っており不正拾得 9 件の検挙があった。また昭和初期にも隠匿材に関する一斉検挙が行われた。これらは，①天竜川材木商協同組合文書「実業要報第 14 号」，明治 35 年（1902）発行，②天竜川材木商協同組合文書「流材作業日誌」などの資料による。
52）天竜川材木商協同組合文書「天竜川材木月報第 13 号」，大正 8 年（1919）発行。
53）前掲 48）。
54）天竜川材木商協同組合文書「重要契約書」，によると，明治 20 年代には収集担当区域に該当する各大字が入札に参加している。
55）天竜市教育委員会編（1999），249-250 頁
56）天竜川材木商協同組合文書「組合要報第 1 号」，明治 34 年（1901）年発行。
57）豊田町誌編さん委員会編（2001），88-89 頁
58）天竜市二俣（現浜松市），竜洋町掛塚（現磐田市）での聞き取りによる。
59）前掲 58）。
60）前掲 57），88-89 頁，では，中間判決に関する史料のみが取り上げられており，最終的な判決は不明である。聞き取りによっても，結果は明らかにならなかった。
61）浜北市編（1994），306 頁
62）天竜川東縁水防組合編（1938），400-401 頁，「出水ト水防並被害状況」によると，大正 2 年 8 月 30 日，大正 3 年 6 月 26 日に天竜川から出水し，水防員の出動が記録されている。
63）たとえば正徳 3 年(1713)には川瀬の萱野，松林取り払いについて 9 ヶ村が，延享 3 年(1746)には左岸北部 3 ヶ村が，安永 7 年（1778）には右岸北部の 2 ヶ村が，それぞれ村境を確定するため訴訟となっている。
64）国土交通省浜松工事事務所所蔵文書のうち，「治水文書関係」と一括された文書群のコピーにあり，表題「浜名郡出水状況調」。
65）国土交通省浜松工事事務所所蔵文書，表題「農作物被害調」。
66）前掲 6）。
67）天竜川東縁水防組合編・発行（1912）『治水彙報』。
68）明治 29 年（1896）勅令第 331 号「河川台帳ニ関スル件」に基づき作成された実測図で，流域の河川工作物の位置および若干の堤内地の土地利用が描かれている。「天龍川台帳附図」は明治 43 年（1910）頃の作成と思われ，国土交通省中部地方建設局浜松工事事務所が所蔵している。縮尺は 3,600 分の 1 で，二俣付近から河口までが 9 分割されている。なお河川台帳附図の研究は，河田重三（1996），100-109 頁，に詳しい。
69）広瀬村壱貫地はかつて中州の集落であったが，第一次改修により一部の集落移転を伴う連続堤防が築造された。
70）「明治 40 年徴発物件表」によると，当時掛塚村には小船 114 艘，漁用船 45 艘があった。

第6章

天竜川下流域における地域構造

第1節　地域像の提示

　本書において設定した基本的な課題は，かつて水害が頻発し，そのことにより条件不利地域として捉えられてきた河川下流域において，そこに居住する人々がいかにして社会経済活動を持続していたのか，そして，それが明治時代以降導入された土木技術による水害の減少を通じて，いかに変容していったのかを明らかにすることであった。

　天竜川を事例とした考察に際しては，そこに安定した長期間の「平時」を獲得していく過程が存在していることに着目し，筆者はそれを二つの側面から明らかにした。第一の側面は，地域の変容をもたらした外的要因そのものであり，これは従来より近代化の諸相として取り上げられてきたものであった。すなわち本書では第4章において述べた，土木工学に基づいた河川改修工事の進展や，東海道本線の開通がもたらす諸産業への刺激などがこれに相当する。第二の側面は，それら外的要因を受容した地域構造の変容として捉えられた。具体的には，本稿の第3章で描いた水害頻発期の地域構造が，第5章において明らかにした，水害減少期に見られた地域の諸相に変化したことを意味する。

　それぞれについての分析は各章において述べたので，ここでは最小限の小括に留め，それらを関連させる中で導き出される地域像を住民の生活サイクルという観点から捉え直し，合わせて今後の課題について論述していく。

　天竜川で繰り返されてきた水害のうち，破堤被害のあった場所と年次に注目すると，ある一定の地点に被害が集中し，その地点は，時代を経るに従い変化していく傾向にあった。このような被害地点の変遷は，そのときに採用している天竜川下流域の治水システムが影響していた。江戸時代初期の場合は，左岸

北部に取水口を持つ「寺谷用水」を保護するために，洪水流を右岸方向に流すように意図していた。それゆえ右岸にはいくつかの乱流路が残存し，これらの締切が試みられるのは1670年代になってからであり，最後の分流が締め切られたのは，昭和初期になってからであった。

次に水害が激化するのは，1700年代の中ごろで，これは天竜川の洪水規模がそれまでより大きくなったというよりは，この地域が紀州流の治水工法である連続堤防を採用したために，破堤する確率が増えたことに起因するものであった。同様に，輪中地域への被害増加も，輪中堤防の強化が破堤の増加につながっていたと考えられる。一方，明治中期以降になるとそれまで頻繁に繰り返されてきた水害は相対的に減少し，河川改修工事の効果が確認された。

天竜川下流域では，網状に広がる旧低水路に沿って洪水流が侵入し，浸水と土砂の堆積，あるいは水勢の強弱によってそれまでの微高地が改変されて被害が拡大するのが特徴であった。これは，例えば利根川下流域における排水不良地帯が，広範囲で「面的」な浸水被害を生じさせるのとは大きく違なり，水田と畑の比率がほぼ1対1という，天竜川下流域の自然条件を如実に示すものであった。

このことは，以下に述べる水害頻発期の地域構造にも大きく関連していた。天竜川下流域では，沖積平野の開発が進展した江戸時代初期以来，比高の低い旧低水路の水田に洪水流が侵入しやすいため，自然堤防上の畑の利用が重要な意味を持ち，そのことが結果的に夏作の綿を中心とする商品作物生産の比重を高めることにつながった。洪水が去った後には堆積した土砂を取り除く作業を継続するが，限られた労働力で農地の復旧を進めるため，為政者の設定した年貢減免期間と連動した人為的要因によって島畑景観が維持されてきた。これら下流域で共有される生活サイクルの中には住民によって組織された水防組合も存在し，多くの人手を必要とする堤防上での水防活動や土木工事を担った。水害頻発期には，この土木工事から得られる経済的還元の比重が大きかったと考えられ，下流域住民にとっては単に地域の水害を除去するというだけでなく，「少々堤防が破損した方が，普請の機会が増えて村が潤う」という，本来の目的とはかけ離れた側面さえも有していた。しかも極端な例ではあるが，場合に

よっては地域に水害の危険性を高めかねない「手抜き工事」でさえも，住民たち自らの手で行っていたのであった。それゆえ，下流域であればどこでも，数年に1,2回訪れる水害の少ない年, すなわち水害頻発期にもたらされた「平時」には畑作を中心とした農作物栽培が順調となり，平時以前に土砂流入をみた農地を少しずつ復旧させた。その逆に水害が多ければ，それに従って破損の回数が増加する堤防工事によって経済的還元が期待できたのであった。そして沖積平野上であればどの地点においても自然条件，景観形成の歴史的展開，土地利用のいずれもが同じ性格を持っており，そこに居住する住民に共通の生活サイクルをもたらすこととなった。すなわち，この構造が存在したことによって，天竜川下流域地域は常襲化する水害にもかかわらず，社会経済活動を持続しえたのである。

　ところで，この共通の生活サイクルがいかに地域にとって重要であったのかの証左は，先述した「手抜き工事」が発覚する経緯そのものとも深くかかわっている。池田村において村方の不正を申し出たのは，同じ村において東海道渡船を担当する渡方であった。渡方は農業的な基盤を持たず渡船に従事することを生業としている。それゆえ，舟や，堤外地に存在する渡船の諸設備を増水で失うことは，渡方の存亡にかかわることであった。このことを換言するなら，天竜川下流域においてはこの池田村渡方のみが他とは異なる生活サイクルを有していたことになる。地方の不正はこの生活サイクルの異なる組織が存在したからこそ発覚したのであり，仮に下流域において，すべての集落が農業的基盤を元に生業を展開していたのなら，この不正は指摘されなかった可能性もある。

　明治18年～26年（1885～1893）の間，天竜川では内務省による河川改修工事が行われた。これらの工事では，同じ区間の工事であってもそれぞれに工程を分割し，工事期間と予算の関係から，「工区」や「工期」を設定していた。これを，それまでの村のライフサイクルに当てはめた場合，農閑期には安定して大量の人員を派遣することが可能であっても，それ以外の時期には対応が困難となることを意味した。また「経験」だけではない「土木工学」に基づいた堤防・河川工作物構築の必要も生じたため，通年で人員，資材を供給可能な「会社組織」が誕生し，それら業者が内務省直轄工事や，通年の堤防補修作業を支

えることとなった。堤防工事には，業者に雇われた流域住民が多数参加したが，それは水防組合加入者としての「出役」ではなく，業者と個人との間で結ばれた「契約」によるものであった。

　この河川改修工事が終了した後，天竜川を取り巻く社会経済状況は急速に変化していく。このうち畑作物は依然として重要性を持続しており，集約的農業による輸出作物（遠州4品）や蔬菜生産が行われていた。しかし，それらの生産では同じ作物や同じ農法を導入する者同士の連帯が強くなり，水害頻発期にみられたような下流域で広範に共有された生活サイクルや生業活動を前提とする構造とは異なった展開を見せた。

　同じことは明治中期以降大幅に増加した材木流通にも当てはまる。天竜川での材木流通は，中流域に位置する山間部で伐採された材木を筏に組んで下流域まで流すことで成り立っていた。明治中期以降の筏流しは，「連続堤防」として固定された流路の中で完結するものとなった。材木輸送の過程で発生する流出材は，この連続堤防の存在と流域住民の拾得活動があって初めて円滑な処理と再流通が可能となる。材木流通は，平時にはそれらに関与せず材木商協同組合にも加入していない沿岸住民を，増水時にのみ取り込むことで成り立っていたのである。

　このような状況の下，明治44年（1911）に発生した水害においては，水防組合の弱体化，機能の低下が白日の下にさらされることとなった。水防組合は，下流域一帯が同一の生活サイクルで成り立っていることを前提にしているがゆえに有効に機能していた。そしてそれは，村々の治水に関連した利害を調整し，かつ，工事費用の支出母体の異なる複雑な慣習を一元化し，それを地域の存立基盤として「経済的還元」に変えていく重要な「装置」であったがゆえに，強固な結束を持って維持されてきたといえる。しかし，従来は水防人夫として出役した下流域住民の個々が，明治時代以降，新たに発展を始めた様々な機能集団に依拠し，再編されつつあったこと，そして水害そのものの減少と工事機会も減少したことにより，組織の形骸化が著しく進んでいったのであった。

　以上のことを踏まえて展望するならば，天竜川下流域で明らかとなった地域構造の変容とは，水害頻発期に存在した自然条件の共通性を元にした強固な地

域的協業体制が，水害減少期に至りそれぞれの業種の頂点に大消費地である東京や大阪を位置づける機能集団として再編されていった過程として捉えられる。洪水頻発期においては，自然条件に基づいた地域的協業構造こそが，水利や入会などと同様，集落の基本的な存立基盤として，この地域の自然条件を受け入れた時点で必然的に重要な要素となった。しかし，近代的土木技術の技術導入による堤防構築以降，その機能を発揮するべき最大の条件である「洪水」が減少し恒常的な「平時」がもたらされた。このことが地域に与えた影響の大きさは，それ以降，急速に地域構造の変容が進んだことからも明らかであった。

第2節　水害常襲地域の再定義とその意味

(1) 水害時と平時

　水害常襲地域研究では，その地域における「かつて」の諸相，すなわち水害頻発期という時代設定のもとで，川を利用し，時に対峙することによって生まれた様々な人文地理学的事象について検討を重ねてきた。「過去」に対して，歴史地理学的視点からそれらを丹念に復元し，当時の人と川との関係を解明することは大いに意義があり，今後も各河川での研究が進化していくことは大いに期待されるべきである。しかし，他方で同じ地域において考察の時間軸を水害減少期，あるいは現在に設定した際には，そこは現在進行形の水害常襲地域ではないため，次の水害が発生しない限り，多くは分析の対象とはならない。

　また一方で，水害常襲地域の研究においては，水害時の状況を詳しく描写するあまり，それ以外の洪水の少ない季節について，あまり検討の対象としてこなかった。しかしながら，水害頻発期であろうともその地域は1年中洪水の危機に瀕しているのではない。我が国において降雨による河川の増水が顕著となるのは梅雨時から台風が上陸する秋頃にかけてのいわゆる「出水期[1]」の間であり，春先に豪雪地域で発生する融雪洪水を除けば，それ以外の季節は洪水の影響を受けるものではない。すなわち，水害には季節性があり，水害頻発地域といえどもそこに暮らす住民は一年のうちおよそ半分を洪水と無縁の状態で過ごすこととなるのである。ただし，浸水被害が農業基盤を直接的に脅かし，か

つ，最も生産活動の比重が大きい初夏から秋にかけての季節が出水期に重なることが，水害地域研究では重要視される要因となってきた。それゆえ，土地を基盤とした経済活動の比重が比較的軽い冬季は取り上げられることが少なく，さらには水害頻発期における，「幸運にも」水害の発生しない出水期や，それらを含めた複数年にわたる生活の実態もあまり語られることはなかった。他方でこれら期間は，かつてうけた大きな洪水被害から，生活や社会・経済的基盤を復旧させるために費やされる期間として捉えられるか，あるいは，そのように仮定することが多いため，ことさら水害に遭わない期間を強調することはなかった。

　しかしながら土地利用とその基盤を考慮しつつ改めて水害常襲地域を検討したところ，天竜川下流域では，平時には，集約的な農業生産から生み出される綿が主要な産物となっていた。そして，水害時には水防組合を介した土木工事から得られる経済的還元が存在し，これら2つの軸が地域の存在基盤となっていた。そして，水害に襲われることの少ない秋以降を中心に，かつて起きた水害に対する農地復旧のための起返が，年貢減免期間と密接に絡みながら，常に，いずれかの場所で島畑景観を形成しつつ進行しており，これらの組み合わせによって水害頻発期の水害常襲地域が成り立っていたのであった。本研究により，水害頻発期においても平時の地域構成要素なしには地域の存立が不可能であったことが明らかとなった。そして水害頻発期における平時の特徴を把握することで，後の水害減少期における「恒常的な平時」を前提とした地域に，それがいかなる影響を及ぼしたのかが明確なものとなった。

　ところで，地域の変化をもたらす条件が揃う中で，そこに内在する諸因子は連続性を有するのか，あるいは断絶しているのであろうか。次項において，外的要因の導入期に注目しつつ検討したい。

(2) 変化の外的要因とその特徴

　水害常襲地域において，地域構造が変化する最も大きな要因は水害の減少にある。今日における日本国内の河川は，流量計算に基づく川幅，堤防高が定められており，これに上流部の洪水調節ダムや，下流部における放水路などの諸

設備を加え，総合的に河川流域を水害から守るように設計されている[2]。そして，それが可能となった端緒として大河川においては明治29年（1896）に成立した河川法と，その法的根拠を得て明治中期頃から本格的に開始される河川改修工事によるところが大きい。すなわち，水害は明治中期を境に頻発期を脱し，全国的に減少期に変化していく。

　天竜川下流域においてもそれは同様であるが，当地域の検討では，地域変化は水害減少をもたらした河川改修工事という外的要因からだけでなく，水害頻発期において形成されてきた様々な地域構成因子が，すでに個々の極限にまで変化を助長する潜在力を内包しており，水害の減少と同時に一気に花開いたと解釈されるものであった。たとえば最も顕著なものは農業生産であり，すでに江戸時代後期において全国的な流通網に位置づけられていた遠州木綿は，河川改修工事の完成以前に，すでに栽培自体は輸入綿に駆逐されて衰退していた[3]。しかし次の段階として蔬菜と輸出作物栽培へと転換を図っており，鉄道輸送を介して，東京・大阪との中間地点という地の利を最大限に利用しながら発展を遂げた。

　すなわち天竜川下流域は，河川改修工事が開始される直前から，遠郊農業を通じて，効率よく大消費地に「商品」を供給することを目的とした，「合理性」を重視した組織の集合体に変貌を遂げつつあった。それゆえ，この新しい機能を担うことを選択した時点で，天竜川下流域自体の持続的な存立を最大の目的としてきた地域的協業体制とは相容れないものになったのであった。しかもこれら産業ごとの新たな組織化は，天竜川下流域だけで再編が進んだものではない。例えば遠州4品や蔬菜栽培では，当該地域が栽培の中心的役割を担っているとはいえ，産地としての範囲は遠州地方全域にまたがるものであった。すなわち，これら商品作物の大消費地への供給過程において，他産地との競合などから「遠州地方」というより広域な組織化をも必要とされたのである。しかも，移出に際しては多くの場合浜松駅を利用することとなり，出荷の利便性と広域化した組織の中心地として，浜松の都市機能も発展していくこととなった。その際，天竜川下流域に必要とされたのは，例えば農作物の場合には商品作物栽培の伝統を有する良質な農作物産地という機能のみであり，そこには水害時に

機能する構造や背景といった，これまで地域の存続に必要とされた性格は経済活動と切り離されたのである。

このことは天竜川駅を利用する材木流通においても同様であり，下流域住民の流木拾得は天竜川材木商同業組合が主導するものの，収集は住民の強制ではなく，協業体制にも組み込まれないところにその特徴を見出すことができる。それゆえ，材木流通の中に普段では材木関連業者としては抽出されない下流域沿岸の「農民」が取り込まれている一方で，農民が流木を拾うか拾わないかは，個人の選択によっているところに，地域的協業体制の強固な時代とは異なった生業のあり方が垣間見える。

(3) 水害常襲地域の近代化

水害常襲地域から水害が減少し，より長期にわたる平時がもたらされた結果，水害というリスクによって制限されていた地域を構成する諸因子が個々に発展を開始した。そしてそれまでの地域協業体制という因子間の結合によって水害リスクに対応した状態が発展的解消に至った。そして，結合を解消した諸因子は，それぞれに別の空間的結合を導くことになった。この新たな空間的結合に至る過程は，以下に論じる地域の実態として現れていたと考えられる。

水害頻発期の天竜川下流域では，結合した諸因子は住民に共通の生活サイクルをもたらしていたことは，先述したとおりである。そして，それに続く水害リスクの低下は，それまで水害に対応するために振り向けられていた住民共通の生活サイクルに様々な「余剰」を生み出すこととなった。その最も顕著な例は，水防組合への労働力提供の大幅な減少という形で現れた。また，繰り返し洪水被害を受けることが少なくなったため，直近に発生した水害について，土砂流入の被害復旧が進展すれば，完全に元の状態に農地を戻すということが初めて可能となった。それゆえ，これら復旧作業に振り向けられていた労働力も，作業完了と共に「余剰」が生じることとなる。一方，それまで復旧の猶予期間と連動して沖積平野上において消長を繰り返した島畑も，その存在意義が変化し，用水網の貧弱な部分を補うため，水田化していく動きが始まる（竹内 1965;1968）。そしてこれら「余剰」から生じる時間的な余裕が，農作物の共同

出荷と，作物ごとに組織化された出荷組合のさらなる機能強化を可能とした。他方で，多くの人々が労働力を提供し，時間を費やしてきた水防組合は，流域住民の意見統合とその強力な代弁者として，国政に政治家を送り込む母体という形に変化した。そして東縁水防組合長の大橋頼模が国会議員となり，内務省直轄工事を行う河川の選定に対して，地元に有利になるよう大きな影響力を発揮した。このことは明治末期に決定された内務省直轄第2次工事計画へとつながっていく。その際には，天竜川に水害が多発していた根拠として，水防組合のこれまでの活動実績そのものが最大限に活用されたことは想像に難くない。すなわち水害減少の直接的契機となる河川改修工事は地域構造の変化をもたらす外的要因として最も重要であったが，それは地域外部から偶然もたらされたものではなく，むしろ地域の側が主体となり，県や市町村を巻き込みながら積極的な働きかけを行った結果として捉えられる。これまで河川工学や治水史等の研究では，明治期に開始される河川改修工事について，河川ごとに工事の規模やその効果，あるいは施工の特徴を実態に即して解明することに主眼を置いてきた。そして欧米から導入した水理学に基づいた河川管理とその工法，そして用いられる材料などが，近代工法の具体例として取り上げられてきた。本書においてもこれに即して天竜川下流域で施行された内務省直轄第1次工事の概要を第4章において述べた。しかし河川改修工事にかかわる土木技術は，それを施工する「場」が決定して初めて効果を発揮するものである。すなわち，明治中期以降の水防組合が有した「余剰」は，この「場」の選定という，土木技術の発展そのものとは異なる次元において，いかに自らの活動地域を関わらすことができるかということに大きな比重が割かれていた。このことは，天竜川の内務省直轄第2次工事決定に際して，安倍川，大井川流域と連携することで静岡県の意思統一を進め，同郷人である内務官僚との人的つながりを最大限に利用するなど，相当の人為的要素の上に成り立っていたことからも明らかである。国が決定権を有する河川改修工事は，流域住民にとってはいずれの河川に振り分けられるのか極めて不透明な外的要因でもある。明治末期における天竜川下流域では，水防組合という地域構成因子の一つがいわば「力ずく」とも言える手法で積極的にその誘致にかかわっていたことが明らかとなった。この水

防組合の機能変化こそが，天竜川下流域の近代化を示すものとして捉えられよう。

また，その一方で本研究では水害頻発期・水害減少期という2つの時代区分を設定することにより，地域構造の変化の具体例を明らかにし得た。歴史地理学では，長期間を見越した時間軸の取り方と，地域変容のあり方が長い間課題とされてきた。しかもそれは，単に江戸時代，明治時代といった時代区分ではなく，新たに設定した時間軸の中でいかなる課題を見いだせるか，そしてそれらを解き明かすことができるかというものであった。この課題に照らし合わせた場合，水害頻発期・水害減少期という期間を提示しえたこと，そしてその間に存在する構成因子が地域構造の変化に極めて重要な意味を持っていたことが解明され，これらは大きな意義があったものといえる。

第3節　今後の課題

第4章でみたような業者主導の下で河川工事が進捗していた明治中期には，全国各地で築港事業や，道路改修工事，そして鉄道建設なども並行して行われていた。河川工事を含めたこれら土木工事は一括され，工事の主体を中央政府や府県に集約し，いわゆる「公共工事」，「公共事業」として社会に浸透していくこととなる。それゆえ今日までつながる，「公共工事」の萌芽がこの時代に垣間見られるのである。本研究では沖積平野を中心とする洪水頻発地域を考察したため，河川下流域の枠組みを越えて着手されていく，これら事業については位置づけを行うことはできなかった。また，このほかにも，本研究において着手し得なかった地域構造の構成因子も少なからず存在していよう。以下，筆者が特に重要と考える2つの事柄について，記述しておく。

第一に，本稿では，地域構造を検討する上で農業と材木流通に着目したが，農業生産にある程度の比重を置きつつ賃金労働者としても働く，兼業農家の動向に関しては分析が行えなかった。本研究で課題の一つに挙げた，近代化を捉える一指標としての都市の発達を考慮するならば，当該地域における近世以来の城下町であり，最大の人口規模を有する浜松市街の動向も当然視野に入るべ

きである。浜松は，明治末期にはすでに鉄道省浜松工場，帝国制帽株式会社など，100人以上の工員を要する大工場がいくつか存在しており，それ以外の中小工場や会社組織を合わせるなら，相当数の「職工」や「勤め人」が周辺の農村部に存在していたと考えられる。兼業農家増加の萌芽期は，当地域での水害減少期とも重なり，それまで堤防維持に必要とされた労働力が，浜松市街への通勤者として形を変えたことは十分に考えられる。これら人々の影響を，地域構造に位置づけることは今後の大きな課題である。

　第二に，本研究では天竜川下流域という一つの事例地域について考察を行ってきた。しかし，先述した天竜川下流域での地域構造を決定付けた要因の一つである，多量の土砂堆積という自然条件は，他河川との比較を行うことによってその位置づけがより明確なものとなるであろう。そして他河川における，地域構造の変容に至る過程や，天竜川との時代差を比較検討していくことも水害常襲地域研究では重要な課題であろう。公共工事そのものの意味づけと合わせて，今後の課題としたい。

注

1) 現在国土交通省では，出水期を融雪の時期，集中豪雨（梅雨）や台風の多い時期とし，一般に6月～10月頃と，雪が多い地方では3月～5月頃がそれに相当するとしている。
2) 例えば利根川の計画高水流量は，宮村（1985）に詳しい。
3) 芳川尋常高等小学校編（1931），56頁，では，「明治の中頃迄ほとんどすべての農家に於て栽培された綿は明治三十五年頃に至る迄に姿を消してしまった」としている。

あとがき

　本書は「近代における水害常襲地域の展開と構造－天竜川下流域を事例として－」と題して，2006年12月に筑波大学へ提出した学位論文をもとにしている。本書刊行に際しては，第1章および第6章に大幅な加除修正を行い，第3章に新たな調査結果を追加し再構成したものである。筆者は，これまでに本書に関連した論文を5編公表している。それらの初出を示すと以下の通りになるが，論文をそのまま章や節に配置したものは少なく，本書刊行に際し新たに書き下ろした部分と組み合わせたり，再構成時に章ごとに分散して配置しなおしたものもあることを付け加えておく。

【第3章】
水害常襲地域における農地復旧の特徴と景観形成－天竜川下流域を事例として－
　　人文地理学　第63巻第5号　pp.412～430，2011年

【第3章，第4章，第5章】
天竜川下流における治水事業の進展と流域住民の対応－江戸時代から明治時代
　　までを中心として－　地理学評論　第75巻6号　pp.399～420，2002年5月

【第4章】
治水事業の進展に伴う地方政治家の役割とその意味－明治末期の静岡県を事例
　　として－　城西大学経済経営紀要　第27巻第1号　pp.1～28，2009年3月

【第5章】
天竜川における流出材木の流通と下流域沿岸住民の対応－明治期から昭和初期
　　を中心として－　歴史地理学第46巻第2号　pp.25～44，2004年3月
天竜川下流域における水防組合活動とその経済的基盤－明治から昭和戦前期を
　　中心として－　歴史地理学第42巻第1号　pp.64～83，2000年1月

かつて天竜川下流域は，河口近くで流路が分流し，そのことが水害発生の原因の一つともなっていた。分流は，最終的に第二次大戦後に完成する河川改修により締め切られ，広大な旧河床は高度経済成長を支える工場用地や，一部は公園や住宅地に変貌した。筆者は両親が静岡県磐田市（見付・掛塚）出身ということもあり，小学校低学年の頃，夏休みになると天竜川左岸河口近くの掛塚に住む従兄弟たちに連れられてよく魚釣りに行った。前記したような土地利用の変遷があったことなどまったく知らない当時であっても，遊び場の認識として「水門」,「東の川」,「用水路の方」，そこまで行くと怒られる「砂利取りの山」などと子供同士で呼び合う場所があり，今思うとそれらは天竜川と旧河道に関連したものであったことが思い出される。その後，父親が持っていたこの地域の旧版地形図をたまたま目にする機会があり，遊び場のいくつかがかつての天竜川東派川の河口であったこと，そして掛塚の集落が天竜川本川と東派川に挟まれた，本当に「川中島」であったことを知るに至った。豪華絢爛な屋台が繰り出す掛塚のお祭りに，筆者も幼少期から参加していたこともあり，地域の祭礼などには興味を持っていたが，それだけでなく，川に挟まれた集落であった頃には，どのような生活をしていたのかということにも徐々に関心を持つようになった。このような漠然とした興味が，地理学という分野の，しかも歴史地理学という研究領域から解明できるということを知ったきっかけは，筆者が駒澤大学文学部地理学科に進学し，長野覺先生が担当されていた「郷土地理学」を受講し，新旧地形図の比較から地域の特徴を導き出す手法に触れてからであった。長野先生には卒業論文の指導教員も務めていただき，天竜川下流域を研究対象とする出発点を作っていただいた。加えて，駒澤大学において過去に目を向ける歴史地理学の中でも，特に近世から近代といった，時代の転換点に目を向ける扉を開いてくださったのが中島義一先生であった。筆者の在籍当時，駒澤大学には卒業論文提出時に副査や副指導というシステムが正式にはなかったが，中島先生はそれと同等の役も買って出て下さった。

歴史地理学にまがりなりにも関心を持ち，研究を続けてみたいという筆者の希望を聞き入れ，大学院進学への道を開いてくださったのが，筑波大学歴史・人類学研究科（当時）の石井英也先生と小口千明先生であった。後に学位論文

では石井先生に主査，小口先生には副査の労を執っていただくのであるが，それだけでなく普段の研究室のゼミにおいても，研鑽を重ねさせていただいた。とくに石井先生からは，ただやみくもに地域を調査するのではなく，いかにその個性を際立たせながら「ストーリー」として提示して見せるのかを，小口先生からは河川と人間活動との関連という大きな研究課題の中から，川と人どちらに比重を置くのか，そのためには何が必要かということの重要性を徹底的に鍛えていただいた。大学院時代には，生命環境科学研究科の故佐藤常雄先生，加藤衛拡先生のゼミにも参加させていただき，時代を越えて農村を研究対象にする場合の様々な知見から予備知識まで，多くを学ばせていただいた。

先述したように本書は筑波大学に提出した学位論文をもとにしているが，その審査で田林明先生，伊藤純郎先生にも副査の労を執っていただいた。試問の中では，今後につながる多くの示唆をいただいた。重ねて御礼を申し上げる次第である。

ところで，再び私事で恐縮だが，筆者はかつて，自身の研究関心が先行研究をふまえるといかなる位置づけにあり，その調査手法を用いてどこまでを明らかにするのかという，いわゆる論文の「はじめに」を作成するのが極めて苦手であった。これは大学院生時代にも，石井先生から再三にわたり指摘されたものである。とくに修士論文はこの部分の出来が不完全であり，ようやく「ああ，こういうことか」と理解したのは，2002年に地理学評論に公表した論文の後からである。この「研究史をふまえた上で自分なりの味付けをする」という研究の最も基本的な部分に関して，どれだけ他の優れた著作や論考を読み比べても，それを自分のものとすることができなかった。しかし，いったいどうしたら他人を納得させる「はじめに」の構成になるのか，最も参考になり，「腑に落ちた」のは，自分の趣味であるザ・ローリング・ストーンズのCDを聴き込んでいた時であった。

アメリカの黒人音楽をベースとしつつ，ギターサウンドを中心とした5人編成の「バンド」という形で楽曲を紡ぎ出すそのスタイルこそが，先行研究を基にしつつ，論究する道筋を示すという，自分が作るべき「はじめに」と，「論文」というものにぴったりと重なった。それゆえ，自身の研究者としてのキャリア

がまがりなりにもスタートできたのは，実はストーンズにどっぷりはまりこん でいたからといってよい。ところで，「いっぱし」の洋楽ファンとして音楽を 楽しんでいた筆者は，ロックバンドの作曲スタイルの一つに，「サビ」や「Aメロ」 といった曲の断片だけを作ってほったらかしにしておき，何かの機会にそれを ひっぱり出してきて，別の断片とつなぎ合わせたり，別のパートを書きおろし たりする作業を繰り返して曲を仕上げる手法があるということを知った。これ らはまさに，現地調査して使えそうなデータを地図に落としてみる，聞き取り の内容を年表にまとめてみる，そこから章・節にわけてみる，あるいは論旨に 直接かかわらない部分は「ボツ」にするという，自分の調査方法と，それを研 究報告にまとめる手段にそっくりであるということにも気付いた。2011年に 人文地理学に公表した論文は，博士論文用に資料収集を進めていたものの考察 を深めるまでには至らず「しまってあった」素材を，3年半後に別の「断片」 と合体させてみたら驚くほど辻褄が合ったという，まさに洋楽の手法をなぞり ながら世に出すことができた。それゆえ本来ならば「あとがき」に載せる内容 ではないのかもしれないが，私にとって研究者として重要な「仕事のやり方」 に気付かせてくれたザ・ローリング・ストーンズは謝辞を伝えるべき重要な対 象である。サンキュー・ストーンズ，サンキュー・キース！

　さて，卒業論文で天竜川下流域に関する野外調査を始めて以来，本書を刊行 するまで，静岡県西部地方を中心に多くの方にお世話になった。特に，筆者が 頻繁に調査に訪問していた頃は，豊岡村，豊田町，竜洋町，福田町が磐田市と 合併した直後で，当時はそれぞれの町村で管理していた古文書類を磐田市にお いて一括で保存すべく，それぞれの市史，町史編さん室等で忙しく引き継ぎ等 が進められていた時であった。そのような折にお邪魔し，史料の閲覧・撮影等 多くのご配慮をいただいた。とくに静岡県磐田市歴史文書館の佐藤喜好氏には， 史料調査に大きな便宜を図っていただいた。また浜松市博物館，建設省中部地 方建設局浜松工事事務所（当時），浜松市立内山真龍資料館，浜松市役所，静 岡県立図書館，浜松市立図書館など史料所蔵機関のご協力を得ることができた。 また，調査時にはいつも食住を提供いただく，山内勲，節子，文子諸氏と故山 内健司氏には厚く御礼を申し上げる。

本書の刊行にあたっては石井先生のご配慮を賜り，古今書院に出版をお引き受けいただいた。刊行に際しては，古今書院の原光一氏にひとかたならぬお世話になった。

　そして最後になるが，研究者としての活動を理解し支えてくれる家族（妻，静岡の両親，函館の義父・義母）に心から感謝の意を表したい。

参考文献

青木栄一（1986）：近代交通研究における歴史地理学の性格と方法，歴史地理学紀要 28，169-181頁
有薗正一郎（1997）：低湿地水田における冬季高畦の研究，歴史地理学 39-1，36-52頁
安藤萬壽男編（1975）：『輪中－その展開と構造－』古今書院
安藤萬壽男編（1988）：『輪中－その形成と推移－』大明堂
飯田尋常小学校編（1913）：『飯田村誌』飯田尋常小学校
石井英也（1992）：『地域変化とその構造』二宮書店
石井素介（2007）：『国土保全の思想』古今書院
伊藤安男（2010）：『洪水と人間－その相剋の歴史－』古今書院
今里悟之（2006）：『農山漁村の空間分類』京都大学学術出版会
磐田市史シリーズ『天竜川流域の暮らしと文化』編纂委員会（1989）：『天竜川流域の暮らしと文化　上巻』磐田市史編さん委員会
磐田市史編さん委員会編（1991）：『磐田市史資料編 2』磐田市史編さん委員会
磐田市史編さん委員会編（1996）：『磐田市史資料編 5』磐田市史編さん委員会
岩田村役場編（1912）：『岩田村誌』岩田村役場
上田弘一郎（1955）：『水害防備林』産業図書
上野福男編（1986）：『日本の山村と地理学』農林統計協会
内田和子（1989）：水害常習地における治水政策の受容とその費用負担に関する一考察－明治期の鶴見川流域を例として－，地学雑誌 98-7，853-870頁
内田和子（1994）：『近代日本の水害地域社会史』古今書院
大熊　孝（1981）：『利根川治水の変遷と水害』東京大学出版会
大熊　孝編（1994）：『川を制した近代技術：叢書近代日本の技術と社会』平凡社
大矢雅彦（1993）：『河川地理学』古今書院
大塚昌利（1986）：『地方都市工業の地域構造』古今書院
大八木規夫（1991）：自然災害とその研究史，地学雑誌 100，79-92頁
岡　光夫（1977）：綿圃要務解題，山田龍雄・飯沼三郎・岡光夫・守田志郎編『日本農書全集 15』農山漁村文化協会

岡　光夫（1983）：耕地改良と乾田牛馬耕－明治農法の前提－，永原慶二ほか編『講座日本技術の社会史第1巻』日本評論社
掛塚尋常高等小学校編（1912）：『掛塚町誌』掛塚尋常高等小学校
籠瀬良明（1990）：『自然堤防の諸類型－河岸平野と水害－』古今書院
門村　浩（1965）：航空写真による軟弱地盤の判読－第1報－，写真測量 4-4，65-78頁
河田重三（1996）：「埼玉県管内荒川平面図」について，文書館紀要 8，100-109頁
神立春樹（1985）：産業革命と地域社会，歴史学研究会・日本史研究会編『講座日本歴史近代 2』，東京大学出版会，121-165頁
菊池万雄（1986）：『日本の歴史災害－明治編－』古今書院
菊地俊夫・若林芳樹・山根　拓・島津俊之（1995）：『人間環境の地理学』開成出版
北村修二（1995）：『日本農村の変容と地域構造』大明堂
金田章裕（1985）：『条里と村落の歴史地理学的研究』大明堂
金原治山治水財団編（1968）：『金原明善』金原治山治水財団
建設省中部地方建設局編（1989）：『天竜川流域調査書』建設省中部地方建設局
建設省中部地方建設局浜松工事事務所編（1990）：『天竜川－治水と利水－』建設省中部地方建設局浜松工事事務所
小出　博（1970）：『日本の河川－自然史と社会史－』東京大学出版会
国史大辞典編集委員会編（1979）：『国史大辞典　第1巻』吉川弘文館
国史大辞典編集委員会編（1983）：『国史大辞典　第4巻』吉川弘文館
国史大辞典編集委員会編（1990）：『国史大辞典　第11巻』吉川弘文館
米家泰作（2002）：『中・近世山村の景観と構造』校倉書房
斉藤享治（1988）：『日本の扇状地』古今書院
佐久間町編（1982）：『佐久間町史（下）』佐久間町
笹本正治（2003）：『災害文化史の研究』高志書院
佐野静代（2008）：『中近世の村落と水辺の環境史』吉川弘文館
産業組合史編さん会編（1965）：『産業組合発達史』産業組合史編さん会
静岡県近代史研究会編（1999）：『近代静岡の先駆者』静岡新聞社
静岡県商工課編（1937）：『遠州織物ニ関スル調査書』静岡県商工課
静岡県内務部編（1929）：『天竜川流域の林業』静岡県内務部
静岡県農会編（1917）：『静岡県農業経営事例』静岡県農会事務所
静岡県農会編（1924）：『自大正十年度至大正十二年度農家経済調査』静岡県農会
静岡県木材協同組合連合会編（1968）：『静岡県木材史』静岡県木材協同組合連合会

島田錦蔵（1978）：近世天竜林業における資金調達過程，徳川林政史研究所研究紀要 昭和53年度，29-81頁
清水孝治（2013）：『近代美濃の地域形成』古今書院
続群書類従完成会編（1965）：『群書類従第18輯　東関紀行』続群書類従完成会
大日本農会（1896）：通信記事，大日本農会報177，47-49頁
大日本農会編（1980）：『大日本農会百年史』大日本農会
高村直助編（1994）：『近代日本の軌跡8』吉川弘文館
竹内常行（1965）：天竜川下流平野と三方原台地の土地利用と水利の発達，人文地理 17-6，23-44頁
竹内常行（1968）：島畑景観の分布について，地理学評論41-4，219-240頁
谷岡武雄（1966）：天竜川下流域における松尾神社領池田荘の歴史地理学的研究，史林49-2，35-65頁
田林　明（1991）：『扇状地農村の変容と地域構造』古今書院
帝国製帽株式会社編（1936）：『創立40周年史』帝国製帽株式会社
寺谷用水組合編（1925）：『寺谷用水史』寺谷用水組合
天竜川東縁水防組合編（1911）：『治水彙報』天竜川東縁水防組合
天竜川東縁水防組合編（1938）：『天竜川水防誌』天竜川東縁水防組合
天竜建設業協会30周年記念誌編集委員会編（1983）：『社団法人天竜建設業協会30周年記念誌』天竜建設業協会
天竜市教育委員会編（1999）：『天竜市史続資料編Ⅰ　田代家文書一』天竜市教育委員会
十束尋常小学校編（1913）：『十束村誌』十束尋常小学校
土木用語辞典編集委員会（1971）：『土木用語辞典』コロナ社・技報堂
豊岡村史編さん委員会編（1993）：『豊岡村史資料編2 近現代編』豊岡村史編さん委員会
豊田町誌編さん委員会編（1994）：『豊田町誌資料集近世編3』豊田町誌編さん委員会
豊田町誌編さん委員会編（2001）：『豊田町誌別編2 民俗文化史』豊田町誌編さん委員会
中西僚太郎（2003）：『近代日本における農村生活の構造』古今書院
中村和郎・石井英也・手塚　章（1991）：『地域と景観　地理学講座4』古今書院
西村嘉助編（1973）：『地域変化（応用地理学の展開1）』大明堂
野間晴雄（2009）：『低地の歴史生態システム－日本の比較稲作社会論－』関西大学

出版部

萩野敏雄（1975）：『内地材流送史論』日本林業調査会

萩野敏雄（1975）：『戦前期における木曾材経済史』農林出版

橋本直子（2010）：『耕地開発と景観の自然環境学－利根川流域の近世河川環境を中心に－』古今書院

浜北市編（1989）：『浜北市史－浜北と天竜川－』浜北市

浜北市編（1990）：『浜北市史通史上巻』浜北市

浜北市編（1990）：『浜北市史資料編近世Ⅰ』浜北市

浜北市編（1992）：『浜北市史資料編近世Ⅱ』浜北市

浜北市編（1994）：『浜北市史通史下巻』浜北市

浜北市編（1999）：『浜北市史資料編近現代』浜北市

浜名郡編（1926）：『浜名郡誌』浜名郡役所

浜名郡中ノ町村役場編（1913）：『中ノ町村誌』浜名郡中ノ町役場

浜名郡農会編（1916）：『浜名郡農会報』浜名郡農会

浜名郡竜池村（1912）：『竜池村誌』浜名郡竜池村

浜松市博物館編（1998）：『川と生活－水防と利水の歴史－』浜松市博物館

浜松市役所編（1957）：『浜松市史資料編1』浜松市役所

浜松市役所編（1981）：『浜松市史3』浜松市

藤井泰介・渡辺　操（1956）：常習水害地における農業の変貌，地理学評論29-10，64-66頁

藤田錦司（1954）：『日本別珍コール天五十年史』社団法人繊維振興協会

藤田佳久（1984）：天竜川中流域における育成林化の地域的性格，徳川林政史研究所研究紀要昭和59年度，149-188頁

藤田佳久（1995）：『日本・育成林業地域形成論』古今書院

藤田佳久（1998）：『吉野林業地帯』古今書院

平凡社地方資料センター編（2000）：『静岡県の地名』平凡社

芳川尋常高等小学校編（1932）：『芳川村郷土誌』芳川尋常高等小学校

芳川村尋常小学校編（1913）：『芳川村誌』芳川村尋常小学校

松浦茂樹（1994）：明治8年の第1回地方官会議における治水についての論議，水利科学38-2，29-51頁

松浦茂樹（1997）：『国土づくりの礎－川が語る日本の歴史－』鹿島出版会

松浦茂樹（1997）：沖野忠雄と明治改修，水利科学40-6，94-119頁

松原義継（1977）:『本阿弥輪中』二宮書店
松本繁樹（2004）:『山地・河川の自然と文化－赤石山地の焼畑文化と東海型河川の洪水－』原書房
三木理史（1999）:『近代日本の地域交通体系』大明堂
溝口常俊（2002）:『日本近世・近代の畑作地域史研究』名古屋大学出版会
村瀬典章（1986）:遠州掛塚湊における廻船問屋－天竜川水運に関連して－，日本歴史 459，34-50 頁
村瀬典章（1992）:天竜川における榑木の川下げと通船，地方史研究 42-4，54-59 頁
元木　靖（1997）:日本における滞水性低地の開発－クリーク水田地域の比較歴史地理学序説－，歴史地理学 39-1，18-35 頁
矢田俊文（2009）:浜松藩青山氏天龍川東領絵図と正保遠江国絵図，資料学研究 6，1-13 頁
山中　進（1991）:『農村地域の工業化』大明堂
山根　拓・中西僚太郎（2007）:『近代日本の地域形成』海青社
山本三郎・松浦茂樹（1996）:旧河川法の成立と河川行政（1），水利科学 40-3，1-21 頁
山本三郎・松浦茂樹（1996）:旧河川法の成立と河川行政（2），水利科学 40-4，55-78 頁
和田村役場編（1913）:『和田村誌』和田村役場
竜洋町教育委員会編（2000）:『掛塚湊回船問屋　津倉家文書 3』竜洋町教育委員会
（著者・編集者・発行所名記載なし）（1912）:『下阿多古村誌』

索　引

【ア　行】
赤池（村）　79
秋山組　153,157
秋山錠次郎　153,154,242
阿多古　111
油一色（村）　53,71,72
安倍川　173,175-177,182,257
麁玉河　49
荒地　90,91,93,94,96,97,100-102,131
荒地書上帳　87
安間川　71,87
安間新田（村）　86,87
安間（村）　86,87,160
飯田（信濃）　113
飯田八三郎　165
飯田村　192,193,196,229,231
筏　206,212,225,252
筏師　216,217,220,221,225
池田　54,58,142,177,182
池田村　114-116,124,173,176,207,223,251
石原（村）　71
和泉屋　110,111,113
出馬山　214
一木次官（一木喜徳郎）　181,183
一貫地　70,152,238
一色　138,142
一等河　135
井通村　54,170,172,177,225,238,239
犬塚祐市　119
芋瀬　151,154,157

入会（地）　77,91
磐田原台地　13,49,58,72,79,142,161,168
岩田村　168,225-227,232,234,236-239
岩田村外9ヶ村堤防保護組合　161
植場平　181
請負　156,165,242
請負業者　243
請負人　169,240
内郷村　121,122,127,234
内名（村）　80
浦賀（相模）　113,114
永代帳　110,111
江川　231
江口　56,150
江尻（駿河）　113
遠郊農業　199,255
遠州5品　188
遠州豊田郡宮本村差出帳　88
遠州灘　77,79
遠州木綿　187
遠州4品　187,190,192,193,196,198,203,204,
　243,245,252,255
老間　56,142,143,195
応急工事　62,143,238,243
大井川　182,257
大千瀬川　212
大箸五郎作　151,152,154-156
大橋頼模　169,170,172,173,175-177,181-183,
　204,257
大柳　195,196,231

岡（村）　61,79,82,89,122,126,150
岡谷（信濃）　113
小川平次郎　113
興津　113
沖野忠雄　138
起返　86-91,97,100-102,131,132,195,254
押堀　88,118
御荒地取調書上帳　97
温室園芸　199-201,203,204,245

【カ　行】
買い上げ人夫　238,240
改修堤防　236
改正字引絵図　94
廻船問屋　113,114,209,210
回漕問屋　212,216
外的要因　9,11,12,249,255,257
掛下　222
掛塚　53,142-146,149,150,206,209,240
掛塚町　145,177
掛塚村　152,223,240
掛塚輪中　56,79,80,87,119,121,122,142,143,149,150,162
笠井村　113,233
河西木綿　187
鹿島（村）　68
霞堤　50,54,118,161,229,230,236
河川法　137,255
金折　193,231
蟹沢（村）　74-76
上島　70
上島輪中　67,70,162,220
上野部　138,142,157
茅場（村）　86,87
川合家　106
川合土場　212

川越島（嶋）　53,86
川崎湊（遠江）　113
河内木綿　108
川附村　121,122,126,127,152,234
河港道路修築規則　135
河輪村　154,229,231
河輪村外16ヶ町村組合　160
関東流　50
生糸　108
紀州流　54,115,250
北鹿島　220
機能集団　253
木船（貴布祢）　110,111
貴平（村）　109
木俣家（和泉屋）　110
急所　58,59,63,122,142,232
旧低水路　54,70,72,79,87,93,119,121,129,131,142,227,230,231,243,250
急場御普請　116,126
キュウリ　193,199,200,202,203,243
狭窄部　118,122,142,145,146
享保二年内野小島村畑作明細書　103
金原明善　160
菌目山　212
草崎（村）　79
管流し　206
国役普請　116
国吉（村）　86,87,151,212
繰綿　107,108,110,111,113
黒田侯爵（長成）　172
気子島　53
県営工事　163,169,238,242
県営事業　236
県営復旧工事　242
県費　154
源兵衛新田　177

攻撃斜面　76,82,122,141,145
高水工事（工法）　2,137,169,232
洪水頻発期　253
小島（村）　103
小立野　170,172
国庫（補助）　137,138,149,150,177
御普請　115,116,118,119,121,126,127,131,151
牛蒡（ゴボウ）　105,107,109,193,195
小松倉　231
根菜　105,109,115,188,193,195

【サ　行】
西伝寺　199
材木商組合　216,217,220
材木問屋　209,210,216,217,225
材木流通　210,216,225,245,252,256
相良（遠江）　113
匂坂上　226
匂坂中　226
匂坂中之郷（村）　92-94,96,97
匂坂西　177
笹原島（村）　79
薩摩屋十兵衛　113
佐藤平次郎　151,152,154,155
三等河　135,136
産物取調書上帳　106
山林地主　209,216,225
塩新田（村）　79
地方（池田村）　116-118
敷地（村）　56,80,150
静岡県　138,155,165,176,181-183,238
静岡県農業経営事例　192,196
静岡県丸浜温室園芸組合　201
静岡新報（社）　171,176
自然堤防　5,13,14,50,70,72,74,80,83,89,91,93,
　　119,129-131,192,205,243,245,250

実綿　107,108,111,193
渋沢男爵（栄一）　172
自普請　126,127,131,136,238,240,242
四本松　231
島田　113
島畑　94,102,131,250,254,256
清水（駿河）　113
清水港　204
（下阿多古村）渡ヶ島　168,169
下小嶋　70
下前島　231
蛇篭　118,169
社団法人天竜建設業協会30周年記念誌
　　153
収集請負人　217,220,222
集約的農業　203
十郎島　149
ショウガ　103,107,109,187,188,190,192,193,
　　203
常光　54,58,163
常式御普請　116,122
商品作物　103,105,115,130,131,242,243,250,
　　255
続日本紀　49
諸色小屋　122,157,168
白子屋与兵衛　113
白鳥　151,163
治郎作新田　226
白木綿　113
新城（三河）　113
新田集落　58,226
新原（村）　72
水害減少期　12,243,245,253,258
水害抵抗性　6
水害頻発期　11,129,243,250-255,258
水害防備林　70,169

水害予防組合　158
水制工　71,72,118,119,126,131,149,163,168,
　　169,216,217,223
水防活動　116-118,121,122,131,132,152,158,
　　162,163,169,173,183,217,232-235,239,250
水防組合　7,119,122,127,131,143,151,154,158,
　　160,162,163,165,168,169,181,183,217,232-
　　235,238-240,242,243,246,250,252,254,256,
　　257
水防人夫　162,217,220,235,252
水利組合条例　158
末島　143
スゲ（菅）　195
スゲ笠　195
鈴木宇吉　242
鈴木紋蔵　153
砂町　149
砂寄　93,94,96
砂寄畑　88,89
生活サイクル　132,249-252,256
請願委員会第二分科会　181
製材業者　216,225
製材所（工場）　201,207,209,212,214,221
政友会　176,181
善地（村）　71
扇頂　62,67,68,70,227
促成栽培　199,201
蔬菜　105,109,115,130,188,192,193,195,196,
　　199,243,245,252,255
袖浦村　61,145
染谷濱七　204

【タ　行】

大黒屋清左衛門　113
大正十二年農業調査報告　193
大孫　172,176

高木（村）　91
高薗（村）　50,59,70,71,106,108,152,153,163,
　　223
田方荒地並本畑荒地調査　101
鷹森真司　151
炊出し　228,229,234
竹　168,169
武居代次郎　113
出し　71,118
立野　231
反別川成書上帳　89
地域構造　9-11,129,243,250,254,258
地域的協業体制　255,256
治水彙報　232,235,236,239,240
地方税　137,160
地目転換　92,97,102
長十郎新田　231
土屋政助　113
都盛　199,231
鶴見　144
鶴見輪中　56,71,119,121,122,142,143,162,195
帝国議会　172
低水工事　135,138
堤塘　115,116,122,126,127,168,169,242
堤防法案　136
出来形帳　126,127
寺谷（村）　53,119,226,238,240
寺谷沖新田　226
寺谷新田　222,226,238,240
寺谷用水　49,53,92-94,118,119,125,236,250
伝右衛門新田　226
天地おこし　195
天平堤　70
天保三年遠州豊田郡宮本村差出帳　106
天保三年十一月天竜川通り川除普請の御定
　　懸場村々の人足差し出し等之請書　121

索引 275

天保水防組　119,121,150,160
天保二年卯五月天龍川西側御料私領川
　通並内郷村々水防議定組訳帳（議定書）
　119,121,125
天竜川駅　207,212,256
天竜川材木商同業組合（材木商組合）
　216,218,223,224,256
天竜川水害絵図　77
（天竜川）西縁　119,121
（天竜川）西縁水防組合　142,151,155,157,
　161,162,169,181,232,233,239
天龍川台帳附図　236
（天竜川）東縁　119,121
（天竜川）東縁上組　119
（天竜川）東縁下組　121,122,126,127,150
（天竜川）東縁水防組合　161,169,176,235,
　236,238,240
天竜川通御急御普請所之儀ニ付出入吟味
　書物　116
（天竜川）西派川　56,58,142-145,150
（天竜川）東派川　56,82,83,143,145
（天竜川）本川　56,58,142,143,145,150
天竜川流域調査書　138,143
天竜川流材取扱ニ関スル事項契約　217
（天竜）中川通り　80,82,122
（天竜）西川通り　71
（天竜）東川通り　80,87,90,122
天竜村　238
東海組　153,154,157,168,242
東海道　77,79,86,113
東海道本線　11,63,173,206,207,209,212,214,
　216,225,243
トウガラシ　187,190,192,193
十束村　56,144,145,152,154
十束村誌　144
土場　206,214,225

富岡村　238,239
富田組　165,168
冨田秀太郎　233
豊岡　152
豊西村　61,62,143,163,230,231
豊根山　212

【ナ　行】

内堤　50,79,80,82,118,236,238
内務省　135,137,181-183
内務省直轄第1次（河川改修）工事　59,
　62,138,182,236,257
内務省直轄第2次（河川改修）工事　63,
　169,172,182,257
中泉駅　207
中泉代官所　79,116
中島　177
永島（長嶋）　71,138,141,151,198
中条（村）　105
長須賀（村）　79
中瀬　54,61,142,151,162,163,168,198
中瀬村　58,59,61,63,70,71,225,227-229
中善地　61,62
中津川家　192
長津定次郎　157
中野町（村）　53,86,87,138,151,163,212,214
中ノ町村誌　59,192,232
中ノ町村　54,59,63,142,162,163,168,193,207,
　212,232-235
中町　149
長森　53
中安家　113
新野　71,223,229
新堀　61,71
西大塚　142,143,195
西鹿島　220

西之島　177
西堀（村）　56,80,82
日進社　172
二等河　135
鼠野　231
年貢小割帳　95
農会　2
野部村　157,161

【ハ　行】
長谷川栄三郎　151,152-155,162,163,168,242
長谷川組　153
旅籠町平右衛門記録　67
八幡　54,58,59,61,71,138,141,151
八反畑　231
浜名郡農事試験場蔬菜部　195,199
浜部（村）　122,125-127,234
浜部村触書廻状　122
浜松御領分絵図　68,116,142
浜松藩　68,116
半場（村）　86,87,142,144,207,212
控堤　50
東大塚（村）　80,142,143
東木戸青物市場沿革　109
微高地　70,84,115,142,250
彦助堤　50,53,54,67,68,71,72,103,230
彦助堤御普請覚書　67
七蔵新田　58,116,142
雲雀島（村）　79
漂着材木所得権確認事件中間判決　223
漂流材調査決議書　216
平賀回漕店　212
平野政五郎　176
平間（村）　122,152
肥料売買約定書　204
広瀬村　152,161,223,224,234,238

広瀬村他1ヶ村組合　161
福増　231
府県　135,136
富士川　175,176,182
富士川舟運　113
二俣　111
二俣川　68
普通水利組合　158
フトイ（太藺）　195,196
古川　231
平時　1,131,249,251,253,254,256
ヘチマ　187-190,192,193,203,229
芳川　196
芳川村　192,193,195,199,201,204,229,231
防御活動　234
防禦ノ工　137
仿僧川　82-84,122
細島　54
堀内平四郎　151,152,154,155
保六島（村）　79
本沢（村）　67,70-72,74-77,103
本沢村差出帳　102,104
本堤　82,118,131
本田　82,85
本畑　85

【マ　行】
前新田　149,150
前野（村）　79
馬込川　70,74
松尾神社領　49
松ノ木島　58,222-224
松本（村）　91
松本村荒地絵図面　90
丸浜温室園芸組合　204
丸浜出荷組合　204,205

三方原台地　13,188
水谷熊吉　196,198
見付宿　111
見付町　172
三ツ家　58,70
宮本（村）　79,87-89,91,106,111
無印（材）　217,218,220,223,224
明治44年水害調査書　231
メロン　199-203,243
綿糸　110
綿布　108,110,113
木綿　103,105
森本（村）　79,145

【ヤ　行】
弥助新田　56,58,59
山田竹治郎　242
山田松一　176
山名郡浜部村明細帳　125
山本泰治　157,168
有印（材）　217,218,223
遊水地　50,53,89,118,131,232
横須賀藩　116
ヨハネス・デレーケ　11
預防ノ工　137

【ラ　行】
ラッカセイ　187,188,190,193,203,229
乱流跡　82
乱流路　14,68,70,72,74,76,77,93,245,250
龍光寺　149,150
流材集木　212
流作地　84,89,196
流出材　214-225,243,245,252
竜池村　54,152,153,162,163,198,199,223,224,227,229
輪作　196
臨時治水調査会　172
連続堤防　54,71,142,232,236,238,245,250,252
蝋燭島　54

【ワ　行】
輪中　6,13,53,70,250
輪中堤　80,82,236,240
綿　105,250,254
綿蔵　106
綿作　242
綿作検見引　109
渡方　116,117,118
渡瀬　196,231
和田村　168,192,193,207,234
綿屋伊兵衛　113

索　引　277

著者略歴

山下　琢巳（やました たくみ）
　1973 年　静岡県生まれ
　1997 年　駒澤大学文学部地理学科卒業
　2004 年　筑波大学大学院歴史・人類学研究科単位取得退学
　現在　城西大学経済学部准教授。博士（文学）。
　歴史地理学・人文地理学が専門。
　著書論文
『景観形成の歴史地理学』（分担執筆）二宮書店，2008 年。
「水害常襲地域における農地復旧の特徴と景観形成－天竜川下流域を事例として－」人文地理，第 63 巻第 5 号，2011 年。
「天竜川下流域における治水事業の進展と流域住民の対応－江戸時代から明治時代までを中心として－」地理学評論，第 75 巻第 6 号，2002 年。

書　名	**水害常襲地域の近世〜近代－天竜川下流域の地域構造－**
コード	ISBN978-4-7722-4180-9　C3025
発行日	2015 年 1 月 10 日　初版第 1 刷発行
著　者	**山下琢巳**
	Copyright　©2015 YAMASHITA Takumi
発行者	株式会社古今書院　橋本寿資
印刷所	太平印刷社
発行所	**古今書院**
	〒 101-0062　東京都千代田区神田駿河台 2-10
電　話	03-3291-2757
FAX	03-3233-0303
URL	http://www.kokon.co.jp/

検印省略・Printed in Japan